Introduction to Statistics

통계학개론

권혁무 · 구평회 · 김영진 · 서원철 · 유태선 · 이운식 · 이유신 · 이지환

제2판

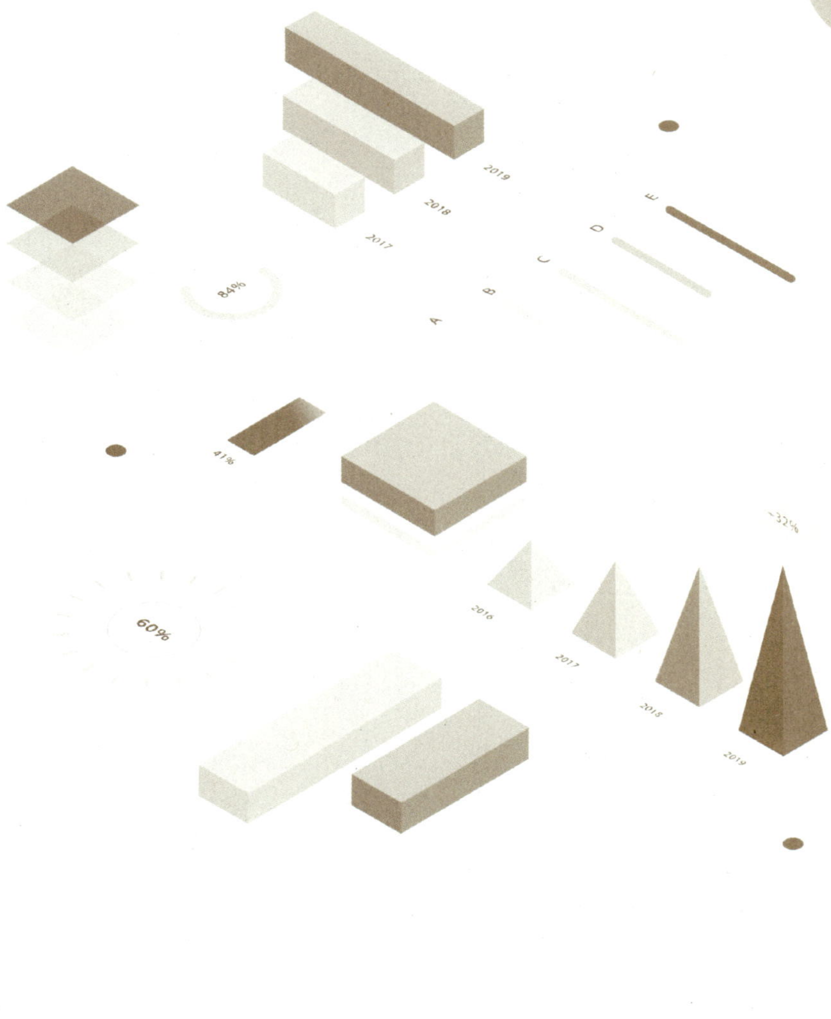

도서출판 청람

■ 머리말 ■

현시대를 아우를 수 있는 키워드를 골라 순위를 매긴다고 한다면, '데이터'는 단연 최상위권을 차지할 것입니다. 과거에는 한정적인 주체만이 데이터를 생성하기 때문에 데이터를 수집하고 분석하는 일련의 작업이 전문적인 역량을 갖춘 소수의 영역으로만 여겨졌습니다. 하지만 정보기술의 비약적 발전은 데이터 생성의 제약을 없애버렸고, 이로 인해 우리는 숨만 쉬어도 공기와 함께 데이터가 뿜어져 나오는 시대에 살게 되었습니다. 넘쳐나는 데이터에 내재되어 있는 함의를 추출함으로써 의미 있는 정보 및 패턴을 추출하는 것은 이제 비즈니스 의사결정을 위한 필수적 요소로서 자리매김하고 있고, 우리는 이를 위한 과정을 '데이터 애널리틱스'라 칭합니다.

4차 산업혁명으로 대표되는 현시대에 '데이터 애널리틱스'는 우리가 반드시 갖춰야 하는 역량 중 하나라 할 수 있고, 이를 실행하기 위한 요소 도구로서 '머신러닝', '딥러닝', '인공지능' 등이 화두로서 언급됩니다. 이들은 언제부터인가 우리 삶에 깊숙이 파고들어 지금까지 우리가 실행해 왔던 일상적인 프로세스에 큰 변혁을 가져오고 있습니다. 이들 개념에 대한 정의는 정의하는 주체가 관심을 가지고 바라보는 관점에 따라 조금씩 다를 수 있겠지만, '데이터 애널리틱스'의 측면에서 변하지 않는 중요한 사실은 이들이 근본적으로 통계학에 근간을 두고 있다는 점입니다. 과거 우리는 모집단의 특성을 추론하기 위한 목적으로만 한정하여 통계에 의미를 부여하여 왔습니다. 하지만 이제 '데이터 애널리틱스'가 비즈니스에 미치는 영향력이 급격하게 커짐에 따라 통계의 활용범위 또한 상당히 넓어지게 되었고, 통계의 기본적 역량을 갖추는 것은 4차 산업혁명 시대를 대비하기 위한 필수적인 요구사항으로 인식되었습니다. 이에 이러한 역량을 갖추기 위한 시작점으로써, 독자들이 쉽고 올바르게 통계에 접근할 수 있도록 최소한의 통계 기초를 제공하고자 본서를 기획하였습니다.

본서는 독자들이 통계 지식을 깊이 있게 갖추기에 앞서 기본개념과 원리를 살펴봄으로써 통계에 대한 올바른 안목을 지닐 수 있도록 합니다. 숲은 보지 못하고 나무만 보게 되는 우를 범하지 않도록 하고, 통계의 기본개념을 명확히 이해할 수 있도록 하는 것이 본서의 궁극적 목적입니다. 따라서 학부 및 대학원 과정의 관련 교과목 수강에 앞서 기초통계학 전반을 정리할 수 있게끔 본서의 수준을 설정하였습니다.

본서에서 통계이론을 정리함에 있어 많은 부분 '통계학의 이론과 응용'(배도선 · 이낙영 · 권혁무 · 장중순 · 차명수 · 윤원영 · 김명수 · 이민구 공저)에 의존했음을 밝히고, 내용의 발췌와 정리를 허락해 주신 저자분들께 감사드립니다. 또한 소량의 부수임에도 불구하고 기꺼이 출판을 도와주신 도서출판 청람의 이수영 대표님께도 깊은 감사의 말씀 드립니다. 모쪼록 본서가 통계학 입문서로서 보다 많은 독자들이 통계학에 대한 막연한 두려움을 극복하는 데 조금이라고 기여할 수 있기를 바랍니다.

2023년 1월

저자 일동

■ 차례 ■

Chapter 1 서 론

1.1 통계학이란? ▪ 2

1.2 모집단과 표본 ▪ 6

1.3 불확실성과 오차 ▪ 8

1.4 통계적 추론과정 ▪ 10

1.5 책의 구성 ▪ 13

Chapter 2 데이터의 정리와 해석

2.1 개요 ▪ 16

2.2 중심위치 ▪ 17

2.2.1 단순산술평균 ▪ 18
2.2.2 중앙값 ▪ 19
2.2.3 최빈값 ▪ 20
2.2.4 다양한 평균척도 ▪ 21

2.3 산포 ▪ 24

2.3.1 분산 ▪ 25
2.3.2 표준편차 ▪ 26
2.3.3 변동계수 ▪ 27

2.4 그래프를 이용한 자료정리 ▪ 28

2.4.1 도수분포표 ▪ 29
2.4.2 히스토그램 ▪ 31
2.4.3 막대그래프 ▪ 33
2.4.4 원그래프 ▪ 34
2.4.5 파레토그래프 ▪ 35
2.4.6 상자-수염그림 ▪ 36

2.4.7 산점도 ▪ 38
2.4.8 시계열그래프 ▪ 41
◉ 연습문제 ▪ 43

Chapter 3 확률

3.1 표본공간과 사상 ▪ 46
3.2 사상의 발생확률 ▪ 50
3.3 표본점의 셈법과 확률계산 ▪ 51
3.3.1 분할과 표본점의 셈법 ▪ 51
3.3.2 확률계산에 유용한 법칙 ▪ 58
3.4 조건부확률과 독립사상 ▪ 59
3.5 베이즈정리 ▪ 63
◉ 연습문제 ▪ 69

Chapter 4 확률변수와 분포

4.1 확률변수 ▪ 74
4.2 확률분포 ▪ 76
4.2.1 분포함수 ▪ 76
4.2.2 이산형 확률함수 ▪ 79
4.2.3 연속형 확률함수 ▪ 82
4.3 기댓값과 분산 ▪ 84
4.4 결합분포와 주변분포 ▪ 89
4.5 조건부분포와 독립 ▪ 92
◉ 연습문제 ▪ 101

Chapter 5 이산형 확률분포

5.1 이산형 균일분포 ▪ 106

5.2 베르누이분포 ▪ 108

5.3 이항분포 ▪ 110

5.4 초기하분포 ▪ 113

5.5 포아송본포 ▪ 116

5.6 기하분포 ▪ 120

◉ 연습문제 ▪ 124

Chapter 6 연속형 확률분포

6.1 연속형 균일분포 ▪ 128

6.2 정규분포 ▪ 130

6.3 지수분포 ▪ 138

◉ 연습문제 ▪ 143

Chapter 7 추 정

7.1 개요 ▪ 148

7.2 점추정 ▪ 151

7.3 구간추정 ▪ 154

7.3.1 모평균의 신뢰구간 ▪ 154
7.3.2 모분산의 신뢰구간 ▪ 159

7.4 근사 신뢰구간 ▪ 161

7.4.1 중심극한정리 ▪ 161
7.4.2 모비율의 신뢰구간 ▪ 163

7.5 모평균 차에 대한 구간추정 ▪ 165

7.5.1 독립표본 ▪ 165
7.5.2 대응표본 ▪ 169
7.5.3 모비율 차 ▪ 171

7.6 표본크기의 결정 ▪ 173

7.6.1 모평균추정의 표본크기 ▪ 173
7.6.2 모비율추정의 표본크기 ▪ 174

◉ 연습문제 ▪ 178

Chapter 8 통계적 가설검정

8.1 기본개념과 용어 ▪ 182

8.1.1 귀무가설과 대립가설 ▪ 183
8.1.2 제1종 오류와 제2종 오류 ▪ 184
8.1.3 유의수준과 기각역 및 검정통계량 ▪ 185
8.1.4 p값과 검정력 ▪ 187

8.2 단일모집단에 대한 가설검정 ▪ 191

8.2.1 모평균에 대한 가설검정 ▪ 191
8.2.2 모분산에 대한 가설검정 ▪ 194

8.3 두 모집단에 대한 가설검정 ▪ 196

8.3.1 독립표본 ▪ 196
8.3.2 대응표본 ▪ 203

8.4 근사적인 가설검정 ▪ 206

8.4.1 모비율에 대한 검정 ▪ 206
8.4.2 모비율 차에 대한 검정 ▪ 208

◉ 연습문제 ▪ 212

Chapter 9 회귀분석

9.1 기본개념 ▪ 216

9.2 단순선형회귀모형 ▪ 218

9.3 최소제곱추정 ▪ 220

9.4 회귀모형의 유의성 분석 ▪ 229

9.5 회귀모형의 적합성 검토 ▪ 231

9.5.1 잔차분석 ▪ 231
9.5.2 상관계수와 결정계수 ▪ 235

◉ 연습문제 ▪ 242

Chapter 10 범주형 자료의 분석

10.1 기본개념 ▪ 248

10.2 적합도검정 ▪ 251

10.3 분할표 ▪ 255

◉ 연습문제 ▪ 262

부록

A. R 프로그래밍 ▪ 268

1. R 설치절차 ▪ 268
2. R 프로그래밍 기초 및 기본연산 ▪ 275
3. R에서 자주 사용되는 통계 관련 함수 ▪ 287

B. 분포표 ▪ 292

1. 이항분포표 ▪ 292
2. 포아송분포표 ▪ 297
3. 표준정규분포표 ▪ 302
4. χ^2분포표 ▪ 303
5. t분포표 ▪ 304
6. F분포표 ▪ 305

▣ 참고문헌 ▪ 307

▣ 찾아보기 ▪ 308

CHAPTER 1

서 론

1.1 통계학이란?
1.2 모집단과 표본
1.3 불확실성과 오차
1.4 통계적 추론과정
1.5 책의 구성

01 서 론
Chapter

1.1 통계학이란?

경영학 관련 분야에서 세계적으로 권위를 인정받는 학술지인 〈하버드비즈니스리뷰(*Harvard Business Review*)〉의 2012년 10월호에는 'Data Scientist: The Sexiest Job in the 21 Century'라는 기고문이 실렸다. 정보기술의 발달과 더불어 과거 전문적인 업무영역에서만 주로 활용되던 IT 디바이스가 일반 대중 소비자들에게까지 확산되면서 데이터의 생성은 폭발적으로 증가하게 되었고, 이러한 대용량 데이터의 처리와 분석업무에 대한 중요성이 증대됨에 따라 '데이터과학자'가 향후 가장 유망한 직종의 하나가 될 것이라고 전망하였다. 또한 2016년 스위스 다보스에서 개최된 세계경제포럼에서 클라우스 슈왑(Klaus Schwab) 의장은 정보통신기술의 융합으로 이루어지는 '제4차 산업혁명'의 주요 요소기술의 하나로 '빅데이터' 또는 '데이터과학'을 들었다. 데이터과학은 "여러 가지 형태의 데이터로부터 지식이나 직관을 얻기 위한 과학적인 프로세스와 시스템에 관련된 융복합 학문 분야"로 대략적으로 정의될 수 있으며, 대용량 데이터의 수집 및 처리를 위한 IT 기술과 데이터 분석기법을 주로 다루는 통계학이 접목된 연구 분야로 인식되고 있다. 따라서 일반 대중들에게 데이터를 다루는 학문으로 두루뭉술하게 알려져 있는 통계학에 대한 기본적인 지식을 습득하는 것은 데이터과학과 관련된 분야를 향후 진로로 희망하는 사람들에게는 필수적인 출발점이 됨은 물론이거니와 자신이 데이터과학과 직접적인 관련이 없다고 생각하는 사람들에게도 주변에서 발생하는 각종 현상을 바르게 이해하고 이를 바탕으로 생활에 유익한 정보를 획득하는 수단으로 매우 유용하다.

통계학(statistics)의 어원은 라틴어로 국가를 의미하는 'Statisticum'에서 유래한다고 알려져 있다. 주지하는 바와 같이 국가는 국민, 영토, 주권의 3요소로 구성되며, 통치자의 입장에서 대내외적으로 주권을 행사하는 국가를 유지하기 위해 인적, 물적 자원이 뒷받침되어야 한다. 따라서 이러한 자원의 원천이라 할 수 있는 국민과 영토를 제대로 파악하는 것은 국가를 효과적으로 통치하기 위해 매우 중요하며, 예로부터 많은 국가에서 인구조사와 토지조사가 빈번히 실시된 이유가 바로 여기에 있다. 즉, 인구조사와 토지조사를 실시하여 자료를 수집하고 분석하는 것이 통계학이라는 학문의 시초이다. 이와 같이 통계학은 국가 또는 지역의 인구나 토지에 대한 현황을 파악하기 위한 목적으로 자료를 수집하고 분석하는 매우 실용적인 목적에서 출발하여 우리 사회의 다양한 분야로 적용 분야가 확대되어 왔다. 우리가 일상생활에서 접하는 다양한 수치들은 자연현상에 대한 관찰, 이공학 분야에서의 실험, 사회·경제현상에 대한 조사, 산업현장에서의 생산활동 등을 통하여 얻은 데이터를 바탕으로 구해진 값이다. 예를 들어, 소비자물가지수, 실업률, 경제성장률 등과 같은 경제통계, 연간 강수량이나 평균기온 등의 기상통계, 출생률, 사망률, 빈곤율, 정당지지율 등과 같은 사회통계, 제품불량률, 설비가동률 등과 같이 생산현장에서 주로 사용되는 통계 등 일일이 열거할 수 없을 정도로 많은 통계수치들을 일상적으로 접하면서 살고 있다. 통계적 방법을 이용하여 구한 이러한 수치들은 우리에게 유용한 정보를 제공함으로써 국가적인 정책을 수립하거나, 기업이 생산·판매계획을 세우거나, 개인이 사회생활을 영위하는 데 유용할 뿐만 아니라 자연과학, 공학, 인문사회과학 등의 학문발전에 중요한 역할을 한다. 자연과학, 의학, 공학, 경제 및 사회과학 분야의 연구자들은 통계적 분석방법을 이용하여 연구결과의 객관성을 검증할 수 있다. 직장에서 자신의 업무를 수행하면서 관찰, 실험 또는 조사를 통하여 얻은 자료를 토대로 의사결정을 내리고, 제조공정에서 생산되는 제품의 성능을 정확히 파악하고, 제약회사에서 개발한 신약의 효능을 확인하고, 사회과학과 경제학에서는 사회현상과 경제상태를 파악하고, 경영분야에서는 제품에 대한 소비자들의 선호도를 파악하는 등 상황과 목적에 따라 적절한 통계적 자료수집 및 분석방법을 활용한다.

오늘날 다양한 분야에서 과학적인 연구가 강조되고 있어 전통적으로 통계적 분석방법의 대상으로 여겨졌던 자연과학이나 공학 분야뿐만 아니라 정치, 경제, 경영학, 사회학, 심리학 등 사회과학 분야와 언어학, 인류학, 고고학 등 인문과학 분야에서도 통계적 분석방법은 널리 적용되고 있다. 통계학의 응용 분야를 적용 분야에 따라 공업통계, 농업통계, 경영통계, 의학통계, 기상통계 등으로 분류할 수는 있으나, 적용대상만 다를 뿐 그 방법이 본질적으로 다른 것은 아니다. 즉, 통계학의 여러 이론과 기법이 적용되는 대상과 사례가 다르고, 학문 분야의 성격에 따라 통계적 이론이나 기법 중에서 특정 부분에 치중될 수는 있으나, 어느 학문 분야에 적용되든지 통계학의 기본적인 이론과 기법에는 차이가 없다.

현대사회에서 통계적 방법이 자연과학, 공학, 인문·사회과학 분야에 두루 적용되고 그 중요성이 강조되는 이유는 통계적 방법의 과학성에 있다. 확률이론을 바탕으로 정립된 통계적 방법을 사용하면 가능한 한 주관적인 판단을 줄이고 연구결과의 객관성을 보증할 수 있다. 즉, 통계적 방법은 주먹구구식의 막연한 추측이나 경험에만 의존한 판단을 허용하지 않는다. 연구목적을 고려하여 결과의 정확성, 자료수집의 수월성, 소요되는 비용 등을 고려하여 연구대상을 잘 대표할 수 있도록 자료를 수집하고, 수집된 자료는 과학적인 방법에 의거하여 분석, 해석되어야 하는데 이러한 방법을 제시해 주는 것이 바로 **통계학**이다. '웹스터 사전'에서는 통계학을 "대량의 수치데이터를 수집, 분석하여 해석 및 보고하는 일과 관련된 수학의 한 분야"라고 정의하고 있다. 통계학에 대한 정의는 학자에 따라 조금씩 차이가 있으나 위의 사전적 정의와 큰 차이를 보이지 않으며, 특히 통계적 방법이 자료를 수집, 분석하고 해석하는 데 중요한 역할을 담당한다는 데는 이견이 없다.

통계학(statistics)이란?
자료를 수집하고 분석하는 방법에 관련된 과학의 한 분야

통계학은 크게 기술통계학과 추론통계학으로 구분할 수 있다. **관찰이나 조사, 실험을 통해 수집**한 자료들은 조사자에게 중요한 정보이기는 하지만, 자료가 많을 때에는 전반적인 내용을 파악하기가 쉽지 않다. 따라서 그림이나 표 또는 몇 개의 수치로 자료를 요약해 놓으면 자료집합의 특징을 쉽게 알아볼 수 있다. 이와 같이 수집자료를 정리하여 자료의 전반적인 특성을 파악할 수 있도록 하는 방법을 다루는 분야를 **기술통계학**이라 한다. 반면 **추론통계학**은 불확실성이 내포된 상황에서 주어진 자료에 포함된 정보를 분석하여 미지의 특성을 파악하거나 미래의 현상을 예측하는 데 도움을 주는 분야이다. 즉, 추론통계학은 자료로부터 획득한 정보를 근거로 미지의 특성에 대한 판단을 내리고 미래에 일어날 현상에 대해 예측한다. 특히 추론을 통해 얻어진 결과들이 항상 맞는 것은 아니고 어느

정도의 불확실성을 가지고 있으므로 이런 불확실성의 정도를 확률이라는 객관적인 척도를 사용하여 표현하고 있다. 따라서 추론통계학의 이론과 기법들은 확률론(probability theory)을 바탕으로 하고 있다. 예를 들어, 온라인쇼핑몰에서 매출액 증대를 위하여 성별, 연령대, 소득수준, 거주지역, 교육수준 등과 같은 고객특성을 고려하여 판매전략을 수립한다고 하자. 이를 위하여 지금까지 축적된 방대한 자료로부터 제품별 구매고객의 다양한 특성을 그래프나 도표 또는 적절한 통계수치로 요약·비교하는 기술적인 방법을 연구하는 분야가 기술통계학이다. 반면 전지제조회사에서 자사 제품의 평균수명이 어느 정도인지를 알아보고자 하는 경우에는, 한 번 검사를 받은 제품은 수명을 다하여 재사용 또는 판매할 수 없기 때문에 많은 양의 수명데이터를 수집하여 기술통계학을 적용하는 것은 적절하지 않을 것이다. 이런 경우에는 생산되는 제품 중 일부분만을 선택하여 수명을 측정하고 이를 바탕으로 제품의 평균수명을 추측하는 방법을 적용하게 된다. 여기서 제품 중에서 일부분을 어떻게 선택할 것인지, 선택된 제품의 특성을 분석하여 전체 제품의 수명을 어떻게 추측할 것인지 등에 관한 추론방법을 연구하는 분야가 추론통계학이다.

통계학의 분류

- 기술통계학(descriptive statistics)
  수집된 자료를 정리하여 자료의 전반적인 특성을 파악할 수 있도록 하는 방법을 다루는 분야
- 추론통계학(inferential statistics)
  불확실성이 내포된 상황에서 주어진 자료에 포함되어 있는 정보를 분석하여 미지의 특성을 파악하거나 미래의 현상을 예측하는 데 관련된 분야

일반적으로 자료의 양이 방대한 경우에는 기술통계학이 효과적으로 적용될 수 있으나, 그렇지 않은 경우에는 기술통계학을 적용하는 것이 바람직하지 않은 경우가 많다. 한편 방대한 양의 자료가 있다고 하더라도 해결하고자 하는 문제의 특성에 따라 추론통계학이 더욱 효과적인 경우도 많다. 어떤 상황에는 어떤 접근방법이 더 효과적인가에 관해 정해진 규칙은 없으며 두 가지 접근방법을 상호 보완적인 것으로 이해하고 문제의 특성에 따라 적절히 적용하는 것이 바람직하다.

1.2 모집단과 표본

통계적 방법은 일부 자료를 기초로 전체 집단의 특성을 설명하거나 불확실한 사실에 대해 과학적 판단을 내리는 데 이용된다. 연구대상 전체를 모두 관찰하는 것은 시간과 비용이 많이 소요될 뿐만 아니라, 상황에 따라서는 연구대상 전체를 모두 관찰할 수 없는 경우도 있는데, 이와 같은 상황에서는 그 일부분만을 관찰하여 전체의 특성을 파악할 수밖에 없다. 예를 들어, 국회의원 선거에서 특정 후보의 지지율을 알아보기 위하여 여론조사를 실시하게 되는데 유권자를 모두 조사한다는 것은 시간적으로나 경제적으로나 어려우므로 유권자 중 일부를 뽑아 지지율을 조사한다. 유권자 중 일부만을 뽑아 얻은 지지율은 물론 불확실성을 내포하고 있어서 완벽한 정보라고 할 수 없지만 통계적 방법을 이용하면 불확실성의 정도를 확률적으로 파악할 수 있기 때문에 전체 유권자의 성향을 파악하는 데 큰 도움이 된다. 더구나 SNS의 보편화로 많은 데이터를 확보할 수 있는 경우에는 통계적 분석방법을 적절하게 선택하여 적용함으로써 불확실성을 줄이고 정확도를 크게 향상시킬 수 있다.

여론조사에서 파악하고자 하는 것은 개별 유권자의 특정 후보에 대한 지지 여부이며, 개별 유권자가 해당 후보를 지지하면 1을 부여하고, 그렇지 않으면 0을 부여하여 평균을 계산하면 조사대상 유권자의 지지율을 계산할 수 있다. 개별 유권자의 특정 후보에 대한 지지 여부와 같이 조사를 통해 파악하고자 하는 특성을 수치로 나타낸 연구대상 모두의 수치적 자료집합을 **모집단**이라고 한다. 또한 모집단으로부터 뽑은 일부분을 **표본**이라 하고, 모집단으로부터 표본을 뽑는 것을 **표본추출** 또는 **샘플링(sampling)**이라 한다. 연구대상은 같더라도 파악하고자 하는 특성이 무엇인지에 따라 모집단은 달라진다. 예를 들어, 우리나라 신생아들을 연구대상으로 하여 평균체중을 알고 싶은 경우에는 신생아들의 체중에 관한 전체 자료가 모집단이 되는 반면, 평균신장을 알고 싶은 경우에는 연구대상의 신장에 관한 전체 자료가 모집단이 될 것이다. 모집단을 이루는 원소의 개수가 유한한 경우 **유한모집단**이라 하고, 무한한 경우 **무한모집단**이라 한다. 모집단의 정의에서 유의해야 할 점은 모집단이 꼭 실존하는 개체들의 집합이어야 하는 것은 아니라는 것이다. 예를 들어, 관심의 대상이 이미 과거에 생산된 제품뿐 아니라 현재 생산 중인 제품, 앞으로 생산될 제품들까지도 포함된다면 미래에 생산될 제품이 실제로 존재하는 것은 아니므로, 이 경우에 모집단은 추상적인 것이 된다.

모집단(population)
조사를 통해 파악하고자 하는 특성을 수치로 나타낸 연구대상 모두의 수치적 자료집합
- **유한모집단(finite population)** : 모집단을 이루는 원소의 개수가 유한
- **무한모집단(infinite population)** : 모집단을 이루는 원소의 개수가 무한

표본(sample)
모집단으로부터 뽑은 일부분

모집단의 특성을 나타내는 양적인 측도를 모수라 하며, 모수는 주어진 모집단의 특징을 나타내는 고유한 상수이다. 반면에 표본의 특성을 나타내는 양적인 측도를 통계량이라 한다. 예를 들면, 대통령 선거에서 각 후보자에 대한 유권자의 지지도를 알고자 할 때, 전체 유권자의 특정 후보자에 대한 지지율은 하나의 모수이고, 유권자 중에서 2,000명을 표본으로 뽑아 특정 후보자를 지지하는 유권자의 비율을 조사한 것은 하나의 통계량이 된다. 표본을 뽑을 때는 표본 그 자체에 관심이 있는 것이 아니라 모집단의 여러 가지 특성에 관심이 있는 것이다. 따라서 모집단의 특성을 잘 나타낼 수 있도록 표본을 선정하는 것이 매우 중요하다.

모수(parameter)
모집단의 특성을 나타내는 양적인 측도
예 대한민국 전체 유권자의 A후보 지지율

통계량(statistic)
표본의 특성을 나타내는 양적인 측도
예 조사된 유권자 2,000명의 A후보 지지율

통계적 분석을 위한 자료는 실험을 통해 결과를 측정하거나, 조사대상에게 질문하는 등 여러 가지 방법을 통해 수집할 수 있다. 이때 파악하고자 하는 조사대상의 특성을 변수(variable)라 한다. 체중, 학업성적, 버스 도착시간, 물체의 색깔, 특정 후보에 대한 지지 여부 등은 모두 변수이다. 변수는 질적변수와 양적변수로 구분한다. 질적변수(qualitative variable)는 양을 나타내는 숫자가 아닌 범주를 구분하기 위한 기호나 문자로 나타낼 수

있고, 양적변수(quantitative variable)는 수량, 즉 숫자의 크기로 나타낼 수 있다. 물체의 색, 동전의 앞면 또는 뒷면, 혈액형 등은 질적변수에 속하는데 이러한 질적변수도 숫자로 바꾸어 사용하면 편리하다. 동전을 던졌을 때 앞면이 나오면 1, 뒷면이 나오면 0이라는 값을 대응시켜 주면 양적변수로 바뀐다. 또한 시험성적을 점수로 나타내면 양적변수가 되고, 등급 A, B, C, D로 나타내면 질적변수가 된다. 양적변수는 다시 연속변수와 이산변수로 나눌 수 있다. 변수가 어떤 실수구간 내의 모든 수치를 가질 수 있으면 연속변수(continuous variable)라 하고, 무게, 길이, 시간 등이 이에 속한다. 반면 모든 변수가 주어진 구간 내에서 하나, 둘, 셋하고 셀 수 있는 수치만을 가지면 이산변수(discrete variable)라 하며, 인구수, 불량품 수 등은 이산변수의 예이다.

연속변수(continuous variable)
어떤 실수구간 내의 모든 수치를 가질 수 있는 변수
예 무게, 길이, 시간 등

이산변수(discrete variable)
하나, 둘, 셋하고 셀 수 있는 수치만을 가지는 변수
예 인구수, 불량품 수 등

1.3 불확실성과 오차

앞 절에서 설명한 바와 같이 통계적 방법은 표본으로부터 얻은 정보를 토대로 관심의 대상이 되는 모집단의 특성에 대해 판단하기 위한 것이다. 그러나 우리는 통계적 방법을 이용하여 내린 판단이 실제와 다른 경우를 가끔 접하게 된다. 이러한 잘못된 판단은 대부분 통계 외적인 원인들에 의해 발생한다. 데이터의 수집방법이 적절하지 않거나, 분석단계에서 통계방법을 잘못 적용하였거나, 분석결과를 잘못 해석하는 경우에는 사실과 다른 잘못된 결론을 얻을 수 있다. 특히, 모집단에 속하는 개체 전부를 조사하지 않고 표본을 추출하는 경우에는 표본의 특성은 모집단을 전부 조사하여 얻은 특성과는 차이가 있을 수 있으며, 이러한 차이를 오차(error)라고 한다. 모집단의 일부분인 표본을 추출하여 얻은 결과를 바탕으로 모집단의 특성을 파악하기 때문에 이러한 오차는 불가피하게 발생하며, 이를 최소화하도록 데이터의 수집, 분석 및 해석에 유의하여야 한다.

오차는 크게 **표본오차**와 **비표본오차**로 구분할 수 있다. 표본오차는 표본추출방법과 관련된 오차로, **우연오차**와 **편의**로 나눌 수 있다. 우연오차는 여러 가지 통제 불가능한 환경적 요인으로 인해 불가피하게 발생하는데, 일반적으로 표본의 크기를 증가시킴으로써 오차들 간의 상쇄효과로 인해 우연오차의 영향을 줄일 수 있다. 즉, 표본의 크기를 모집단의 크기에 가깝게 하면 이러한 오차는 거의 없어진다. 그러나 이렇게 할 경우 표본추출비용이 증가하게 되므로 오차로 인해 발생하는 비용과 표본추출비용을 감안하여 적절한 표본의 크기를 결정한다. 반면에 편의는 표본의 크기를 늘려도 줄어들지 않는 오차로, 표본추출에 고의적이거나 또는 무의식적인 편견이 개입될 때 생긴다. 예컨대, 제조공정의 여러 생산라인 중 특정한 하나의 라인에서만 표본을 뽑았거나, 특정 시간대에 생산한 제품 중에서만 뽑았다면 전체 제품을 대표하는 표본이라고 할 수 없으며, 이때 발생하는 편의는 표본추출방법의 교정으로 줄일 수가 있다. 비표본오차는 관측(또는 측정)방법의 오류로 인해 발생하는 **측정오차**가 주를 이룬다. 측정계기의 낮은 정확도, 측정기술의 부족 등으로 인한 오차가 여기에 속한다. 이와 같은 오차는 표본의 크기를 늘린다거나 표본추출방법을 적절하게 설계한다 하여도 줄어들지 않는다.

표본오차(sampling error)
표본추출방법과 관련된 오차
- 우연오차(random error) : 여러 가지 통제 불가능한 환경적 요인으로 인해 불가피하게 발생하는 오차
- 편의(bias) : 표본추출과정에서의 치우침 발생으로 인한 오차

비표본오차(non-sampling error)
관측(또는 측정)방법의 오류 등으로 인해 발생하는 표본오차 이외의 오차

1.4 통계적 추론과정

일상생활에서 우리는 주어진 정보를 토대로 미지의 현상에 대한 추측을 하거나, 어떤 현상에 대한 주장이 옳은지를 판단해야 하는 경우가 있다. 이를 위하여 모집단으로부터 표본을 뽑고, 표본으로부터 얻은 정보를 이용하여 모집단의 특성에 대한 판단을 내리는 것이 통계적 방법의 목적이라 할 수 있다. 모집단의 특성에 대해 판단을 내리는 것은 그 모집단으로부터 얻은 표본을 조사, 분석하여 모집단의 참모습을 추측하는 것으로, 이러한 추측과정을 **통계적 추론**이라 한다. 나아가 모집단의 특성은 대부분 그 모수에 의해 특정되므로 통계적 추론은 모수에 대한 추론이 대부분이다.

모수에 대한 추론은 크게 **추정**과 **가설검정**으로 나눌 수 있는데, 모수의 추정이란 모수의 값이 얼마인지 또는 어떤 범위 내에 들어 있는지를 추측하는 것이다. 한편, 가설검정은 모집단의 상태(즉, 모수의 값이나 범위)에 관한 가설들을 세우고, 어떤 가설이 참인지를 표본의 결과로부터 판단하는 것이다.

통계적 추론(statistical inference)
표본을 조사, 분석하여 모집단의 참모습을 추측하거나 판단하는 것으로 모수에 대한 추론에 관련된다.
- **추정**(estimation) : 모수의 값이 얼마인지 또는 어떤 범위 내에 들어 있는지를 추측하는 것
- **가설검정**(hypothesis testing) : 모수의 값이나 범위에 관한 가설들을 세우고, 이들 중 어떤 가설이 참인지를 표본의 결과로부터 판단하는 것

가설검정절차는 모집단의 모수가 어떠한 값 또는 상태를 취하고 있는지를 표본을 통하여 판단하는 과정으로, 많은 경우에 자연과학이나 사회과학에서의 과학적 연구와 동일한 절차를 취한다. 과학적 연구에서는 자연 또는 사회의 현상을 면밀히 관찰하여 어떤 이론을 정립한 다음 그 이론이 실제로 타당한지를 알아보기 위하여 실험이나 조사를 통하여 자연 또는 사회현상들을 관찰하고, 이 결과가 정립된 이론과 배치되는지 여부를 조사한다. 만일 관찰된 현상들이 이론에서 예측한 바대로 나타나면 그 이론은 사실로 받아들여지고, 그렇지 않으면 더욱 많은 관찰과 실험을 통하여 수정, 보완된 새로운 이론을 세우는 과정을 반복하게 된다. 자연 또는 사회현상에 대하여 정립된 이론은 가설이 되고, 실

험 또는 조사를 통하여 그 현상들을 관찰하는 것은 곧 표본을 취하는 행위이며, 이들을 바탕으로 이론의 옳고 그름을 확인하는 것은 곧 가설을 검정하는 것이다. 예를 들어, 제품의 생산에 투입되는 특정 부품을 1,000개 단위로 구입하려는 회사의 경우를 생각해 보자. 1,000개 단위의 부품집단(이를 로트라고 함)에 불량품이 많이 포함되어 있을 때, 이러한 로트를 검사하지 않고 그대로 생산에 투입하게 되면, 아무리 제품생산에 만전을 기한다 하더라도 출하되는 제품에는 불량품이 많이 포함될 것이다. 따라서 이 회사에서는 구입하는 부품 로트의 불량률이 어느 정도인지를 파악하는 것이 중요하다. 만약 이 회사에서 부품 로트를 받아들이는 기준으로 "불량률이 1% 이하일 것"을 사용한다면 부품 로트의 불량률이 1% 이하인지 여부를 판단하여야 한다. 이 경우에는 "부품 로트의 불량률이 1%보다 높다"와 "부품 로트의 불량률이 1% 이하다"라는 두 개의 가설을 세우고, 로트에서 표본을 뽑아 검사하였을 때 표본 중에 불량품이 많으면 로트의 불량률이 높은 것으로 판단하여 첫 번째 가설을 받아들이고, 그렇지 않으면 두 번째 가설을 받아들이는 방법을 사용한다.

통계적 추론의 과정은 확률론에 바탕을 두고 있으며, 확률론에서 다루는 질문과 통계학에서 다루는 질문은 서로 역함수적인 관계에 있다고 할 수 있다. 확률적 관점에서는 모수를 이미 알고 있는 모집단에서 어떤 사건이 일어날 확률에 대해 관심이 있는 반면, 통계적 관점에서는 표본으로부터 얻은 정보를 이용하여 모집단의 모수를 추론하는 것에 관심이 있다. 예를 들어, 확률론에서는 다음 질문에 대한 답을 구할 수 있다. "항아리에 검은 구슬 5개, 흰 구슬 5개가 들어 있다. 여기서 구슬을 3개 뽑는다면 검은 구슬만 3개가 뽑힐 확률은 얼마인가?" 이 경우 우리는 항아리 속의 구슬의 구성비율, 즉 모집단의 특성을 알고 있다. 확률론은 모집단이 특성이 알려져 있는 상태에서 어떤 특정한 결과가 발생할 확률에 관하여 연구한다. 반면에 통계학에서는 모집단으로부터 표본을 추출하여 관찰한 후 이를 근거로 거꾸로 모집단의 성격에 대하여 추론을 시도한다. 즉, 다음 질문에 대한 답을 구할 수 있다. "항아리에 검은 구슬과 흰 구슬이 모두 10개 있다. 여기서 구슬을 3개 뽑았더니 검은 구슬만 3개가 나왔다. 이 결과를 볼 때 항아리에는 검은 구슬과 흰 구슬이 반반씩 섞여 있다고 할 수 있는가?" 여기서는 모집단에 해당되는 항아리에 검은 구슬과 흰 구슬이 어떤 비율로 섞여 있는지 알려져 있지 않다. 이러한 질문은 "항아리 속에 검은 구슬과 흰 구슬이 실제로 반반씩 섞여 있다면 위에서 얻은 결과(즉, 검은 구슬만 3개 나온 것)가 흔히 일어날 수 있는 것인가?"로 다시 표현할 수 있으며, 이에 대한 답을 얻기 위해서는 "검은 구슬 5개와 흰 구슬 5개가 섞여 있는 항아리에서 구슬 3개를 뽑을 때 검은 구슬만 3개가 나올 확률은 얼마인가?"라는 질문에 대한 답이 필요하다. 이와 같이 통계적 추론을 위해서는 확률을 구하는 것이 필요하다. 따라서 통계적 추론에 대해 올바르게 이해하기 위해서는 먼저 확률에 대한 이해가 선행되어야 한다.

여기서 주의할 점은 통계적 분석절차의 이론적인 체계가 잘 갖추어져 있다고 하더라도 실제 적용할 때에는 이론의 바탕이 되는 가정이 충족되지 않으면 잘못된 결론을 도출하게 될 개연성이 높다는 것이다. 따라서 통계적 분석을 통해 올바른 판단을 내리기 위해서는 다음과 같이 분석단계별로 통계적 방법을 올바르게 적용할 수 있도록 주의해야 한다.

① **문제의 올바른 파악** : 통계적 방법을 적용하기 위해서는 먼저 알아보고자 하는 문제를 정확하고 완전히 이해하여야 한다. 문제를 제대로 파악하지 못하면 아무리 좋은 자료수집과 분석과정을 거친다 하더라도 올바른 판단을 내릴 수 없다. 이를 위해서 우선 관심의 대상이 되는 모집단이 무엇인지를 명확히 설정하여야 한다.

② **표본추출과 자료수집** : 편의나 비표본오차가 발생하지 않도록 표본추출방법과 자료의 측정방법을 적절히 설계하는 것이 무엇보다도 중요하다. 표본이 뽑히면 표본에 속한 개체들에 관한 자료를 얻는데, 자료를 얻는 방법에는 실험과 조사가 있다. 실험(experiment)은 환경을 통제하거나 바꾸어 가면서 그 결과를 관측하는 방법이다. 제조공정에서 공정의 조건을 여러 가지로 바꾸어 가면서 생산량을 측정한다든가 실험용 쥐를 이용하여 약물의 효과를 알아보기 위하여 약물의 투여량을 바꾸어 가면서 반응을 관찰하는 것들이 실험에 속한다. 반면에 조사(survey)는 환경을 통제하지 않으면서 현재 상황을 있는 그대로 관찰하는 것으로서 표본에 속한 개체를 대상으로 그 값을 알아보는 것이다.

③ **수집된 자료의 정리** : 실험이나 조사를 하면 대부분의 경우 많은 양의 자료들을 얻게 되는데 이 자료들을 그냥 나열하여 놓으면 자료들이 가지고 있는 정보를 쉽게 파악할 수 없다. 따라서 기술통계학을 이용하여 그림이나 도표를 이용하여 자료를 정리하거나 몇 개의 수치에 의해 자료의 전반적인 특성을 나타내도록 한다.

④ **모집단에 대한 판단** : 수집된 자료에 대해 통계적 추론과정을 통하여 모집단에 대한 판단을 내린다.

1.5 책의 구성

본 책은 통계적 분석방법의 기초지식을 습득하기 위한 목적으로 저술된 것으로서 널리 사용되는 기초적인 개념과 분석방법들만을 취하여 소개하도록 구성하였다. 전체 구성은 서론 이후 먼저 기술통계학에서 데이터의 정리와 요약방법에 대해 학습하고 확률 및 분포에 대한 기초지식을 습득한 다음 통계적 추론의 기본개념을 익히고 비교적 쉬운 문제에 대해 적용할 수 있도록 다음과 같이 장의 순서를 정하였다.

제1장 서론

제2장 데이터의 정리와 해석

제3장 확률

제4장 확률변수와 분포

제5장 이산형 확률분포

제6장 연속형 확률분포

제7장 추정

제8장 통계적 가설검정

제9장 회귀분석

제10장 범주형 자료의 분석

CHAPTER 2

데이터의 정리와 해석

통계학개론
Introduction to Statistics

2.1 개요

2.2 중심위치

2.3 산포

2.4 그래프를 이용한 자료정리

02 Chapter 데이터의 정리와 해석

2.1 개요

데이터는 어떠한 현상, 사실, 실험이나 관찰을 통하여 수집되고, 숫자, 문자, 기호 등으로 표현된다. 온라인쇼핑몰의 판매 데이터, 야구 타자의 타율 데이터, 도시별 온도 및 강수량 데이터, 대학 입학시험의 과목별 성적 데이터, 선거를 앞두고 실시한 지지 정당에 대한 여론조사 데이터, 제품에 대한 품질 데이터 등 데이터의 종류는 무수히 많다. 데이터는 일반적으로 **수치형(numerical) 데이터**와 **범주형(categorical) 데이터** 두 가지 형태로 구분한다. 수치형 데이터는 숫자로 나타내는 데이터를 의미하고 **양적(quantitative) 데이터**라고도 부른다. 수치형 데이터의 예로서는 시험성적, 몸무게, 대기시간, 결석자 수, 판매량 등을 들 수 있다. 수치형 데이터는 다시 **연속형(continuous) 데이터**와 **이산형(discrete) 데이터**로 나눈다. 연속형 데이터는 몸무게, 대기시간 등 소수점까지 표시해야 정확한 값이 얻어지는 자료이고, 이산형 데이터는 결석자 수나 판매량 등 셀 수 있는 값으로 표현되는 자료를 말한다. 범주형 데이터는 수치로 표시되는 자료가 아닌 몇 개의 범주(category) 또는 항목의 형태로 나타나는 데이터로서 관측값의 크기가 아니라 그 내용이 관심의 대상인 경우의 자료를 말한다. 성별(남, 여), 학점(A, B, C, D, F), 출신고교 등이 범주형 데이터의 대표적인 예이다. 범주형 데이터는 다시 순서가 의미를 가지는 **순위형(ordinal) 데이터**와 순서의 개념 없이 단순히 분류를 위한 목적만 갖는 **명목형(nominal) 데이터**로 분류할 수 있다. 예를 들어, 학점(A, B, C, D, F)은 그 순서가 의미가 있으므로 순위형 데이터이며, 성별(남, 여)과 혈액행(A, B, AB, O) 등은 순서에 의미가 없으므로 명목형 데이터이다.

그림 2-1 | 데이터의 분류

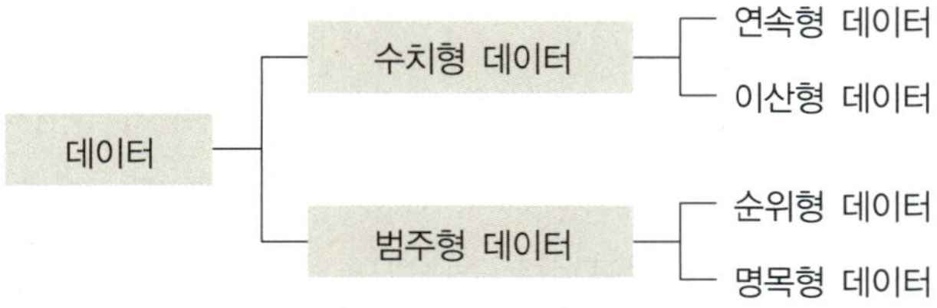

데이터(data)와 유사한 개념으로서 정보(information)가 있다. 이 두 용어는 혼용하여 사용되기도 하지만 세부적으로 보면 명확한 차이가 있다. 데이터는 현실세계에서 단순히 관찰하거나 측정하여 수집한 사실(fact)이나 값(value)으로, 데이터 그 자체는 어떤 의사결정에 필요한 정보를 주지 못하는 경우가 많다. 반면, 정보는 조직이나 개인의 의사결정에 유용하게 활용할 수 있도록 데이터를 처리하여 가치 있는 형태로 전환시킨 결과물이다. 제1장에서 설명한 기술통계학은 데이터만으로는 유용한 정보를 얻기 어려운 상황에서 분석 목적에 맞게 표나 그림 또는 대표적인 수치로 데이터를 정리하고 요약하여 개인이나 조직이 올바른 판단을 내릴 수 있도록 정보로 바꾸는 작업을 말한다. 일반적으로 우리가 모집단에 대해 알고자 하는 정보는 모집단의 분포가 어떤 모양을 하고 있는가와 모집단의 특성을 대표하는 값들이 어떤 값을 취하고 있는가의 두 가지로 나누어 볼 수 있다. 전자는 주어진 데이터를 그래프로 나타냄으로써 알 수 있고, 후자는 대푯값들에 의해서 알 수 있다. 여기서는 먼저 중심위치 및 산포와 관련된 대푯값을 먼저 설명하고 그래프에 의한 자료정리를 후반부에 설명한다.

2.2 중심위치

데이터의 모집단에 대해 이해하고자 할 때 가장 먼저 떠오르는 대푯값은 해당 모집단의 평균 등 중심위치와 관련된 값이다. 본 절에서는 중심위치에 대한 측도로서 널리 이용되는 대푯값을 소개한다. 일반적으로 사용되는 중심위치에 대한 측도에는 평균(mean), 중앙값(median), 최빈값(mode) 등이 있다.

2.2.1 단순산술평균

단순산술평균은 주어진 데이터를 모두 더하여 그 개수로 나누어 얻어지는 값을 말한다. 일반적으로 평균이라고 줄여 말하기도 하는데, 흔히 우리가 가장 보편적으로 사용하는 중심위치에 대한 대푯값이 단순산술평균이다. 데이터를 $x_1, x_2, \cdots, x_n$으로 나타낼 때 단순산술평균 $\overline{x}$는 아래의 식과 같이 구한다.

$$\overline{x} = \frac{x_1 + x_2 + \cdots + x_n}{n} = \frac{\sum_{i=1}^{n} x_i}{n} \tag{2.1}$$

예제 2-1

5명으로 구성된 팀의 팀원들의 몸무게를 측정하여 70kg, 65kg, 80kg, 60kg, 50kg이란 데이터를 얻었다. 이 팀 구성원의 평균몸무게는 얼마인가?

| 풀이 |

$$\text{평균몸무게} = \frac{70+65+80+60+50}{5} = 65\text{kg}$$

| R에 의한 풀이 |

```
> x <- c(70,65,80,60,50)
> mean(x)
[1] 65
> mean(c(70,65,80,60,50))
[1] 65
```

주의) 다음과 같은 경우 R에서는 첫 값만 되돌려 주므로 주의하자.

```
> mean(70,65,80,60,50)
[1] 70
```

2.2.2 중앙값

국회의원 300명의 등록된 재산을 조사해 보니 평균 110억원이라고 해보자. 110억원의 평균값은 보통의 국회의원 재산을 대표할 수 있을까? 국회의원 중 한 명의 재산이 3조원으로 등록되어 있다고 가정하자. 이 경우 이 한 명의 국회의원 재산이 300명의 재산을 각각 100억원씩 끌어 올리는 역할을 한다. 만약 이 재산 많은 국회의원을 제외한다면 나머지 국회의원의 평균재산은 약 10억원이 될 것이다. 이처럼 산술평균에 의한 대푯값은 특이한 극단값(extreme value)에 영향을 과도하게 많이 받아 전체의 대푯값으로는 부적당한 경우가 발생할 수 있다. 이처럼 산술평균이 극단값에 따라 영향을 크게 받는 약점을 피하기 위해 중앙값이라는 대푯값이 유용하게 사용된다.

중앙값(median)은 데이터를 크기 순서로 나열했을 때 한가운데에 위치하는 데이터값을 말하며, **중위수**라고도 한다. 중앙값을 기준으로 자료의 반은 중앙값보다 큰 값을 갖고, 나머지 반은 중앙값보다 작은 값을 갖는다. 만일, 데이터의 개수가 짝수이면 중앙에 위치한 두 데이터값의 산술평균이 중앙값이 된다. 예를 들어, 다섯 개의 배를 사서 무게를 측정했더니 무게가 각각 1.05, 0.98, 1.20, 1.02, 1.00kg이었다고 하자. 이 데이터를 순서대로 열거하여 얻어진 0.98, 1.00, 1.02, 1.05, 1.20의 중앙에 위치한 1.02가 중앙값이다. 만약 무게 1.04kg인 배가 하나 더 있다고 한다면 중앙값은 0.98, 1.00, 1.02, 1.04, 1.05, 1.20의 중앙에 위치한 두 수 1.02와 1.04의 산술평균은 (1.02+1.04)/2=1.03이 된다.

예제 2-2

다음은 6명의 학생에 대해 키를 측정한 결과이다. 중앙값을 구하라.

175, 165, 180, 173, 185, 168

| 풀이 |

작은 값부터 순서대로 열거하면 165, 168, 173, 175, 180, 185이므로 중앙의 두 값 173과 175의 산술평균을 취하여 중앙값 174를 얻을 수 있다.

| R에 의한 풀이 |

```
> x <- c(175,165,180,173,185,168)
> median(x)
[1] 174
```

2.2.3 최빈값

최빈값(mode)은 같은 값이 반복되어 나타나는 데이터의 집합에서 가장 빈번하게 나타나는 데이터값을 말한다. 최빈값은 범주형 데이터 또는 데이터의 값이 많지 않은 이산형 데이터에는 사용되지만, 연속형 데이터에는 사용되지 않는다. 범주형 데이터에서의 최빈값은 빈도수가 가장 큰 범주를 선택하면 된다. 예를 들어, 통계학을 수강하는 학생 30명을 대상으로 진로희망을 조사해 보니 취직 17명, 창업 4명, 대학원 진학 6명, 공기업·공무원 준비 3명이라면 최빈값은 진로희망 중에서 빈도수가 가장 큰 취직이 된다. 이산형 데이터의 경우에는 빈도수가 가장 큰 수가 최빈값이다. 예를 들어, 이산형 데이터가 0, 0, 1, 2, 3, 3, 3, 3, 4, 4, 5와 같이 주어져 있다면 최빈값은 3이다.

어떤 상황에서는 산술평균보다 최빈값이 더 유용하게 사용될 수 있다. 앞에서 기술하였듯이 산술평균은 데이터 내에 이상치 혹은 극단치가 포함되어 있을 경우 그 영향을 많이 받는다. 예를 들어, 데이터 집합 {1, 2, 2, 3, 3, 3, 3, 3, 4, 76}의 산술평균은 10.0이고 중앙값과 최빈값은 모두 3이다. 산술평균을 대푯값으로 선택하면 대부분의 데이터값과는 거리가 멀리 떨어져 있을 것이다. 따라서 이때는 중앙값이나 최빈값을 이 데이터의 대푯값으로 사용하는 것이 적절하다고 볼 수 있다. 실제로 유니폼의 표준치수를 산정하는 경우에는 산술평균이나 중앙값보다는 오히려 최빈값을 그 표준치로 잡는 것이 일반적이다. 이처럼 데이터를 사용하는 용도에 따라서 적절한 측도의 선택이 요구된다.

데이터 분포 형태에 따른 대푯값의 위치

중심위치에 대한 정보와 관련된 대푯값인 평균, 중앙값, 최빈값은 데이터의 분포 형태에 따라 그 위치가 다르다. [그림 2-2]는 대표적인 데이터 분포 형태를 보여주고 있다. 데이터가 그림 (a)와 같이 오른쪽으로 꼬리가 길게 형성되는 비대칭성을 갖는 양의 왜곡(positive skewed) 형태라면 중앙값과 최빈값은 평균값보다 작고, 반대로 그림 (c)와 같이 데이터가 왼쪽으로 길게 펼쳐져 있는 음의 왜곡(negative skewed) 형태에서는 중앙값과 최빈값은 평균값보다 크다. 그림 (b)와 같이 데이터가 대칭적이라면 중앙값과 최빈값은 평균과 동일하다. 데이터의 치우침을 나타내는 척도로서 왜도(skewness)가 사용된다. 데이터 분포의 모양이 대칭적이라면 왜도는 0에 가까운 값을 가진다. 분포 모양이 그림 (a)와 같이 오른쪽으로 꼬리가 길게 형성되는 비대칭성의 형태라면 왜도는 양(+)의 값을 갖고, 그림 (c)와 같은 경우의 왜도는 음(−)의 값을 갖는다.

그림 2-2 | 데이터 분포 형태에 따른 대푯값의 위치

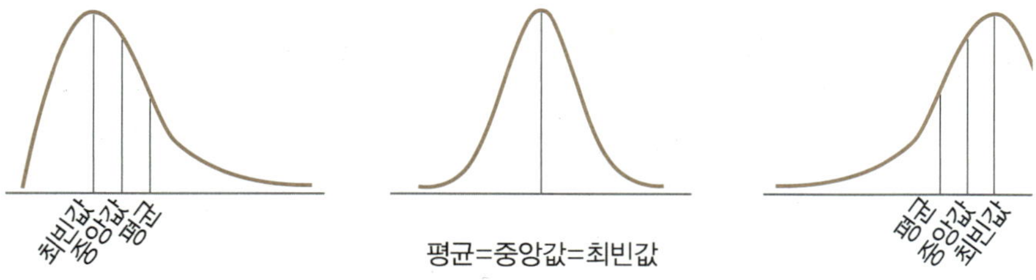

(a) 양의 왜곡(positive skewed) (b) 대칭(symmetric graph) (c) 음의 왜곡(negative skewed)

2.2.4 다양한 평균척도

앞에서 설명한 산술평균 이외에도 다른 유형의 평균이 존재하며 자료의 특성에 따라 이들을 대푯값으로서 유용하게 사용할 수 있다.

(1) 가중평균

만약 자료값이 가지는 중요성이 서로 다른 경우에는 위에서 구한 단순한 산술평균보다는 자료값의 중요성이 반영된 **가중평균**을 이용하는 것이 더 적절하다. 데이터 $x_1, x_2, \cdots, x_n$에 대응하는 가중치가 $w_1, w_2, \cdots, w_n$이라면, 가중평균은 아래와 같이 구한다.

$$\text{가중평균} = \sum_{i=1}^{n} x_i w_i, \text{ 단, } \sum_{i=1}^{n} w_i = 1 \qquad (2.2)$$

10명의 학생 중 6명은 2만원, 4명은 3만원을 가지고 있다고 할 때 학생 한 명당 평균 얼마씩 갖고 있는 셈인지 알고자 한다면,

$$\overline{X} = \frac{2\times 6 + 3\times 4}{10} = (2)\left(\frac{6}{10}\right) + (3)\left(\frac{4}{10}\right) = 2.4\text{만원}$$

과 같이 계산할 것이다. 이것은 2만원에 가중치 6/10 및 3만원에 가중치 4/10를 적용하여 가중평균으로 구한 결과이다. 만약 산술평균으로 계산한다면,

$$\overline{X} = \frac{2+2+2+2+2+2+3+3+3+3}{10} = 2.4\text{만원}$$

과 같이 될 것이므로 결과는 동일하게 된다. 이와 같이 가중평균은 본질적으로는 산술평균과 같은 개념이라고 할 수 있다.

예제 2-3

어느 학생이 3학점 과목인 통계학의 평점이 4.0, 2학점 과목인 영어회화의 평점이 3.0이라 하자. 이 학생의 평균평점을 구하라.

| 풀이 |

이 두 과목의 가중치는 3/5과 2/5라고 할 수 있고, 따라서 평균평점은 아래와 같이 가중평균에 의해 구해진다.

$$\text{평균평점} = \left(\frac{3}{5}\right)(4.0) + \left(\frac{2}{5}\right)(3.0) = 3.6$$

| R에 의한 풀이 |

```
> x <- c(4.0,3.0); w <- c(3/5,2/5)
> sum(x*w)
[1] 3.6
```

(2) 조화평균

조화평균은 평균속도를 구하는 데 자주 사용되는 측도로서, n개의 값을 각각 역수로 하여 산술평균을 구한 다음 다시 이 값의 역수를 취하여 산출한다. 즉, 주어진 데이터 $x_1, x_2, \cdots, x_n$의 조화평균 H는 다음 식으로 구한다.

$$H = \frac{n}{\sum_{i=1}^{n} \frac{1}{x_i}} \tag{2.3}$$

예를 들어, 4km 떨어진 학교까지 등교할 때 처음 2km는 내리막길이어서 시속 6km/h의 빠른 속도로 걷고, 후반부 2km는 오르막길이어서 시속 4km/h로 느린 속도로 걷는다고 할 경우, 이 학생의 등교 시 걸음의 평균속도는 어떻게 되겠는가? 만약 시속 6km/h와 4km/h의 산술평균을 계산한다면 5km/h가 되지만 이는 실제 평균속도와는 차이가 있다. 이때의 평균속도는 아래와 같이 전체 등교거리를 총소요시간으로 나누어 구하는 것이 합당할 것이다.

$$\text{평균속도}=\frac{\text{전체 등교거리}}{\text{총소요시간}}=\frac{2\times 2}{\frac{2}{6}+\frac{2}{4}}=\frac{2}{\frac{1}{6}+\frac{1}{4}}=4.8\text{km/h}$$

이 계산방식은 식 (2.3)의 조화평균을 구하는 식과 일치함을 알 수 있다.

예제 2-4

형제가 똑같이 20만원을 가지고 있다. 가진 돈을 전부 사용하여 형은 박스당 5만원씩 하는 사과를 샀고 동생은 박스당 4만원씩 하는 배를 샀다면 형과 동생이 과일 한 박스당 평균 얼마에 구입한 셈인가?

| 풀이 |

$$\text{상자당 평균가격}=\frac{\text{총지급금액}}{\text{총구입상자 수}}=\frac{2\times 20}{\frac{20}{5}+\frac{20}{4}}=\frac{2}{\frac{1}{5}+\frac{1}{4}}=\frac{40}{9}\simeq 4.44\text{만원}$$

| R에 의한 풀이 |

```
> x <- c(5,4)
> length(x)/sum(1/x)
[1] 4.444444
```

(3) 기하평균

물가인상률이나 수익률과 같이 연속적으로 변화하는 비율을 나타낼 때는 산술평균을 이용하지 않고 기하평균을 사용한다. 예를 들어, 자본금 100만원을 투자하여 첫해에는 자본금이 200만원으로 2배 증가하였고, 두 번째 해에는 자본금이 800만원으로 4배 증가하였다고 하자. 매년 평균적으로 자본금이 몇 배 증가하였는가? 첫해 2배, 두 번째 해 4배를 평균하여 평균 연간 자본금 증가비율을 3배라고 하면 잘못된 답이다. 만일 매년 3배 증가하였다면 100만원×3배×3배=900만원이 되었을 것이다. 올바르게 계산하기 위해서는 평균 연간 자본금 증가비율 G를 원 투자금 100만원에 곱하면 800만원이 될 수 있도록 하는 G를 구하면 될 것이다. 즉, 100만원$\times G\times G$=800만원이 성립한다. 즉, $G^2=8$ 이므로 평균 연간 자본금 증가비율은 $\sqrt{8}=2.828$ 배이다. 주어진 데이터 $x_1,\ x_2,\ \cdots,\ x_n$의 기하평균은 다음 식으로 구한다.

$$\text{기하평균 } G = \sqrt[n]{x_1,\ x_2,\ \ldots,\ x_n} = \left(\prod_{i=1}^{n} x_i\right)^{1/n} \qquad (2.4)$$

예제 2-5

두 단계의 작업 A와 B를 거쳐 완성되는 제품이 있다고 하자. 작업 A의 수율(불량 없이 작업을 수행한 비율)은 97%, 작업 B의 수율은 80%라고 한다. 작업 A와 B의 평균수율은 얼마인가?

| 풀이 |

연속적으로 변화하는 비율의 평균을 구하는 문제이므로 기하평균에 의해 평균수율을 구한다.

$$\text{평균수율} = \sqrt{0.97 \cdot 0.80} = 0.8809$$

예제 2-6

위의 예제에서 A, B 두 작업이 모두 완성된 양품의 완제품을 100개 원한다면 작업 A에 원자재를 평균 몇 개 투입해야 하는가?

| 풀이 |

이 문제는 최종값이 주어지고 수율이 주어진 상태에서 투입량을 구하는 문제이므로 아래와 같은 식으로 구할 수 있다.

$$(\text{투입량})(0.97)(0.8) = 100 \rightarrow \text{투입량} = 100/(0.97 \times 0.8) = 128.9 \approx 129\text{개}$$

투입량은 또한 위 문제에서 구한 평균수율에 의해서도 아래와 같이 구할 수 있다.

$$(\text{투입량})(0.8809)(0.8809) = 100 \rightarrow \text{투입량} = 100/(0.8809^2) = 128.9 \approx 129\text{개}$$

2.3 산포

데이터를 분석할 때 평균과 같은 중심위치와 관련된 측도만 가지고 분석하는 것이 충분하지 않은 경우가 많다. 어떤 경우에는 데이터들이 중심으로부터 어느 정도 퍼져있는지를 나타내는 **산포**(또는 변동성)가 중요한 측도가 된다. [그림 2-3]은 영어회화 수업을 듣는 두 클래스 학생들의 TOEIC 평균성적을 그림으로 나타낸 것이다. 두 그림 모두 평균성적은 650점이지만 평균을 중심으로 퍼져있는 정도가 다름을 알 수 있다. 만일 어떤 장학 프로그램의 지원 자격이 TOEIC 성적 600점 이상이라면 (a)클래스의 경우는 1명만 탈락하게 되지만, (b)클래스의 경우는 6명이 탈락하게 됨을 알 수 있다. 이 예를 통하여 평균과 더불어 그 퍼진 정도를 나타내는 산포 또한 중요한 측도임을 알 수 있다.

그림 2-3 | 변동성이 다른 두 데이터

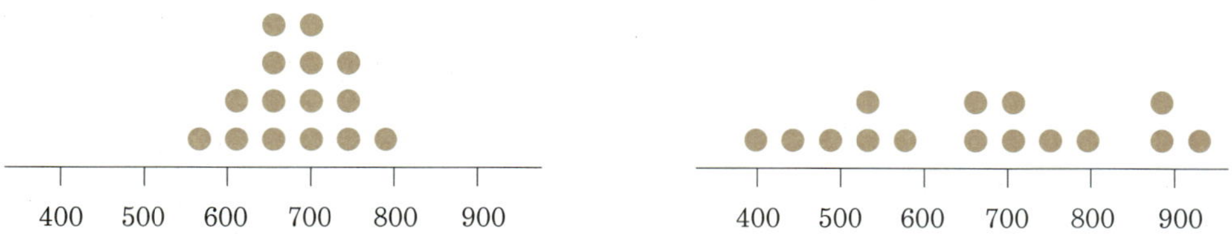

(a) 변동성이 낮은 데이터 (b) 변동성이 높은 데이터

산포를 나타내는 하나의 측도로서 편차(d: deviation)를 고려해 볼 수 있다. 편차는 데이터 x_1, $x_2, \cdots$, x_n이 주어졌을 때 평균($\bar{x}$)으로부터 데이터가 얼마나 떨어져 있는가를 나타내는 측도로서 각 데이터와 데이터의 평균 사이의 거리, 즉 $d_i = x_i - \bar{x}$로서 정의된다. 그렇다면 모든 편차의 합은 얼마나 될까? 아래와 같이 편차의 합은 항상 0이다.

$$\text{편차의 합} = \sum_{i=1}^{n} d_i = \sum_{i=1}^{n} (x_i - \bar{x}) = \sum_{i=1}^{n} x_i - n\bar{x} = n\bar{x} - n\bar{x} = 0$$

따라서 편차를 산포를 나타내는 유용한 측도로서 사용하기 어렵다. 이 문제를 해결하는 하나의 방법은 편차의 제곱을 취하는 것이다. 일반적으로 산포의 측도로서는 편차의 제곱을 기반으로 하는 분산과 표준편차가 이용된다.

2.3.1 분산

분산(variance)은 각 데이터의 값이 전체 평균값으로부터 어느 정도 떨어져 있는가를 정량적으로 나타낸다. 데이터 $x_1, x_2, \cdots, x_n$이 주어졌을 때, i번째 데이터는 이 데이터들의 산술평균과 $(x_i - \bar{x})$만큼 떨어져 있다. 주어진 데이터의 분산 s^2은 아래와 같이 계산한다.

$$s^2 = \frac{1}{n-1}\sum_{i=1}^{n}(x_i - \overline{x})^2$$

즉, 모든 데이터에 대하여 편차의 제곱을 더하여 $n-1$로 나눈 값이 분산이다. 분산은 음의 값을 가질 수 없으며 분산이 크면 클수록 데이터는 평균에서 멀리 퍼져 있고 0에 가까울수록 평균에 집중된다. 여기서 주의할 점은 제곱합에 대한 평균을 구할 때 n이 아니고 $n-1$로 나누어야 한다는 점이다(n으로 나누면 실제 모분산값보다 적게 나오는 경향이 있으므로 $n-1$로 나눈다).

2.3.2 표준편차

표준편차(standard deviation)는 분산과 마찬가지로 각 데이터의 값이 전체 평균값으로부터 어느 정도 떨어져 있는가를 나타내는 척도이다. 중심위치 척도로 가장 흔히 쓰이는 것이 산술평균이라면, 산포 가운데 가장 흔히 쓰이는 것은 표준편차이다. 표준편차는 분산의 제곱근이고 다음 식으로 구한다.

$$s = \sqrt{\frac{1}{n-1}\sum_{i=1}^{n}(x_i - \overline{x})^2}$$

분산이 원 데이터에 제곱을 취하기 때문에 원 데이터와 측정단위가 달라지는 문제가 있는 데 반해 그 제곱근을 취하여 얻은 표준편차는 원 데이터의 측정단위가 같으므로 보다 쉽게 이해할 수 있다. 데이터의 분포 형태에 따라 다르지만 일반적으로 전체 데이터의 95% 이상은 표준편차의 두 배 범위 내에 존재하고, 전체 데이터의 99% 이상은 표준편차의 세 배 범위 내에 존재하게 된다.

예제 2-7

다음의 두 표본 데이터의 분산과 표준편차를 계산하고 서로 비교하라.

데이터 1 : 2, 3, 3, 3, 4

데이터 2 : 1, 2, 2, 2, 8

| 풀이 |

데이터 1의 경우, 산술평균은 3이므로 분산과 표준편차는 아래와 같이 구한다.

$$s_1^2 = \frac{1}{n-1}\sum_{i=1}^{n}(x_i - \bar{x})^2 = \frac{(-1)^2+0+0+0+1^2}{4} = 0.5\ ;\ s_1 = 0.707$$

데이터 2의 경우도 산술평균은 3이고, 분산과 표준편차는 아래와 같다.

$$s_2^2 = \frac{(-2)^2+(-1)^2+(-1)^2+(-1)^2+(5)^2}{4} = 8\ ;\ s_2 = 2.8284$$

이 두 데이터의 산포도를 비교하면 데이터 1의 값들은 평균 3을 중심으로 몰려 있으므로 산포도가 크지 않아 분산과 표준편차가 작은 데 반하여, 데이터 2의 경우는 모든 데이터값들이 평균 3으로부터 많이 떨어져 있으므로 분산과 표준편차가 크게 나오고 있다. 데이터 2의 경우는 다른 데이터값보다 특이하게 큰 값인 8의 영향을 많이 받고 있음을 알 수 있다.

| R에 의한 풀이 |

```
> d1 <- c(2, 3, 3, 3, 4); > d2 <- c(1, 2, 2, 2, 8)
> var1 <- var(d1); var2 <- var(d2)
> sd1 <- sd(d1); sd2 <- sd(d2)
> var1; var2; sd1; sd2
[1] 0.5
[1] 8
[1] 0.7071
[1] 2.8284
```

2.3.3 변동계수

두 집단의 산포도를 비교할 때 표준편차만으로는 비교할 수 없는 경우가 있다. 이는 표준편차는 평균값이 큰 데이터 쪽이 커지는 경향이 있기 때문이다. 앞의 [예제 2-7]의 데이터 2, 3, 3, 3, 4에 대하여 계산된 표준편차는 0.707이었다. 만일 이 데이터의 단위가 1,000이어서 실제 데이터가 2,000, 3,000, 3,000, 3,000, 4,000이라면 이때의 표준편차는 707이 된다. 이 두 데이터는 단위만 다를 뿐이지 동일한 데이터이므로 데이터의 퍼짐 정도가 다르지 않음에도 불구하고 표준편차값은 단위에 영향을 받아 1,000배가 차이 나는 것을 확인할 수 있다. 따라서 두 데이터의 퍼짐 정도를 비교할 때에는 표준편차를 사용하는 것이 불합리한 경우가 많다. 측정단위가 다른 자료들의 산포를 서로 비교할 때 자주 사용되는 측도로서 **변동계수(coefficient of variation)**가 있다. 변동계수는 단위에 상관없이 퍼짐의 정도를 확인할 수 있는 측도로서 그 값 자체를 가지고 변동성을 파악할 수 있다. 변동계수 cv는 아래와 같이 표준편차를 평균값으로 나누어 구한다.

$$cv = \frac{s}{\bar{x}}$$

앞의 예에서 첫 번째 경우는 평균이 3, 표준편차는 0.707이므로 변동계수는 0.236이고, 두 번째 경우는 평균이 3,000, 표준편차는 707이므로 변동계수는 첫 번째 경우와 동일하게 0.236이다. 변동계수는 그 값이 크면 클수록 변동성이 크다는 것을 의미한다. 변동계수는 음(−)의 값을 가질 수 없으며, 데이터의 변동성이 전혀 없이 모두 상수값을 갖는 데이터의 변동계수는 0이 된다. 변동계수는 1을 초과할 수 있다.

예제 2-8

[예제 2-7]의 데이터를 이용하여 두 표본 데이터의 변동계수를 구하라. 어느 경우가 변동성이 더 큰가?

| 풀이 |

데이터 1의 경우 평균은 3이고 표준편차는 0.707이므로 변동계수는 0.707/3=0.236이고, 데이터 2의 경우 평균은 3이고 표준편차는 2.828이므로 변동계수는 2.828/3=0.943이다. 변동계수가 큰 데이터 2의 경우가 변동성이 더 크다.

| R에 의한 풀이 |

```
> d1 <- c(2, 3, 3, 3, 4); d2 <- c(1, 2, 2, 2, 8)
> cv1 <- sd(d1)/mean(d1); cv2 <- sd(d2)/mean(d2)
> cv1; cv2
[1] 0.2357023
[1] 0.942809
```

2.4 그래프를 이용한 자료정리

이번 절에서는 데이터가 지니고 있는 특성을 시각적으로 파악하기 위하여 사용되는 그래프에 대해 알아본다. 데이터를 그래프로 표현하는 방법은 여러 가지가 존재하며, 분석 목적에 따라서 적절한 그래프가 선택되어야 한다.

2.4.1 도수분포표

도수분포표는 데이터를 여러 구간으로 나누어 각 구간별로 도수(거듭되는 횟수)를 파악하여 정리한 표를 말한다. 도수분포표 작성을 위해서는 먼저 계급(class)과 도수(frequency)의 개념을 이해해야 한다. 수치형 자료의 경우에 자료를 정리하기 위하여 정해진 기준에 따라 나눈 구간이나 하나의 이산형값을 계급이라 하고, 범주형 데이터의 경우에는 하나의 범주를 계급이라 한다. 여기서 각 계급을 대표하는 값이 있을 때는 이를 계급값이라 한다. 따라서 단일 데이터값 또는 범주를 계급으로 할 때는 계급값이 단일 변수값 또는 범주 그 자체를 의미하나, 구간으로 설정된 경우에는 보통 그 구간의 상한과 하한의 평균값이

표 2-1 경영통계학 성적표

번호	성별	중간고사	기말고사	평균	학점
1	남	81	72	76.5	C
2	남	82	57	69.5	D
3	남	88	87	87.5	B
4	여	77	86	81.5	B
5	남	90	73	81.5	B
6	여	68	78	73	C
7	여	85	79	82	B
8	여	95	98	96.5	A
9	남	60	64	62	D
10	여	83	70	76.5	C
11	여	88	93	90.5	A
12	남	86	83	84.5	B
13	남	74	78	76	C
14	남	55	51	53	F
15	남	77	90	83.5	B
16	남	76	77	76.5	C
17	여	61	87	74	C
18	여	68	75	71.5	C
19	여	85	83	84	B
20	남	88	82	85	B

계급값이 된다. 아래의 성적 데이터를 이용하여 도수분포표를 작성해 보자.

계급에 따라 도수가 어떻게 되는지 표로 정리한 것이 도수분포표이다. 예를 들어, [표 2-1]에서 학점별로 학생이 몇 명 있는지를 나타내는 도수분포표는 [표 2-2]와 같다. 이 도수분포표에는 상대도수도 함께 표현되었다. 상대도수는 해당 계급의 도수가 총도수에서 차지하는 비율을 나타낸다.

표 2-2 경영통계학 학점에 대한 도수분포표

학점	학생 수(도수)	상대도수
A	2	0.10
B	8	0.40
C	7	0.35
D	2	0.10
F	1	0.05

앞의 학점에 대한 도수분포표는 학점이라는 범주형 데이터를 대상으로 작성되었으나, 수치형 데이터에 대한 도수분포표를 작성하는 것도 가능하다. 예를 들어, 수치형 데이터인 기말고사 성적에 대한 도수분포표를 작성해 보자. 도수분포표를 작성하기 위해서는 우선 계급을 설정해야 한다. 범주형 자료는 [표 2-2]와 같이 계급을 설정하기가 용이하나 수치형(특히 연속형) 데이터의 경우에는 계급의 폭과 이에 해당되는 도수가 연관되어 있기 때문에 계급의 설정을 위해 일반적으로 다음과 같은 단계적인 작업이 필요하다.

[1단계] 계급수와 계급폭 정하기 : 도수분포표에서는 적정의 계급수를 정하는 것이 중요하다. 그 이유는 계급에 수가 너무 적으면 도수분포표로부터 얻는 정보가 미미하고, 반대로 너무 많으면 도수분포표가 원래의 데이터와 가까워져 새로운 정보를 얻기가 쉽지 않기 때문이다. 적절한 계급의 수를 얻기 위해서는 데이터의 최댓값과 최솟값의 차이인 범위를 고려하여 목적에 맞게 보통 5개에서 20개 정도의 계급을 구성한다. 일반적으로 계급의 폭은 모든 계급이 동일하게 설정한다. [표 2-1]에서 평균성적의 범위는 48.5(99.5−51.0)이므로 50~100까지 폭을 5로 하여 10개의 계급을 정하고자 한다.

[2단계] 계급값 설정 : 각 계급에 대한 계급값을 설정한다. 각 계급은 하한과 상한으로 표시되는데 일반적으로 하한은 이상, 상한은 미만으로 표시된다. 계급값은 보

통 해당 계급의 하한값과 상한값의 평균으로 정한다. 본 예에서 첫 번째 계급은 50~55이고 이때의 계급값은 52.5가 된다.

[3단계] 도수 확인 : 각 계급에 속하는 데이터의 수를 세어 도수를 구한다.

[4단계] 도수분포표 작성

[표 2-3]은 위 단계에 따라 작성된 계급과 도수를 이용하여 작성된 기말고사 성적에 대한 도수분포표를 보여주고 있다.

표 2-3 경영통계학 기말고사 성적에 대한 도수분포표

계급	계급값	도수
50~55	52.5	1
55~60	57.5	1
60~65	62.5	1
65~70	67.5	1
70~75	72.5	3
75~80	77.5	4
80~85	82.5	3
85~90	87.5	4
90~95	92.5	1
95~100	97.5	1

2.4.2 히스토그램

히스토그램은 위에서 구한 도수분포표를 보다 쉽게 데이터의 분포를 알 수 있도록 막대 모양의 그래프로 나타낸 것이다. 히스토그램의 x축은 계급을, y축은 도수를 나타내고 수치형 데이터를 대상으로 한다. [그림 2-4]는 [표 2-1]의 기말성적 데이터를 기반으로 아래의 R 프로그래밍 코드를 이용하여 폭을 5와 10으로 하여 작성한 히스토그램이다.

```
히스토그램을 그리는 R 프로그래밍
final <- c(72,57,87,86,73,78,79,98,64,70,93,83,78,51,90,77,87,75,83,82)
bd <- seq(50,100,5)
hist(final,breaks=bd)
bd <- seq(50,100,10)
hist(final,breaks=bd)
```

그림 2-4 | 경영통계학 기말고사에 대한 히스토그램

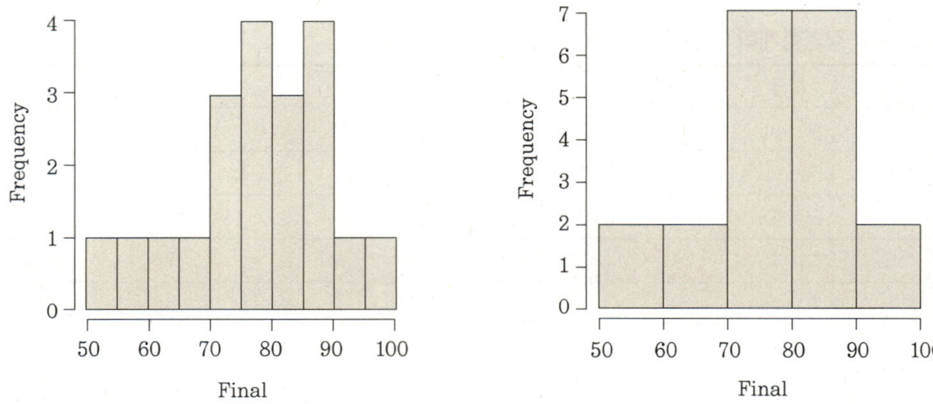

(a) 10계급(폭 5) 히스토그램 (b) 5계급(폭 10) 히스토그램

만일 데이터가 무한대로 존재하고, 계급구간의 폭을 무한히 작게 하여 계급을 한없이 늘린 후에 히스토그램을 그리고 각 도수값을 이으면 [그림 2-5]와 같은 곡선이 얻어지게 될 것이다. 이러한 곡선을 **분포곡선**이라고 한다.

그림 2-5 | 분포곡선 예

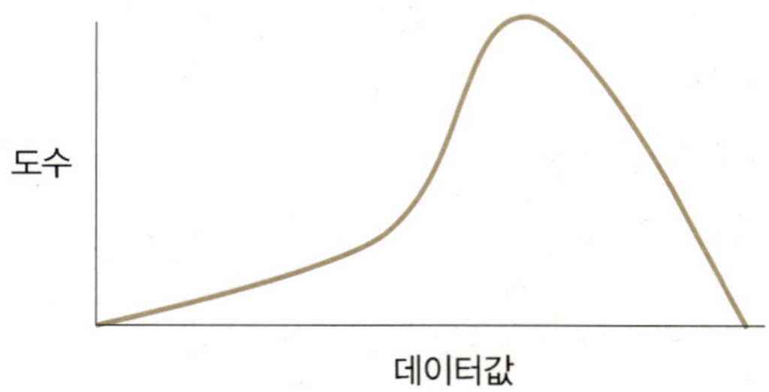

히스토그램을 작성할 때는 충분한 양의 데이터를 확보하는 것이 좋다. 적은 양의 데이터로 히스토그램을 작성하여 모집단에 대해 판단할 경우 샘플링오차나 측정오차 등으로 인해 모집단의 분포가 왜곡되어 나타날 수가 있으므로 해석에 주의를 요한다.

2.4.3 막대그래프

도수분포표에서 범주형 데이터에 대하여 각 범주는 x축에 표현하고 y축에는 해당 범주의 도수 또는 상대도수를 나타내어 그래프로 작성한 것이 막대그래프(bar chart)이다(x축과 y축을 바꾸어 그리는 경우도 있다). 막대그래프는 앞에서 다룬 히스토그램과 차이가 있는데, 히스토그램은 x축에 수치 데이터의 값들을 표현하는 계급의 폭을 나타내는 반면에, 막대그래프는 수평축에 단순히 범주들을 나타낸다. 예를 들어, 어떤 휴대폰 서비스센터에 수리 요청된 휴대폰의 고장별 건수를 집계한 결과, 버튼고장 20건, 충전접촉 50건, 카메라기능 22건, 화질문제 30건, 터치문제 75건, 기타 5건이 있었다고 한다면 막대그래프로 [그림 2-6]과 같이 그릴 수 있다.

그림 2-6 | 휴대폰 서비스센터 고장내용에 대한 막대그래프

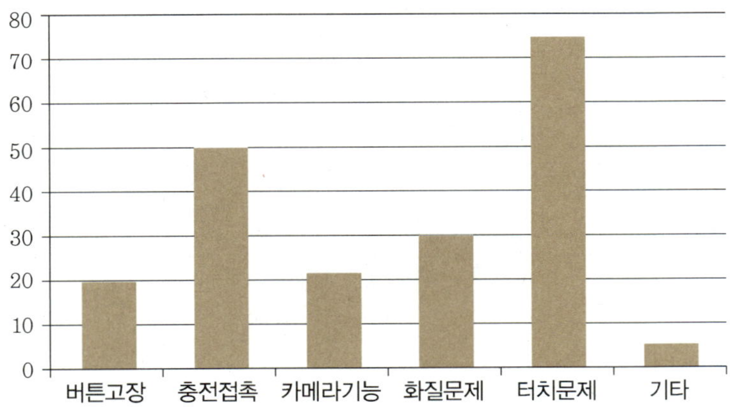

예제 2-9

[표 2-1]의 학점 데이터를 이용하여 막대그래프를 그려보라.

| 풀이 |

여기서는 R 프로그램을 사용하여 그리도록 한다. 먼저 다음과 같이 c() 함수를 이용하여 학점 데이터를 입력한다.

```
> hakjum <- c("C","D","B","B","B","C","B","A","D","C","A","B","C","F","B",
              "C","C","C","B","B")
```

그런데 R 프로그램에서는 이 데이터를 표 형태로 정리하여야 막대그래프를 그릴 수 있으므로 table() 명령어를 이용하여 표 형태로 정리하여 htable에 저장한다.

```
> htable <- table(hakjum)
```

마지막으로 막대그래프는 barplot() 명령어를 사용하여 작성한다. [그림 2-7]은 막대그래프 작성결과를 보여준다.

그림 2-7 | 학점의 막대그래프

```
> barplot(htable)
```

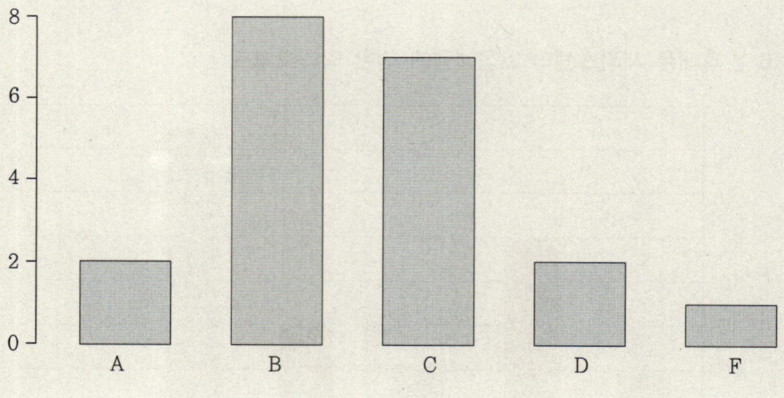

2.4.4 원그래프

원그래프는 데이터를 빈도에 따라 구분하여 전체에 대한 특정 항목의 비율을 원호의 형태로 작성하여 시각적으로 보여준다. 원그래프는 면적그래프의 일종으로 각 부분의 비율은 파이조각 모양으로 나타나기 때문에 **파이도표**라고도 한다. [그림 2-8]은 휴대폰 서비스센터에 신고된 불량 원인별 발생빈도의 비중을 원그래프로 작성한 것이다.

그림 2-8 | 휴대폰 서비스센터 고장내용에 대한 원그래프

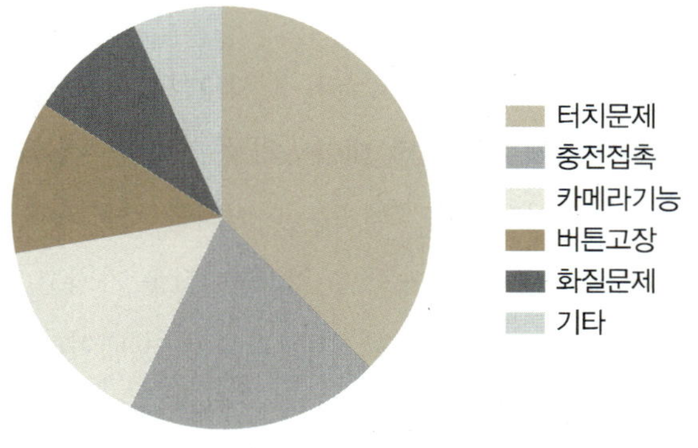

2.4.5 파레토그래프

어떤 사건 혹은 현상의 발생횟수나 출현횟수 등을 조사하여 얻어진 데이터의 경우 가장 중요한 사건이나 현상을 시각적으로 파악하고 그 심각도를 한눈에 판단할 수 있도록 작성된 그림이 파레토그래프(pareto graph)이다. 파레토그래프는 막대그래프와 꺾은선그래프의 혼합된 형태로서 가장 중요한 사건 혹은 현상이 맨 앞에 오도록 막대그래프를 그리고 누적비율을 꺾은선으로 연결하여 작성한다. [그림 2-9]는 앞에서 예를 든 휴대폰 서비스센터의 A/S 요청 유형별로 파레토그래프를 작성한 것이다. 그림을 통해 터치문제와 충전접촉문제가 전체 A/S 요청 유형의 50% 이상을 점유하고 있음을 한눈에 알 수 있다.

그림 2-9 | 휴대폰 서비스센터 고장내용에 대한 파레토그래프

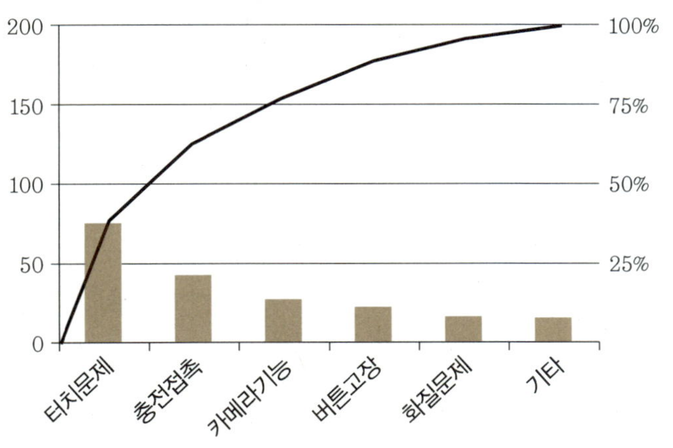

2.4.6 상자-수염그림

상자-수염그림(box and whisker plot)은 상자그림이라고도 하며 히스토그램과 같이 분포를 구체적으로 보여주지는 않지만 데이터의 중심위치와 산포를 시각적으로 쉽게 파악할 수 있도록 한 그래프이다. 이 그래프는 데이터를 가공하여 얻어낸 다섯 가지 통계치, 즉 최솟값, 제1사분위, 중앙값, 제3사분위, 최댓값을 가지고 그린다. 상자는 1사분위수와 3사분위수를 경계로 하여 그려지고, 이상치가 아닌 데이터 중에서 최솟값과 최댓값을 찾아 상자의 경계부분으로부터 수염을 연결한 다음 중앙값의 위치를 상자에 표시하여 그림을 완성한다. 여기서 이상치라 함은 상자의 경계로부터 상자길이의 1.5배를 벗어난 데이터를 의미하고, 보통 상자그림에 개별적으로 점이나 별표 등으로 표시한다. [그림 2-10]은 상자-수염그림의 구성을 보여준다. 그림으로부터 데이터에 특별한 이상치는 없고 최솟값은 4, 최댓값은 80, 중앙값은 40 정도임을 알 수 있다. 또한 상자 내 중앙값의 위치로 보아 중앙값보다 큰 데이터들이 산포가 크게 분포하고 있다는 것을 알 수 있다.

그림 2-10 | 상자-수염그림

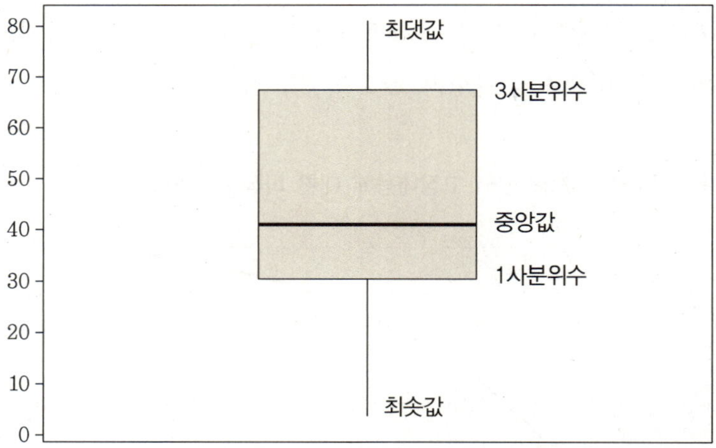

그림 2-11 | 상자-수염그림을 이용한 분포의 비교

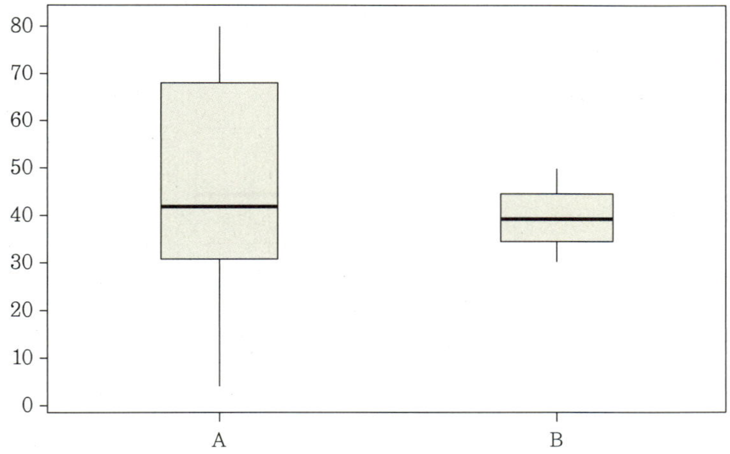

상자-수염그림은 하나의 데이터 집합에 대해 작성할 수도 있지만 보통은 둘 이상의 데이터 집합에 대해 중심위치와 산포를 한눈에 비교할 목적으로 많이 작성된다. [그림 2-11]은 두 데이터 집합에 대해 상자-수염그림으로 비교하고 있다. 그림에서 A와 B의 중심위치는 비슷한 값을 가지지만 산포는 B가 훨씬 더 작다는 것을 바로 알 수 있다.

예제 2-10

[표 2-1]의 기말고사 성적 데이터를 이용하여 상자-수염그림을 그려보라.

| 풀이 |

여기서는 R 프로그램을 사용하여 그리도록 한다. 다음과 같이 boxplot() 함수를 사용하면 된다. [그림 2-12]로부터 기말성적 데이터에는 이상치가 하나 포함되어 있음을 알 수 있다.

```
> boxplot(final)
```

그림 2-12 | 기말고사 성적의 상자-수염그림

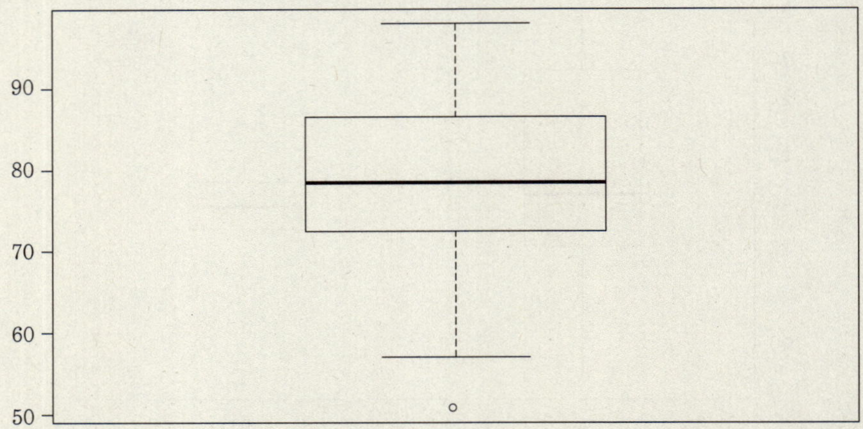

2.4.7 산점도

산점도(scatter plot)는 키와 몸무게 혹은 소득수준과 지출규모 등과 같이 서로 관계가 있을 것으로 생각되는 두 변수의 관측 데이터를 직교 좌표상에 타점하여 변수 간 관련성을 시각적으로 파악할 수 있도록 한 그림이다. [그림 2-13]은 [표 2-1]에서 보여준 경영통계학과목의 중간고사(x)와 기말고사(y) 점수에 대해 산점도로 작성한 것이다. 그림에서 중간고사 성적이 좋은 학생은 기말고사에서도 높은 성적을 받는 경향을 알 수 있다. 그림과 같이 x가 증가함에 따라 y도 증가하는 관계를 양의 상관관계라고 하고, 그 반대를 음의 상관관계라고 한다. 산점도는 두 변수의 관계를 수학적으로 분석하기 전에 먼저 시각

그림 2-13 | 중간고사와 기말고사 점수에 대한 산점도

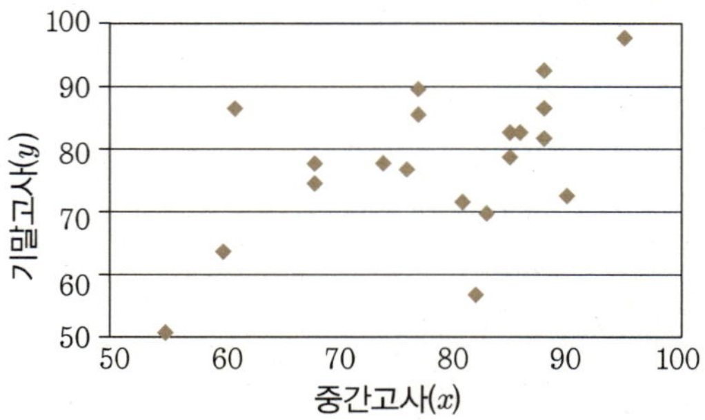

적으로 검토하기 위한 수단으로 많이 사용된다.

산점도를 해석할 때 겉으로 드러난 모양이 전부가 아닐 수도 있다는 점에 주의하여야 한다. 여러 종류의 이질적인 데이터를 층별하지 않은 채 뒤섞어 산점도를 작성하면 두 변수의 관계가 왜곡되어 나타날 수도 있다. 실제로는 전혀 무관한 두 변수가 마치 긴밀한 관계가 있는 것처럼 나타나거나 반대로 상당히 밀접한 관계에 있는 두 변수가 아무런 상관이 없는 것처럼 나타나기도 한다. 따라서 산점도를 작성할 때는 두 변수 외의 나머지 변수들이 동일한 조건으로 유지되어 있는지 점검하여 제3의 변수의 영향으로 인한 결과의 왜곡이 없도록 해야 한다. [그림 2-14]는 층별 전후의 산점도를 작성한 것이다. 층별 전 이질적인 데이터를 뒤섞어 작성된 산점도에서는 두 변수 간의 관계가 거의 없는 것으로 나타나 있다. 그러나 데이터를 제3의 변수 조건 A, B를 기준으로 층별하여 작성된 산점도에서는 양의 관계가 나타나고 있다.

그림 2-14 | 층별 전후의 산점도

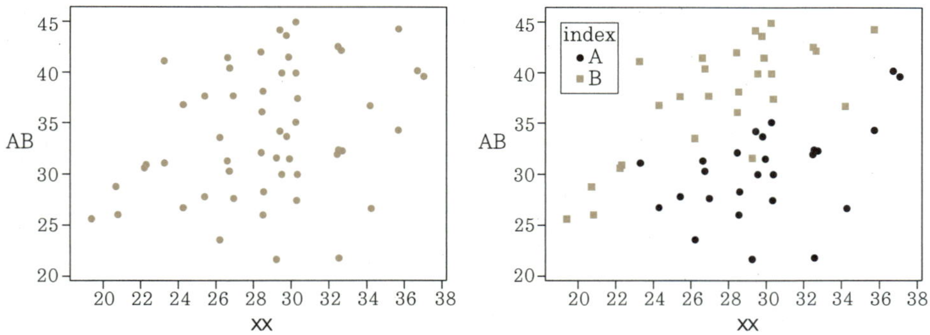

(a) 층별하기 전의 산점도　　(b) 층별한 후의 산점도

예제 2-11

[표 2-1]에서 중간고사 및 기말고사 성적의 관계를 파악하기 위해 상자-수염그림과 산점도를 그려보라.

| 풀이 |

먼저 scan() 함수를 이용하여 중간고사 성적을 mid에 저장하고 기말고사 성적을 final에 저장한다. 다음으로 boxplot() 및 plot() 명령을 이용하면 된다.

```
> boxplot(mid,final)
> plot(mid,final)
```

[그림 2-15]는 실행결과 (a) 상자-수염그림, (b) 산점도를 보여준다.

그림 2-15 | 중간고사 성적과 기말고사 성적의 비교

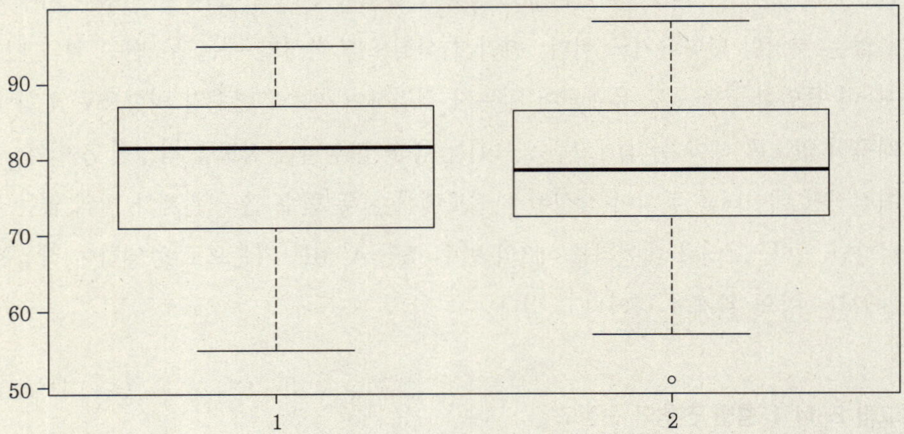

(a) 중간고사 성적과 기말고사 성적의 상자-수염그림

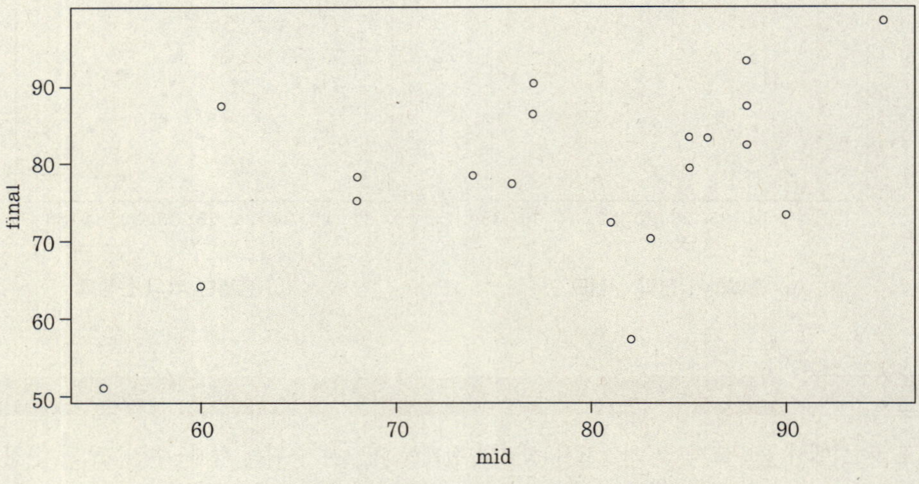

(b) 중간고사 성적과 기말고사 성적의 산점도

2.4.8 시계열그래프

시계열그래프(time series graph)는 데이터가 얻어진 시간 순으로 타점하여 연결한 그림으로 시간의 흐름에 따른 변수의 변화를 검토하고자 할 때 사용된다. 우리가 자주 접하는 주가지수 차트도 시계열그래프로 작성된다. [그림 2-16]은 2020년 2월부터 1년간 삼성전자의 주식가격을 일별로 시계열그림으로 작성한 것이다.

그림 2-16 | 삼성전자 주가 추이 시계열그래프

통계이야기 평균의 함정

평균은 우리가 현실에서 가장 자주 사용하는 통계용어일 것이다. 앞에서 데이터의 중심과 관련하여 산술평균, 중앙값, 최빈값에 대해 알아보았다. 관심대상을 제대로 표현하기 위해서 어떤 측도를 사용해야 하는지는 상황과 분석목적에 따라 적절히 선택해야 한다. 평균만 가지고 의사결정을 했을 때 잘못된 결과를 초래할 수 있으므로 변동성 등 다른 측도도 함께 사용하는 것이 필요할 때도 있다. 대푯값으로서 평균이 가지는 오류를 말해주는 '평균의 함정'이란 말이 있다. 다음의 우화는 전형적인 평균의 함정에 빠져 잘못된 의사결정을 한 예이다(DongA Business Review, 174호, 2015년).

> 100명의 군인들이 강을 건넌다. 군인들의 평균키는 180㎝, 강의 평균깊이는 150㎝다. 보고를 받은 장군이 도강을 명령했다. 강 언저리를 지나면서 물이 갑자기 깊어졌고 병사들이 빠져 죽기 시작했다. 겁이 난 병사들이 뒤를 흘깃흘깃 쳐다봤지만 장군은 '돌격 앞으로'만 외쳤다. 물에 빠져 죽는 병사가 속출하자 장군은 당황하며 그제야 회군을 명령했다. 하지만 이미 많은 군사를 잃은 뒤였다. 알고 보니 이 강의 최대 수심은 200㎝였고 군사 중 200㎝가 넘는 사람은 30명이 채 안 됐다.

위의 예는 변동성이 많이 존재하는 상황에서 평균만을 가지고 적절하지 못한 의사결정을 내려 조직에 심각한 타격을 입힌 예를 보여주고 있다.

또 다른 평균의 함정 예를 들어 보자. 최근에 유튜버의 인기가 높아지고 있다. 유튜브에서 수익을 낼 수 있다는 말에 많은 사람들이 유튜버의 길을 선택하려고 한다. 2020년 교육부 조사에 따르면, 유튜버, 스트리머 등 크리에이터는 운동선수, 의사, 교사에 이어 초등학생 장래희망 직업순위 4위에 올랐다. 유튜버는 정말로 많은 돈을 벌 수 있는 유망한 직업일까? 아래는 유튜버의 소득 현실을 보여주는 뉴스내용을 정리한 것이다(연합뉴스, 2021. 2. 14.). "… 2019년도 종합소득을 신고한 미디어 콘텐츠 창작자(유튜버)는 2,776명이다. 이들이 신고한 수입금액은 총 875억원으로, 1인당 평균 3,152만원이다." 이 데이터로만 보자면 유튜버들의 수익이 상당히 많은 것으로 생각된다. 그 다음의 뉴스를 계속 보자. "수입 상위 1%에 해당하는 27명의 수입금액은 1인당 평균 6억7,100만원으로 나타났다. 상위 10%의 1인당 평균 수입금액은 2억1,600만원이다. 나머지 90%의 1인당 평균 수입금액은 1,105만원이고, 하위 50%의 1인당 평균 수입금액은 108만원 수준이다." 즉, 수익의 대부분은 상위 10%, 특히 상위 1%가 가져가고 나머지 대부분의 유튜버는 큰 수익을 내지 못하고 있다. 콘텐츠를 제작하기 위한 경비를 차감한다면 손실을 보고 있는 유튜버도 많을 것이다. 이 예는 데이터의 평균이 대부분의 데이터를 대표하기 어려운 상황을 보여주고 있다. 따라서 평균을 기반으로 어떤 의사결정을 한다면 잘못된 결과를 얻을 가능성이 높다. 위에서 예를 든 경우는 평균값과 더불어 중앙값이나 최빈값을 함께 고려하는 것이 타당하다.

연 | 습 | 문 | 제

1. 아래의 데이터는 은행 고객이 현금 인출기에서 서비스 받는 시간(분단위)을 조사한 측정치이다. 평균, 중앙값, 편차의 합, 분산, 표준편차, 변동계수를 구하라.
1.0 1.5 2.3 0.8 0.2 3.2 3.5 1.2 2.3 4.9 0.1 2.4

2. 앞의 연습문제 1. 데이터에 대해 R을 이용하여 상자-수염그림과 히스토그램(구간범위 : 0.5)을 그려라.

3. 현재 1,000원 하는 제품의 7년 전 가격은 500원이었다고 하자. 이 제품 가격의 연평균 인상률은 얼마인가?

4. 100만원을 주식에 투자하여 첫해에는 30.2%, 두 번째 해에는 -9.8%, 세 번째 해에는 15.2%의 수익률을 달성하였다고 하자.
(1) 3년이 지난 후 주식의 가치는 얼마인가?
(2) 3년간 평균 투자수익률은 얼마인가?

5. 아래는 A회사에서 판매하는 제품들의 판매가와 판매량을 나타낸 표이다. 이 회사에서 판매하는 제품의 개당 평균 판매가는 얼마인가?

모델	판매가(원)	판매량	판매액(원)
모델 A	15,000	100	1,500,000
모델 B	30,000	200	6,000,000
모델 C	35,000	500	17,500,000
모델 D	60,000	800	48,000,000

6. 앞의 연습문제 5.의 판매량에 대해 R을 이용하여 모델별로 막대그래프와 원그래프를 그려라.

7. 아래의 표는 유튜버 2,776명의 수익 백분위 데이터이다. 유튜버 전체의 1인당 평균수익은 얼마인가?

구분	인원수(명)	1인당 평균수익(백만원)
상위 1%	27	671.2
상위 1~10%	250	167.0
상위 10~50%	1,111	23.5
하위 50%	1,388	1.1

8. 어떤 운전자가 최초 구간 100km를 시속 80km로 운전하고 두 번째 구간 200km에서는 시속 100km로 주행하였다. 전체 구간의 평균속도를 구하라.

9. 어떤 과목의 시험성적이 남학생, 여학생별로 다음과 같다.

남학생	80	99	94	75	83	95	70	82	80	70	68	98
여학생	85	78	80	92	85	96	80	87	88	89	90	78

(1) 남학생과 여학생별로 시험성적의 평균, 표준편차, 변동계수를 구하라.

(2) R을 이용하여 남학생, 여학생 각각에 대해 상자수염을 하나의 표에 나타나도록 그리고, 점수의 평균과 변동성을 비교하여 설명하여라.

10. 우리 주변에서 '평균의 함정'과 관련된 예를 들어 보아라.

11. 데이터의 분포 형태 중 음의 왜곡(negative skewed)을 갖는 예를 들어 보아라.

12. 시계열그래프의 예를 들어 보아라.

13. 500명씩 구성된 두 학생 집단 A, B가 있다. 어떤 시험의 성적이 A집단은 평균 80점, 표준편차는 2점이고, B집단은 평균이 70점, 표준편차는 20점이라고 하자. 이 시험에 통과하려면 90점 이상이어야 한다면 어떤 집단에서 더 많은 합격자가 나올 것으로 예상되는가? 그 이유는 무엇인가?

14. 앞의 연습문제 13.에서 시험통과점수가 80점이라면 어떤 집단에서 더 많은 합격자가 나올 것으로 예상되는가? 그 이유는 무엇인가?

15. 아침에 학교에 등교할 때 A양은 지하철을 타고 오고, B군은 버스를 이용한다. 두 경우 모두 평균 40분의 통학시간이 소요된다고 가정하자. 수강하는 과목의 강의 시작시간이 10:00일 때, 지각하지 않으려면 아침에 누가 더 빨리 출발해야 할까? 그 이유는 무엇인가?

CHAPTER 3

확 률

통계학개론
Introduction to Statistics

3.1 표본공간과 사상
3.2 사상의 발생확률
3.3 표본점의 셈법과 확률계산
3.4 조건부확률과 독립사상
3.5 베이즈정리

03 Chapter 확률

3.1 표본공간과 사상

앞 장에서 설명한 자료의 정리와 해석은 측정된 자료의 분포를 이해하고 특성값을 파악하기 위한 방법이다. 이러한 자료가 측정되기 이전에는 어떤 값을 가지게 될지 예측할 수 없다. 확률은 이와 같이 예측할 수 없는 현상들의 가능성을 설명하는 것으로 볼 수 있고, 통계는 가능성과 실제 측정된 자료를 바탕으로 의미 있는 해석을 이끌어내는 것으로 볼 수 있다. 따라서 확률은 통계를 이해하는 데 있어서 필수적 요소가 된다.

확률은 동전 던지기와 같이 실험의 결과로 나타날 수 있는 모든 경우는 알려져 있지만 실제 한 번의 실험에서 어떤 결과가 나올지 예측할 수 없는 현상들을 대상으로 한다. 동전을 한 번 던진다고 할 때 앞면이 나오는 경우를 H, 뒷면이 나오는 경우를 T라고 한다면 모든 가능한 결과의 집합은 $\{H, T\}$라고 알려져 있지만 동전을 던지는 실험을 실제로 했을 때 어느 면이 나올지는 미리 알 수 없다. 이때의 모든 가능한 결과의 집합을 **표본공간(sample space)**이라 하고 S로 표기한다. 그리고 표본공간을 구성하는 개별 원소를 **표본점(sample point)**이라 한다.

표본공간은 어떤 실험을 하느냐에 따라 다르게 정의되며, 표본점의 개수는 유한할 수도 무한할 수도 있고, 표본점의 개수를 셀 수 있을 수도 셀 수 없을 수도 있다. 또한 동일한 실험일지라도 표본공간은 다양한 형태로 구성될 수 있다. 예를 들어, 주사위를 던지는 경우 주사위 각 면의 눈의 수를 기준으로 $S=\{1, 2, 3, 4, 5, 6\}$으로 정의할 수 있고 또는 눈의 수가 짝수이냐 홀수이냐를 기준으로 $S=\{\text{짝수, 홀수}\}$로 정의할 수 있다. 즉, 확률실험의 성격, 특징에 따라 그리고 실험하는 사람의 관심사에 따라 표본공간은 다양한 형태로 정의된다. 그렇다면 표본공간을 합리적으로 정의할 수 있는 방법은 없을까? 반드시 그래야만 하는 것은 아니지만 일반적으로는 모든 표본점이 나올 가능성이 동일하게 표본공간을 구성하는 것이 바람직한 것으로 여겨진다.

확률실험을 시행하고 나면 실험을 통해 나올 수 있는 모든 가능한 결과의 집합인 표본공간의 한 원소, 즉 표본점이 나오게 될 것이다. 이때 표본공간의 부분집합을 사상(event)이라 하고, 확률실험을 시행한 결과 어떤 사상에 속한 표본점이 나왔으면 해당 사상이 일어났다고 한다. 예를 들어, 주사위를 한 번 던지는 실험에서 표본공간은 $S=\{1, 2, 3, 4, 5, 6\}$이다. A를 짝수의 눈이 나오는 사상이라 하면 $A=\{2, 4, 6\}$이고 표본공간의 부분집합이 된다. 이때 실험결과 6의 눈이 나왔다면 사상 A가 일어났다고 한다. 여기서 홀수의 눈이 나오는 사상을 집합으로 표현하면 $\{1, 3, 5\}$가 될 텐데, 이는 표본공간 S의 부분집합이지만 사상 A에는 포함되지 않는 표본점들로만 구성된다. 이와 같이 어떤 사상에 포함되지 않는 표본점들로만 구성된 집합을 해당 사상의 여사상(complement)이라 하고 A^c로 표기한다.

여사상(complement)
사상 A의 여사상은 A에 속하지 않은 원소들로 구성된 표본공간의 부분집합으로서 A^c와 같이 표기한다.

예제 3-1

주사위를 한 번 던지는 실험에서 눈 2 또는 5가 나올 사상을 A라 할 때 A의 여사상을 구하라.

| 풀이 |

$A=\{2, 5\} \Rightarrow A^c=\{1, 3, 4, 6\}$

집합들도 합집합, 교집합, 차집합 등 다양한 형태의 연산이 가능하며, 이를 통해 새로운 사상이 정의될 수 있다. 두 사상 A와 B의 합집합은 최소한 한 사상에라도 포함된 표본점들로 구성되며 $A \cup B$로 표기한다. 교집합은 두 사상 모두에 포함된 표본점들로 구성되며 $A \cap B$로 표기한다. 마지막으로 차집합은 사상 B에 포함되지 않은 표본점들 중 사상 A에 포함된 것들로 구성되며 $A - B$로 표기한다.

예제 3-2

주사위를 한 번 던지는 실험에서 눈 2 또는 5가 나올 사상을 A, 짝수의 눈이 나올 사상을 B라 할 때 두 사상에 대한 ① 합집합, ② 교집합, ③ 차집합으로 정의되는 사상을 구하라.

| 풀이 |

$A=\{2, 5\}$, $B=\{2, 4, 6\}$이므로 다음과 같이 구할 수 있다.

① $A \cup B=\{2, 4, 5, 6\}$

② $A \cap B=\{2\}$

③ $A-B=\{5\}$

표본공간과 사상들을 시각적으로 표현하기 위한 목적으로 벤다이어그램(Venn diagram)이 널리 활용된다. [그림 3-1]은 앞에서 정의한 여집합, 합집합, 교집합, 차집합을 표본공간 S와 함께 벤다이어그램으로 나타낸 것이다.

그림 3-1 | 벤다이어그램을 활용한 집합 연산의 표현

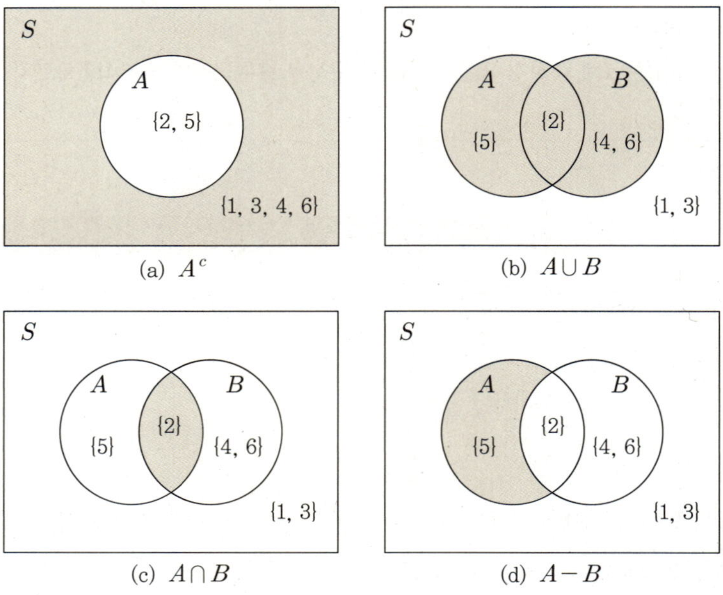

이와 같은 기본적 연산 외에도 사상에 대해 성립하는 여러 가지 연산법칙들이 있다.

사상의 연산법칙

① 교환법칙

$A \cup B = B \cup A$, $A \cap B = B \cap A$

② 결합법칙

$(A \cup B) \cup C = A \cup (B \cup C)$, $(A \cap B) \cap C = A \cap (B \cap C)$

③ 분배법칙

$A \cup (B \cap C) = (A \cup B) \cap (A \cup C)$, $A \cap (B \cup C) = (A \cap B) \cup (A \cap C)$

④ 드모르간(DeMorgan)의 법칙

$(A \cup B)^c = A^c \cap B^c$, $(A \cap B)^c = A^c \cup B^c$

확률실험에서는 동시에 일어날 수 없는 2개의 사상이 존재할 수 있다. 예를 들어, 주사위를 한 번 던지는 실험에서 짝수가 나오는 사상과 홀수가 나오는 사상은 동시에 일어날 수 없다. 이와 같이 동시에 일어날 수 없는 두 사상을 상호배반(mutually exclusive)이라 한다. 동시에 일어날 수 없다는 의미는 두 사상의 교집합이 존재하지 않는다는 것과 동일한 의미를 나타낸다.

예제 3-3

하나의 주사위를 던지는 실험에서 2의 배수의 눈이 나올 사상을 A, 3의 배수의 눈이 나올 사상을 B라고 하면, 두 사상 A와 B는 상호배반인가?

| 풀이 |

$A = \{2, 4, 6\}$, $B = \{3, 6\}$이고, $A \cap B = \{6\} \neq \phi$이므로 상호배반이라 할 수 없다.

3.2 사상의 발생확률

확률은 하나의 실험에서 우리가 관심을 가지고 있는 특정 사상이 일어날 가능성을 이야기한다. 야구경기에서 현재 타석에 있는 타자가 안타를 칠 가능성, 축구경기에서 페널티킥을 준비하는 선수가 골을 넣을 가능성 등이 확률로 표현될 수 있다. 확률을 정의하는 방법으로는 우선, 특정 실험을 여러 번 반복하였을 때 관심 있는 특정 사상이 일어나는 횟수의 비율인 상대도수(relative frequency)로 정의하는 방법이 있다. 한 개의 동전을 100번 던져 앞면이 51번 나왔다면 앞면이 나올 확률은 0.51이 되는 것이다. 확률을 정의하는 또 다른 방법은 표본공간을 구성하는 표본점 개수 대비 특정 사상을 구성하는 표본점 개수의 비율을 이용하는 고전적 확률이 있다. 동전을 한 번 던지는 실험에서 표본공간은 $S=\{H, T\}$이므로 표본공간을 구성하는 표본점 개수는 2이고, 앞면이 나오는 사상은 $\{H\}$이므로 이를 구성하는 표본점 개수는 1이다. 따라서 앞면이 나올 확률은 0.5로 나타낼 수 있다. 확률에 대한 보다 엄밀한 정의는 다음의 콜모고로프(Kolmogorov)의 확률 공리를 기반으로 한다.

콜모고로프의 확률 공리

표본공간 S의 모든 부분집합에 대해 함수 P가 다음의 세 공리를 만족할 때, 함수 P를 확률(probability)이라 하고, $P(A)$를 사상 A에 대한 확률이라 한다.

① $P(S)=1$

② $0 \le P(A) \le 1$

③ A와 B가 상호배반이면 $P(A \cup B)=P(A)+P(B)$이다.

크기가 같은 검은 공 1개와 흰 공 1개가 들어 있는 상자에서 공 1개를 꺼내는 실험에서 검은 공이 나오는 경우를 B, 흰 공이 나오는 경우를 W라고 한다면 표본공간은 $S=\{B, W\}$가 된다. 여기서 함수 P를 다음과 같이 정의하면 이는 확률 공리를 만족하게 된다.

$$P(A)=\frac{(A\text{에 속한 표본점의 개수})}{2}$$

표본공간을 구성하는 각 표본점의 나올 가능성이 동일하게 구성되어 있고, 표본공간 S에 속한 표본점의 수를 $n(S)$라고 한다면 하나의 표본점으로 구성된 사상이 일어날 확률은 $\frac{1}{n(S)}$이 된다. 따라서 사상 A가 일어날 확률은 다음과 같이 정의된다.

$$P(A)=\frac{n(A)}{n(S)} \tag{3.1}$$

단, 여기서 $n(A)$는 사상 A에 속한 표본점의 수를 의미한다.

예제 3-4

2개의 주사위를 던지는 실험에서 두 주사위 눈의 합이 10이 될 확률은 얼마인가?

| 풀이 |

두 주사위 눈의 합이 10이 될 사상을 A라고 하면 $A=\{(4,6),(5,5),(6,4)\}$이고, 표본공간은 $S=\{(1,1),(1,2),\cdots,(6,6)\}$이 된다. 따라서 확률은 다음과 같다.

$$P(A)=\frac{n(A)}{n(S)}=\frac{3}{36}=\frac{1}{12}$$

3.3 표본점의 셈법과 확률계산

3.3.1 분할과 표본점의 셈법

우리는 앞 절에서 표본공간과 특정 사상을 구성하는 표본점의 개수를 셈으로써 확률을 계산할 수 있음을 알았다. 1개의 동전 또는 주사위를 던지는 실험 정도는 표본점을 나열하여 표본공간을 정의할 수 있지만, 10개의 주사위를 동시에 던지는 실험을 가정해 보자. 표본점을 나열하여 표본공간을 정의할 수 있겠는가? 이는 매우 번거롭고 비효율적인 일이다. 그리고 우리가 일반적으로 관심 있는 것은 각 표본점의 나열이 아니고, 표본공간과 특정 사상을 구성하는 표본점의 개수 자체인 경우가 많다. 따라서 표본점을 나열하지 않고도 표본공간과 특정 사상 A에 포함된 표본점의 수 $n(S)$, $n(A)$를 구할 수 있으면 편리하고 효율적으로 확률을 계산할 수 있을 것이다.

표본공간의 부분집합인 사상들이 서로 배반이고, 전체 합집합이 표본공간과 동일하게 되는 경우, 이러한 사상들을 표본공간의 분할(partition)이라 한다. 분할을 그림으로 나타내면 [그림 3-2]와 같이 실제로 전체를 여러 부분으로 쪼개어 분할한 모양과 같음을 알 수 있다.

분할(partition)
다음 두 조건을 만족하는 사상 $A_1, A_2, A_3, \cdots, A_k$를 표본공간 S의 분할이라 한다.
① $A_1 \cup A_2 \cup A_3 \cup \cdots \cup A_k = S$
② $A_i \cap A_j = \phi,\ i \neq j$

그림 3-2 | 분할

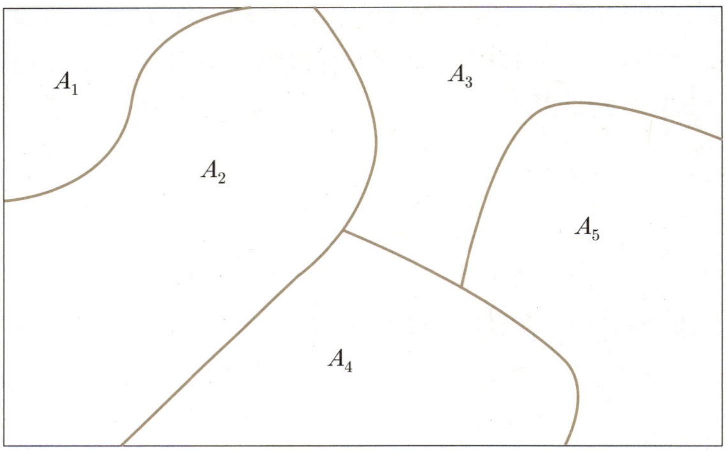

표본공간을 여러 개의 사상으로 분할할 수 있을 때, 표본공간의 표본점 수는 분할된 각 사상의 표본점 수를 활용하여 쉽게 구할 수 있다. 3개의 사상 A, B, C가 표본공간 S의 분할이면, 표본공간의 표본점 수 $n(S)$는 각 사상의 표본점 수를 합한 $n(A)+n(B)+n(C)$를 통해 산출할 수 있는 것이다. 이를 덧셈법칙이라 한다. 예를 들어, 2개의 주사위를 던지는 실험에서 두 주사위 눈의 합이 짝수인 사상을 A, 홀수인 사상을 B라고 한다면 $n(A)=18$, $n(B)=18$이므로 전체 표본공간의 표본점 수 $n(S)=n(A)+n(B)=18+18=36$이다.

표본점의 셈법 : 덧셈법칙

사상 $A_1, A_2, A_3, \cdots, A_k$를 표본공간 S의 분할이라 할 때 다음 식이 성립한다.

$$n(S) = n(A_1) + n(A_2) + \cdots + n(A_k) \tag{3.2}$$

예제 3-5

어느 회사에서는 갑, 을, 병 세 납품업자로부터 서로 다른 부품을 공급받아 조립제품을 생산한다. 갑으로부터는 세 종류의 부품을, 을로부터는 두 종류의 부품을, 병으로부터는 다섯 종류의 부품을 납품받고 있다면 이 회사의 조립제품은 총 몇 종류의 부품으로 구성되는가?

| 풀이 |

갑, 을, 병을 A, B, C로 표기하기로 하자. 갑, 을, 병이 같은 부품을 공급하지는 않으므로 $A \cap B = \phi$, $B \cap C = \phi$, $A \cap C = \phi$ 이다. 또 갑, 을, 병으로부터 공급받은 부품을 모두 사용하여 조립제품이 완성되므로 $A \cup B \cup C = S$ 이다. 따라서 A, B, C는 표본공간 S의 분할이고 $n(A) = 3$, $n(B) = 2$, $n(C) = 5$이므로 조립제품의 총구성부품 수는 다음과 같다.

$$n(S) = n(A) + n(B) + n(C) = 3 + 2 + 5 = 10$$

모든 상황에 있어 덧셈법칙만을 이용한다면 대단히 번거로운 경우가 많다. 예를 들어, 주사위와 동전을 각각 한 번씩 던지는 실험을 할 경우 주사위 눈의 수가 짝수이면서 동전의 앞면이 나오는 사상, 주사위 눈의 수가 짝수이면서 동전의 뒷면이 나오는 사상, 주사위 눈의 수가 홀수이면서 동전의 앞면이 나오는 사상, 주사위 눈의 수가 홀수이면서 동전의 뒷면이 나오는 사상과 같이 분할을 정의하는 것도 번거롭고, 이들 각 사상에 대한 표본점 수를 개별적으로 산출하여 합산하는 것 또한 번거로운 일이 된다. 이처럼 주사위와 동전을 던지는 것과 같이 2개의 확률실험을 독립적으로 행할 때, 각 실험에서 나올 수 있는 표본점의 수가 n, m이면 두 번의 전체 실험에서 나올 수 있는 가능한 모든 표본점의 수는 $n \times m$으로 산출할 수 있고, 이를 **곱셈법칙**이라 한다. 주사위를 한 번 던지는 실험에서 나올 수 있는 표본점의 수는 6이고, 동전을 한 번 던지는 실험에서 나올 수 있는 표본점의 수는 2이며, 이들은 서로 영향을 미치지 않기 때문에 주사위와 동전을 던지는 전체 실험에 대한 표본공간의 표본점 수는 $n(S) = 6 \times 2 = 12$가 된다.

표본점의 셈법 : 곱셈법칙

2개의 확률실험을 독립적으로 행할 때 각 실험에서 나올 수 있는 표본공간을 S_1, S_2라 한다면 두 확률실험 모두를 고려한 전체 표본공간 S의 표본점의 수는 다음과 같다.

$$n(S) = n(S_1)n(S_2) \tag{3.3}$$

예제 3-6

서울에서 부산까지의 교통편은 열차, 버스, 항공 세 가지가 있고 부산에서 제주까지는 배와 항공의 두 가지가 있다. 그러면 서울에서 부산을 거쳐 제주로 가는 방법 수는 총 몇 가지인가?

| 풀이 |

서울에서 부산까지의 교통편을 S_1, 부산서 제주까지의 교통편을 S_2로 표기하기로 하자. 교통편을 선택할 때 S_1의 구성원소와 S_2의 구성원소는 독립적으로 선택할 수 있으므로 서울에서 부산을 거쳐 제주로 가는 방법의 수는 다음과 같다.

$$n(S) = n(S_1)n(S_2) = (3)(2) = 6$$

실제 모든 표본점을 나열해 보면 (열차, 배), (열차, 항공), (버스, 배), (버스, 항공), (항공, 배), (항공, 항공)의 여섯 가지임을 확인할 수 있다.

이와 같은 덧셈법칙과 곱셈법칙을 기반으로 표본점의 수를 간편하게 계산하는 다양한 방법들에 대해 알아보자.

1) 순열

특정 순서로 배열된 일련의 묶음을 순열(permutation)이라 한다. 서로 다른 n개의 기호 중 r개를 뽑아 한 줄로 나열하는 경우가 대표적이다. 이를 n명의 사람들이 r개의 일련번호가 적혀 있는 의자에 앉는 경우로 생각해 보자. r개의 의자 중에서 첫 번째 의자에는 n명의 사람이 모두 앉을 수 있고, 두 번째 의자에는 첫 번째 의자에 이미 앉아버린 사람을 제외한 $(n-1)$명이 앉을 수 있다. 마지막 r번째 의자의 순서가 왔다면, 이미 $(r-1)$개의 의자에는 사람들이 앉아 있을 것이기 때문에 r번째 의자에 앉을 수 있는 사람의 수는 전체 n명에서 이미 의자에 앉아 있는 $(r-1)$명을 제외한 $(n-(r-1))$명이 된다. 따라서 모든 가능한 경우는 곱셈법칙에 의해 $n(n-1)(n-2)\cdots(n-r+1)$이 되며, 이를 nPr이라 표기한다.

순열(permutation)
서로 다른 n개의 기호 중에서 r개를 뽑아 한 줄로 나열하는 경우(순열)의 수는 다음과 같다.

$$nPr = n(n-1)(n-2)\cdots(n-r+1) = \frac{n!}{(n-r)!} \tag{3.4}$$

예제 3-7

각각 1, 2, 3, 4, 5의 숫자가 새겨져 있는 5개의 스탬프가 있다. 숫자 스탬프를 각각 한 번씩만 이용하여 만들 수 있는 세 자리 숫자는 몇 개인가?

| 풀이 |
5개의 도장 중 3개의 도장만을 활용할 수 있고 세 자리 숫자를 만들기 때문에 이들의 순서에 따라 숫자가 달라진다. 따라서 5개 중 3개를 골라 순서에 따라 나열하는 순열의 개수를 산출하면 다음과 같다.

$${}_5P_3 = \frac{5!}{(5-3)!} = 60\text{개}$$

2) 조합

앞에서 설명한 순열의 경우에는 기호를 나열하는 순서에 의미가 있지만 이러한 순서가 중요하지 않은 경우들도 있다. 순서에 상관없이 뽑은 묶음을 조합(combination)이라 한다. 서로 다른 n명의 사람들이 r개의 일련번호가 적혀 있지 않은 의자에 앉는 경우를 생각해 보자. 즉, 사람이 어떤 의자에 앉든 상관없이 n명 중 r명이 의자에 앉을 수 있는 경우를 말한다. 우선 순열의 방식으로 경우의 수를 산출하면 nPr이다. 그런데 순열과는 다르게 조합에서는 배열순서가 의미가 없으므로 일단 r명이 의자에 앉았으면 이들이 어떤 순서로 앉든 모두 같은 경우가 되어버린다. 따라서 모든 가능한 경우 nPr 중에서 r명이 순서대로 앉는 경우의 수인 rPr만큼은 모두 같은 경우를 나타내기 때문에 최종적으로 모든 가능한 조합의 경우는 nPr을 rPr로 나눈 값이 되며, 이를 $\binom{n}{r}$이라 표기한다. 여기서 $0! = 1$이므로 $rPr = \dfrac{r!}{(r-r)!} = r!$이다.

조합(combination)

서로 다른 n개의 기호 중에서 r개를 뽑아 순서에 상관없이 나열하는 경우(조합)의 수는 다음과 같다.

$$\binom{n}{r}=\frac{nPr}{rPr}=\frac{n(n-1)(n-2)\cdots(n-r+1)}{r!}=\frac{n!}{r!(n-r)!} \tag{3.5}$$

예제 3-8

실력이 비슷한 5명의 사람이 활쏘기 시합을 하고, 그 결과에 따라 1등부터 5등까지 순위를 정하고자 한다. 이때 3등까지는 상장을 수여한다고 하면 상장을 수여받을 수 있는 모든 경우의 수는 몇 개인가? 단, 동점자는 없다고 한다.

| 풀이 |

5명 중 상장을 받을 3명의 사람을 순서에 상관없이 뽑기만 하면 되므로 가능한 모든 조합의 개수는 다음과 같다.

$$\binom{5}{3}=\frac{5!}{3!(5-3)!}=10\text{개}$$

3) 중복순열

서로 다른 n개의 기호 중 r개를 뽑아 한 줄로 나열할 때 기호들을 중복으로 활용할 수 있는 경우를 **중복순열**이라 한다. 서로 다른 4개의 기호 (a, b, c, d)를 중복을 허용하여 나열하게 되면 (a, a, a, a)나 (a, a, d, d) 같은 것들도 가능하게 된다. 이 경우에는 4개의 기호가 모두 4개의 자리에 들어갈 수 있기 때문에 곱셈법칙을 활용하면 나열 가능한 모든 경우의 수는 $4\times4\times4\times4=4^4$이 된다.

중복순열

서로 다른 n개의 기호 중에서 중복을 허용하여 r개를 뽑아 한 줄로 나열하는 경우(순열)의 수는 n^r이다.

예제 3-9

주사위를 순차적으로 네 번 던져 나오는 눈의 수를 한 줄로 나열하는 경우의 수는 몇 개인가?

| 풀이 |

각 주사위는 1부터 6까지 나올 수 있으며, 같은 눈의 수가 나올 수도 있다. 따라서 1부터 6까지의 수 중에 중복을 허용하여 4개를 뽑아 나열하는 경우의 수와 동일하게 된다.

$6^4 = 1{,}296$개

4) 같은 것이 있는 경우의 순열

n개의 기호 중 r개를 뽑아 한 줄로 나열할 때 만약 똑같은 기호가 포함되어 있다면 같은 기호들끼리 순서를 바꾸는 경우는 동일한 순열이 된다. 예를 들어, 같은 것이 포함된 4개의 기호 (a, a, a, b)를 한 줄로 나열하는 경우는 ${}_4P_4 = 4! = 24$가지가 아니라, (a, a, a, b), (a, a, b, a), (a, b, a, a), (b, a, a, a)와 같이 4가지 경우뿐이다. 이는 3개의 a가 서로 자리를 바꾸는 경우의 수인 ${}_3P_3 = 3! = 6$가지의 경우가 모두 동일해지기 때문이다. 따라서 가능한 전체 경우의 수는 $\frac{4!}{3!} = 4$가 된다.

같은 것이 있는 경우의 순열

서로 다른 k개의 기호가 각각 $n_1, n_2, n_3, \cdots, n_k$개 있을 때 기호 모두를 한 줄로 나열하는 경우(순열)의 수는 다음과 같다.

$$\binom{n}{n_1, n_2, n_3, \cdots, n_k} = \frac{n!}{n_1! n_2! n_3! \cdots n_k!} \quad (3.6)$$

예제 3-10

statistics에 포함된 모든 글자를 나열하여 만들 수 있는 서로 다른 문자배열은 모두 몇 개인가?

| 풀이 |

s 3개, t 3개, a 1개, i 2개, c 1개로 구성되어 있으므로 한 줄로 나열하여 만들 수 있는 서로 다른 문자배열의 수는 다음과 같다.

$$\binom{10}{3, 3, 1, 2, 1} = \frac{10!}{3!3!1!2!1!} = 50{,}400\text{개}$$

3.3.2 확률계산에 유용한 법칙

표본공간을 구성하는 모든 표본점의 수와 특정 사상을 구성하는 표본점의 수를 계산함으로써 해당 사상에 대한 확률을 구할 수 있음을 살펴보았다. 만약 복잡한 사상에 대한 확률을 간단한 사상에 대한 확률을 이용하여 구할 수 있다면 확률계산을 보다 수월하게 할 수 있을 것이다. 여기서는 확률계산에 유용하게 활용될 수 있는 몇 가지 법칙에 대해 살펴본다.

주사위 2개를 던져 두 눈의 수의 합이 3 이상이 될 확률을 구해보자. 2개의 주사위를 던져 나올 수 있는 눈의 수의 합은 2부터 12까지이므로 3 이상인 모든 경우에 대해 확률을 따로 구하여 합산하여야 한다. 하지만 이보다는 3 미만, 즉 2 이하가 나올 확률을 구하여 1에서 빼는 것이 훨씬 수월할 것이다. 이와 같이 특정 사상이 일어날 확률을 직접 구하는 것보다는 다음을 이용하여 해당 사상이 일어나지 않을 확률을 구한 후, 1에서 그 값을 빼는 것이 더 편리할 때가 있다. 이를 여사상의 확률이라 한다.

여사상의 확률

$$P(A) = 1 - P(A^c) \tag{3.7}$$

예제 3-11

모양이 같은 흰 공 3개와 검은 공 2개가 들어 있는 항아리가 있다. 이 항아리로부터 2개의 공을 꺼낼 때 흰 공이 하나 이상 나올 확률은 얼마인가?

| 풀이 |

흰 공이 하나 이상 나올 사상을 A라 하자. A^c는 검은 공만 두 개 꺼낼 사상이므로 해당 확률은 다음과 같다.

$$P(A^c) = \frac{1}{\binom{5}{2}} = \frac{1}{10} \text{ 이므로 } P(A) = 1 - P(A^c) = 1 - \frac{1}{10} = \frac{9}{10}$$

A, B 두 사상의 합집합에 대한 확률은 다음과 같이 사상 A가 일어날 확률과 사상 B가

일어날 확률을 더한 것에서 A, B 두 사상의 교집합에 대한 확률을 뺀 것과 같다. 이를 확률의 덧셈법칙이라 하고 정리하면 다음과 같다.

확률의 덧셈법칙

$$P(A \cup B) = P(A) + P(B) - P(A \cap B) \tag{3.8}$$

세 사상일 경우,

$$P(A \cup B \cup C) = P(A) + P(B) + P(C) - P(A \cap B) - P(A \cap C) - P(B \cap C) + P(A \cap B \cap C) \tag{3.9}$$

예제 3-12

어느 기업에서 일하는 전체 직원 중 점심 때 함께 모여 독서모임을 하는 직원의 비율은 12%이다. 또한 전체 직원 중 남자의 비율은 45%이고, 남자이면서 독서모임에 참여하는 비율은 5%이다. 직원 한 명을 무작위로 추출하였을 때 이 직원이 독서모임에 참여하지 않는 여자일 확률은 얼마인가?

| 풀이 |

남자인 사상을 A, 점심 독서모임에 참여하는 사상을 B라고 한다면 위 정보로부터 다음을 얻을 수 있다.

$$P(A) = 0.45, \quad P(B) = 0.12, \quad P(A \cap B) = 0.05$$

여기서 독서모임에 참여하지 않는 여자인 사상은 $A^c \cap B^c$이므로 해당 사상이 일어날 확률은 다음과 같다.

$$\begin{aligned} P(A^c \cap B^c) &= P[(A \cup B)^c] = 1 - P(A \cup B) = 1 - \{P(A) + P(B) - P(A \cap B)\} \\ &= 1 - (0.45 + 0.12 - 0.05) = 0.48 \end{aligned}$$

3.4 조건부확률과 독립사상

[예제 3-4]에서 2개의 주사위를 던졌을 때 두 눈의 합이 10이 될 확률은 $\frac{1}{12}$이라고 하였다. 만약 2개의 주사위를 던졌는데 첫 번째 주사위의 눈이 6이 나왔다고 하고, 두 번째 주사위의 눈은 알 수 없다고 하자. 첫 번째 눈이 6이라고 주어졌으므로 이제 가능한 결과는

(6, 1), (6, 2), (6, 3), (6, 4), (6, 5), (6, 6)과 같이 6가지이다. 따라서 두 눈의 합이 10이 될 수 있는 경우는 이 중 (6, 4)이므로 구하고자 하는 확률은 $\frac{1}{6}$이 된다. 이를 **조건부확률(conditional probability)**이라 한다.

> **조건부확률(conditional probability)**
> 사상 B가 일어났다는 조건하에 사상 A가 일어날 조건부확률은 $P(A|B)$로 표현되며 $P(B)>0$이면 다음과 같이 정의된다.
> $$P(A|B)=\frac{P(A\cap B)}{P(B)} \tag{3.10}$$

조건부확률에 대한 정의를 이용하면 다음과 같은 관계식을 쉽게 얻을 수 있다. 이를 확률의 곱셈법칙이라 한다.

$$P(A\cap B)=P(A|B)P(B)=P(B|A)P(A) \tag{3.11}$$

예제 3-13

부품 A를 공급받아 제품 B를 만들어 납품하는 기업이 있다. 제품 납품기한을 맞추기 위해서는 부품 A의 공급이 제때 이루어져야 한다. 또한 부품의 공급이 제때 이루어지더라도 제품 납품기한을 맞추는 데에도 여전히 불확실성이 존재한다. 만약 부품 A를 제때 공급받을 확률이 $\frac{2}{3}$이고, 부품 A를 제때 공급받았을 때 제품 납품기한을 맞출 확률이 $\frac{3}{4}$이라고 한다면, 이 기업이 부품 A를 제때 공급받고 제품 B에 대한 납품기한을 맞출 수 있는 확률은 얼마인가?

| 풀이 |

부품 A를 제때 공급받는 사상을 A, 제품 B에 대한 납품기한을 맞추는 사상을 B라고 한다면 위 정보로부터 다음을 얻을 수 있다.

$$P(A)=\frac{2}{3},\quad P(B|A)=\frac{3}{4}$$

여기서 부품 A를 제때 공급받고 제품 B에 대한 납품기한을 맞출 수 있는 사상은 $A\cap B$이므로 해당 사상이 일어날 확률은 다음과 같다.

$$P(A\cap B)=P(B|A)P(A)=\frac{2}{3}\times\frac{3}{4}=\frac{1}{2}$$

조건부확률은 두 사상에 있어 한 사상이 일어났다는 사실이 다른 사상이 일어날 확률에 영향을 미치는 경우를 다룬다. 하지만 서로 영향을 주지 않는 사상들도 존재한다. 주사위를 두 번 던질 때 첫 번째 던진 주사위 눈의 수가 6이 나왔다고 해서 이것이 두 번째 던진 주사위 눈의 수에 영향을 미치지 않는다. 이와 같이 사상 A가 일어났다는 사실이 사상 B가 일어날 확률에 전혀 영향을 미치지 않을 때 두 사상 A와 B는 독립(independent)이라 한다. 두 사상이 독립이기 위해서는 다음의 조건을 만족해야 한다.

독립사상(independent event)
두 사상 A와 B가 독립일 때 다음이 성립한다.

$$P(A \cap B) = P(A)P(B) \tag{3.12}$$

두 사상 A와 B가 독립이면 확률의 곱셈법칙에 의해 다음 또한 성립한다.

$$P(A|B) = \frac{P(A \cap B)}{P(B)} = \frac{P(A)P(B)}{P(B)} = P(A) \tag{3.13}$$

$$P(B|A) = \frac{P(A \cap B)}{P(A)} = \frac{P(A)P(B)}{P(A)} = P(B)$$

이는 사상 B(또는 사상 A)가 일어났을 때 사상 A(또는 사상 B)가 일어날 조건부확률은 단순히 사상 A(또는 사상 B)가 일어날 확률과 같음을 의미한다. 즉, 한 사상이 일어났다는 사실이 다른 사상이 일어날 확률에 전혀 영향을 미치지 않는다는 것이다.

두 사상 A와 B가 독립이면 A와 B^c도 독립이고, A^c와 B^c도 독립이다.
세 사상 A, B, C가 독립이면 A^c, B^c, C^c도 독립이다.

3.1절에서 다룬 상호배반과 본 절의 독립은 다른 개념을 갖고 있다. 상호배반은 동시에 일어날 수 없는 두 사상을 얘기하는 반면, 독립은 동시에 일어날 수 있는지의 여부와는 무관하게 한 사상이 일어났다는 사실이 다른 사상에 영향을 미치지 않는다는 것을 이야기한다. 0이 아닌 확률을 지니고 있는 두 사상 A와 B에 대해(즉, $P(A) > 0, P(B) > 0$), 두 사상이 상호배반이면 A와 B는 독립이 될 수 없다. 두 사상이 상호배반이면 $P(A \cap B) = 0$

이어야 하지만, 두 사상이 독립이면 $P(A \cap B) = P(A)P(B) > 0$이므로 두 조건을 동시에 만족할 수 없기 때문이다.

세 사상 A, B, C가 독립이기 위해서는 다음의 조건을 모두 만족해야 한다.

$$P(A \cap B \cap C) = P(A)P(B)P(C) \tag{3.14}$$
$$P(A \cap B) = P(A)P(B)$$
$$P(A \cap C) = P(A)P(C)$$
$$P(B \cap C) = P(B)P(C)$$

예제 3-14

한 학생이 보기 5개 중 1개를 골라야 하는 객관식 시험문제를 풀고 있다. 이 학생은 세 문제에 대한 답은 전혀 알지 못하는 상황이다. 세 문제에 대해 무작위로 답을 골랐을 때 적어도 한 문제는 맞힐 확률은 얼마인가? 단, 각 객관식 문제는 반드시 정답이 존재한다.

| 풀이 |

정답을 모르는 첫 번째 문제를 틀리는 사상을 A, 두 번째 문제를 틀리는 사상을 B, 세 번째 문제를 틀리는 사상을 C라고 한다면, 적어도 한 문제는 맞히는 사상은 $A^c \cup B^c \cup C^c = (A \cap B \cap C)^c$이 된다. 따라서 적어도 한 문제는 맞힐 확률은 다음과 같이 표현된다.

$$P[(A \cap B \cap C)^c] = 1 - P(A \cap B \cap C)$$

여기서 세 문제의 정답을 전혀 모르기 때문에 한 문제의 정답을 맞히는가의 여부는 다른 문제를 푸는 데 있어 영향을 미치지 못하게 된다. 즉, 세 사상 A, B, C는 독립이 되므로

$$P(A \cap B \cap C) = P(A)P(B)P(C) = \frac{4}{5} \times \frac{4}{5} \times \frac{4}{5} = \left(\frac{4}{5}\right)^3$$

이 된다. 따라서 적어도 한 문제는 맞힐 확률은 다음과 같다.

$$P[(A \cap B \cap C)^c] = 1 - P(A \cap B \cap C) = 1 - \left(\frac{4}{5}\right)^3 = 0.488$$

3.5 베이즈정리

일반적으로 확률은 앞으로 어떤 일이 일어날 가능성에 대한 것을 다룬다. 하지만 이미 결과가 발생했을 때 해당 결과를 유발한 원인이 무엇인지를 찾는 것도 불확실성을 다루는 의사결정에 있어 매우 중요하다. 물론 확률은 이러한 상황에서도 도움이 된다.

베이즈정리를 소개하기 전에 설명을 쉽게 전개하기 위하여 먼저 전확률의 법칙(law of total probability)부터 살펴본다. 전확률의 법칙의 성립은 식 (3.15)로 설명이 되며 [그림 3-3]으로부터 쉽게 이해할 수 있다.

전확률의 법칙(law of total probability)

사상 A_1, A_2, A_3, $\cdots$, A_k를 표본공간 S의 분할이라 할 때 어떤 사상 B의 확률은 다음 식으로 구할 수 있다.

$$\begin{aligned} P(B) &= P(A_1 \cap B) + \cdots + P(A_k \cap B) \\ &= P(A_1)P(B|A_1) + \cdots + P(A_k)P(B|A_k) \end{aligned} \tag{3.15}$$

그림 3-3 | 전확률의 법칙

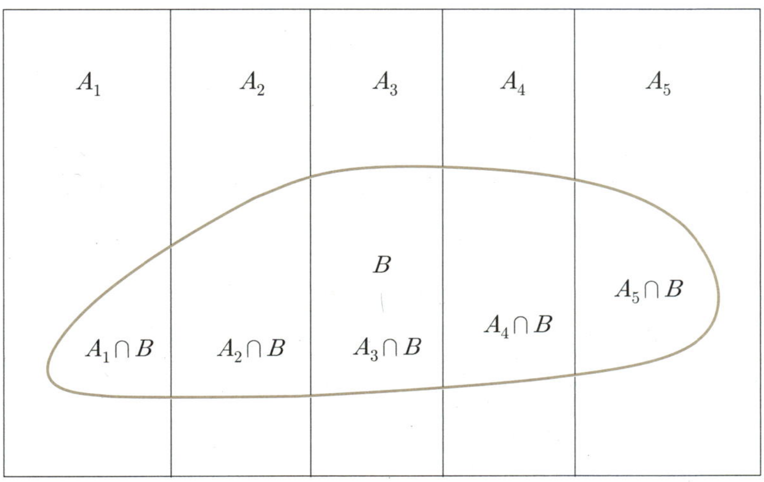

예제 3-15

어느 제품을 생산하는 회사에서 갑, 을, 병으로부터 부품 전체 물량의 50%, 30%, 20%를 공급받고 있다. 갑, 을, 병 각각의 부품 불량률은 1%, 3%, 4%라고 한다면 이 회사의 전체 부품 불량률은 얼마인가?

| 풀이 |

갑, 을, 병을 A_1, A_2, A_3라 하면 $P(A_1)=0.5$, $P(A_2)=0.3$, $P(A_3)=0.2$이고 각각의 불량부품 납품확률은 $P(D|A_1)=0.01$, $P(D|A_2)=0.03$, $P(D|A_3)=0.04$이므로 전체 부품 불량률은 다음과 같다.

$$\begin{aligned} P(D) &= P(A_1)P(D|A_1)+P(A_2)P(D|A_2)+P(A_3)P(D|A_3) \\ &= (0.5)(0.01)+(0.3)(0.03)+(0.2)(0.04) \\ &= 0.022 \end{aligned}$$

즉, 2.2% 정도이다. 이 문제는 [표 3-1]과 같은 표를 작성하여 풀이하면 보다 간편하게 해결할 수 있다.

| 표 3-1 | 전확률의 법칙을 적용하기 위한 표

A_i	$P(A_i)$	$P(D\|A_i)$	$P(A_i)P(D\|A_i)$
A_1 (갑)	0.5	0.01	0.005
A_2 (을)	0.3	0.03	0.009
A_3 (병)	0.2	0.04	0.008
계	1.0		0.022

전확률의 법칙에 대한 특수한 경우로서 두 사상 A와 B에 대하여 사상 A가 일어날 확률을 사상 B가 일어날 경우와 일어나지 않을 경우로 나누어 생각해 보자. 우선 $A\cap B$와 $A\cap B^c$는 교집합이 존재하지 않는 상호배반이므로 두 집합의 합집합의 확률은 각각의 확률을 더한 것과 같다. 그리고 두 집합의 합집합은 사상 A와 같다. 여기에 확률의 곱셈법칙을 적용하면 다음이 성립한다.

$$\begin{aligned} P(A) &= P\left[(A\cap B)\cup(A\cap B^c)\right] \\ &= P(A\cap B)+P(A\cap B^c) \\ &= P(A|B)P(B)+P(A|B^c)P(B^c) \\ &= P(A|B)P(B)+P(A|B^c)\{1-P(B)\} \end{aligned} \tag{3.16}$$

이는 사상 A가 일어날 확률은 사상 B가 일어났을 경우의 조건부확률과 B가 일어나지 않았을 경우의 조건부확률을 통해 산출할 수 있게 된다. 식 (3.16)은 식 (3.15)의 특수한 경우에 해당됨을 쉽게 확인할 수 있다.

현실 상황에서는 전확률의 법칙과는 다른 각도에서 문제를 분석할 경우도 있다. 즉, 결과를 의미하는 사상 B가 이미 일어났을 때 그 원인을 추적해 보고자 하는 경우로서, 원인이라고 할 수 있는 사상 A_i에 대한 조건부확률을 계산함으로써 각 원인이 결과를 유발했을 가능성을 유추해 볼 수 있다. 앞의 예에서 창고에 보관된 부품 중에서 불량부품이 발견되었다면 그것이 갑으로부터 납품되었을 확률이 얼마나 될까 하는 문제이다.

이와 같은 문제의 풀이에 도움을 줄 수 있는 정리가 베이즈정리(Bayes' theorem)이며 식 (3.17)로 정리될 수 있다. 베이즈정리는 원인을 추적하고 사고를 예방하기 위한 전략적 의사결정을 수립할 수 있도록 도움을 준다.

베이즈정리(Bayes' theorem)

n개의 사상 $A_1, A_2, \cdots, A_k$가 표본공간 S의 분할일 때, 임의의 사상 B가 일어났을 때 사상 A_i가 원인일 조건부확률은 다음과 같으며, 이를 베이즈정리라 한다($i=1, 2, \cdots, k$).

$$P(A_i|B)=\frac{P(B|A_i)P(A_i)}{P(B|A_1)P(A_1)+P(B|A_2)P(A_2)+\cdots+P(B|A_k)P(A_k)} \tag{3.17}$$

앞의 예를 베이즈정리를 이용하여 표로 정리하면 [표 3-2]와 같다. 즉, 불량부품이 갑으로부터 납품되었을 확률은 $5/22 \simeq 0.23$으로서 약 23% 정도 된다.

표 3-2 베이즈정리 계산표

A_i	$P(A_i)$	$P(D\mid A_i)$	$P(A_i)P(D\mid A_i)$	$P(A_i\mid D)$
A_1 (갑)	0.5	0.01	0.005	5/22
A_2 (을)	0.3	0.03	0.009	9/22
A_3 (병)	0.2	0.04	0.008	8/22
계	1.0		0.022	1.0

베이즈정리는 어떤 실험으로부터 얻은 결과를 가지고 이를 유발한 원인이 어떤 사상의

발생으로부터 기인한 것인지에 대한 확률을 구하는 이론이다. 베이즈정리의 특수한 경우로서 관심 있는 사항이 사상 A가 일어났을(즉, 결과가 일어났다고 알려진) 경우 사상 B가 일어날 확률(즉, 원인이 발생했을 확률)에 있다면 이는 다음을 통해 구해진다.

$$P(B|A)=\frac{P(A\cap B)}{P(A)}=\frac{P(A|B)P(B)}{P(A|B)P(B)+P(A|B^c)\{1-P(B)\}}$$

예제 3-16

중소기업 사장인 홍길동 씨는 많은 이메일을 받는다. 과거 경험으로 비추어 봤을 때, 사장이 받은 이메일의 80%는 스팸메일이다. 그리고 이메일에 포함되어 있는 단어들을 조사해 보니 90%의 스팸메일에서 '광고'라는 단어를 볼 수 있었고, 스팸메일이 아닌 정상메일의 5%에서도 '광고'를 볼 수 있었다. 만약 방금 '광고'라는 단어가 포함된 이메일을 받았다면, 이것이 스팸메일일 확률은 얼마인가?

| 풀이 |

'광고'라는 단어가 포함된 이메일을 받는 사상을 A, 스팸메일을 받는 사상을 B라고 한다면, 위 정보로부터 다음을 얻을 수 있다.

$$P(B)=0.80,\ P(A|B)=0.90,\ P(A|B^c)=0.05$$

여기서 '광고'라는 단어가 포함된 이메일을 받았을 때, 이것이 스팸메일일 확률은 $P(B|A)$이므로 베이즈정리를 이용하여 해당 확률을 구하면 다음과 같다.

$$P(B|A)=\frac{P(B)P(A|B)}{P(A)}=\frac{P(B)P(A|B)}{P(B)P(A|B)+P(B^c)P(A|B^c)}$$

$$=\frac{0.80\times 0.90}{0.80\times 0.90+0.20\times 0.05}\fallingdotseq 0.986$$

통계이야기 ○---- 머신러닝과 베이즈정리

머신러닝(machine learning) 또는 기계학습, 아마 여러분들이 최근 가장 많이 들어본 용어가 아닐까 한다. 머신러닝은 용어 그대로 기계로 하여금 무언가를 잘 학습하게 만들어 일을 잘하도록 만드는 것을 말한다. 과거에는 사람이 주로 행했었던 지적인 업무를 기계가 대신하도록 하는 것이다. 혹자는 이를 산업혁명과 비교하기도 한다. 산업혁명은 증기기관 발명으로 인해 촉발된 사회구조적 변혁으로 인간에 의해 행해지던 육체적 노동이 증기기관의 힘을 빌린 기계로 대체되는 현상을 유발하였다. 머신러닝 또한 인간의 지식에 기반한 정신적 노동이 고성능 하드웨어의 지원을 받는 알고리즘으로 무장한 기계로 대체되는 현상을 유발하고 있다. 기계가 효과적으로 학습할 수 있도록 다양한 알고리즘을 이용하여 학습 애플리케이션을 기획하고 개발하는 머신러닝 엔지니어는 미래 높은 수요 대비 노동력이 현저하게 부족할 것으로 여겨지는 STEM(과학, 기술, 공학, 수학) 직종의 하나로서 인식되고 있다. 머신러닝 엔지니어가 필수적으로 갖춰야 하는 역량에는 Python, R, Java, C/C++ 등으로 대표되는 컴퓨터 언어, 수학 및 알고리즘뿐만 아니라 우리가 본 책을 통해 익히고자 하는 확률과 통계에 대한 심도 깊은 이해가 포함된다. 따라서 머신러닝 엔지니어 또는 넓은 범위의 데이터 사이언티스트를 꿈꾸는 사람이라면 확률과 통계를 학습하기 위한 노력을 게을리 해서는 안 될 것이다.

머신러닝의 학습방법에는 경사하강(gradient descent) 기반 학습, 확률이론(probability theory) 기반 학습, 정보이론(information theory) 기반 학습 등이 존재한다. 이 중 확률이론 기반 학습을 위한 대표적인 알고리즘으로 나이브 베이즈 분류기(naive Bayes classifier)가 있다. 이름에서 알 수 있는 것처럼 이 분류기의 기반은 바로 방금 전에 우리가 학습한 베이즈정리이다. [예제 3-16]을 다시 생각해 보자. '광고'라는 단어가 포함된 이메일을 받았을 때, 이것이 스팸메일일 확률을 산출해 보았더니 약 98.6%에 이를 만큼 매우 높게 나타났다. 따라서 앞으로 '광고'라는 단어가 포함된 이메일을 수신하면, 이를 스팸메일이라고 단정 지어도 큰 무리가 없을 것이다. 이는 '광고'라는 단어의 유무를 기반으로 스팸메일을 판정하는 분류기를 만들 수 있음을 의미한다. 그렇다면 이를 조금 더 고도화할 수 있는 방법은 무엇이 있을까? 바로 '광고' 이외에 다른 단어들을 포함시킬 수 있는 필터기를 만드는 것이다. '광고'라는 단어가 포함된 이메일을 받는 사상을 A_1이라고 하고, 그 외 또 다른 특정한 단어가 포함된 이메일을 받는 사상을 A_2라고 하면, 그 두 단어가 포함된 이메일이 스팸메일일 확률은 $P(B|A_1,\ A_2)$이 되고 이는 다음과 같이 정리된다.

$$P(B|A_1,A_2)=\frac{P(B\cap A_1\cap A_2)}{P(A_1\cap A_2)}=\frac{P(B|A_1,A_2)P(A_1\cap A_2)}{P(A_1\cap A_2)}$$

만약 단어가 2개가 아니라 n개로 확장된다고 하면, 위 식에서 분자는 다음과 같은 결합확률 모델로서 나타나게 된다.

$$\begin{aligned} P(B, A_1, A_2, A_3, \cdots, A_n) &= P(B)P(A_1, A_2, A_3, \cdots, A_n|B) \\ &= P(B)P(A_1|B)P(A_2, A_3, \cdots, A_n|B, A_1) \\ &= P(B)P(A_1|B)P(A_2|B, A_1)P(A_3, \cdots, A_n|B, A_1, A_2) \\ &= P(B)P(A_1|B)P(A_2|B, A_1)\cdots P(A_n|B, A_1, A_2, A_3, \cdots, A_{n-1}) \end{aligned}$$

이를 그대로 이용하여 확률을 계산해야 한다면 어떨까? 아마도 이대로 책을 덮고 싶을 것이다. 그래서 이렇게 복잡하게 계산하지 말고, 단순(naive)하게 해결하고자 접근하는 알고리즘이 바로 나이브 베이즈 분류기이다. 단순하게 해결하기 위하여 각 변수의 관계가 독립이라는 단순한 가정을 설정한다. '광고'라는 단어와 그 외 다른 단어들이 포함되는 사상들이 서로 독립임을 가정함으로써 위 복잡한 식이 아래와 같이 훨씬 단순하게 정리될 수 있다.

$$\begin{aligned} P(B, A_1, A_2, A_3, \cdots, A_n) &= P(B)P(A_1, A_2, A_3, \cdots, A_n|B) \\ &= P(B)P(A_1|B)P(A_2, A_3, \cdots, A_n|B) \\ &= P(B)P(A_1|B)P(A_2|B)P(A_3, \cdots, A_n|B) \\ &= P(B)P(A_1|B)P(A_2|B)\cdots P(A_n|B) \\ &= P(B)\prod_{i=1}^{n} P(A_i|B) \end{aligned}$$

이러한 하나의 단순한 가정만으로도 계산을 매우 용이하게 할 수 있을 뿐만 아니라 여전히 준수한 수준의 성능 또한 보여줄 수 있다. 확률 및 통계는 머신러닝 학습을 위해 갖춰야 하는 아주 기본적인 소양임을 인식하고 머신러닝 엔지니어 그리고 데이터 사이언티스트로의 미래를 준비하고 있다면, 주저하지 말고 다음 장으로 넘어가서 학습을 계속 하도록 하자!

연 | 습 | 문 | 제

1. 우리나라 서울지역을 연고로 하는 프로야구팀은 A, B, C 세 팀이다. 서울지역 주민 100명에게 선호하는 야구팀을 조사하여 다음과 같은 자료를 얻었다. 여기서 주민들은 세 팀 중 복수의 팀을 선택할 수도 있고 아무 팀도 선택하지 않을 수 있다.

A	50	A, B	11	A, B, C	3
B	30	A, C	10		
C	40	B, C	8		

(1) A팀만을 선호하는 사람은 몇 명인가?

(2) 아무 팀도 선호하지 않는 사람은 몇 명인가?

2. 프로야구팀 A와 B는 트레이드를 진행하기로 합의하였다. A팀은 프랜차이즈 스타를 보내는 대신 B팀이 제시하는 5명의 선수 중 3명의 선수를 선택할 수 있다. B팀은 투수 2명, 투수가 아닌 야수 3명을 제시하였다. A팀은 반드시 최소 1명의 투수를 포함하여 선택하고자 한다면, 선택할 수 있는 모든 경우의 수를 구하라(선수 개개인의 능력치에 대해서는 고려하지 않음).

3. individual에 포함된 모든 글자를 나열하여 만들 수 있는 서로 다른 문자배열은 모두 몇 개인가?

4. 통계학개론 수업을 통해 학생들이 받을 수 있는 학점은 A, B, C, D 그리고 F이다. 담당교수는 성적을 상대 평가하여 B학점을 받는 학생 수는 A학점의 2배, C학점을 받는 학생 수는 B학점의 3배가 되도록 할 것이며, D학점과 A학점을 받는 학생 수는 동일하게 할 것이라고 공지하였다. 또한 F학점은 전체 수강인원의 10%가 받을 것이라고 한다. 모든 학생들의 학업능력이 비슷하다고 가정할 때, 한 학생이 C학점을 받을 확률은 얼마인가?

5. 지름이 1cm인 볼트가 2개, 2cm인 볼트가 3개, 3cm인 볼트가 4개 들어 있는 상자에서 볼트 3개를 꺼낼 때, 3개 모두 같은 지름의 볼트일 확률은 얼마인가?

6. 사상 A가 사상 B의 부분집합이라고 할 때, $P(B|A)$를 구하라.

7. 남학생과 여학생의 비율이 동일한 특정 학과에 소속된 학생들 모두 단 1개씩의 동아리 활동에 참여하고 있다. 전체 학생들 중 40%가 야구동아리에서 활동하고 있고, 이 중 남학생의 비율이 80%라 할 때, 무작위로 뽑은 한 남학생이 야구동아리에서 활동하고 있을 확률은 얼마인가?

8. 2개의 교차로가 있는데, 1시간 동안 첫 번째 교차로에서 사고가 일어날 확률은 $\frac{1}{4}$이고, 두 교차로 중 한 군데서라도 사고가 일어날 확률은 $\frac{1}{3}$이라고 한다. 두 교차로에서 일어나는 사고는 서로 아무런 영향을 주지 않는다고 하면, 1시간 동안 두 번째 교차로에서 사고가 일어날 확률은 얼마인가?

9. 한 학생이 A, B, C 3개의 회사에 입사원서를 제출하였고, 현재 모든 회사에서 최종면접만을 기다리고 있다. 각 회사의 경쟁률은 모두 $\frac{1}{5}$이라고 한다. 최종면접을 앞둔 모든 지원자들의 능력이 비슷하고, 각 회사의 최종 합격 여부는 서로 영향을 주지 않는다고 하면, 이 학생이 적어도 한 회사에 합격하게 될 확률은 얼마인가?

10. 일정액을 걸고 동전 던지기 게임을 한다. 앞면이 나오면 걸었던 액수만큼을 상금으로 받을 수 있고 뒷면이 나오면 걸었던 돈을 모두 잃는다. 만약 첫 번째 게임에서 뒷면이 나와 걸었던 돈을 잃게 되면, 그 두 배의 금액을 걸고 두 번째 게임을 진행하기로 하고, 이기면 게임을 중지하기로 한다. 처음 시작을 1원으로 시작한다고 하면, 이 게임에 총 5번까지 참여하기 위해서 필요한 돈은 최대 얼마인가?

11. 감기를 유발하는 세 가지 종류의 바이러스 A, B, C가 있다. 각 바이러스에 감염되면 기침을 할 확률이 30%, 20%, 50%이고, 감기환자 중에서 각 바이러스에 감염될 확률은 50%, 30%, 20%이다. 동시에 두 개 이상의 바이러스에 감염되는 경우는 없다. 무작위로 뽑은 한 감기환자가 기침을 할 확률을 구하라.

12. 혈액 한 방울을 이용하여 췌장암을 조기 진단하는 키트가 있다. 이 키트는 췌장에 종양이 있는 사람들 중 99%에 대해서는 췌장암이 있다고 진단하고, 췌장에 종양이 없는 사람들 중 90%에 대해서는 췌장암이 없다고 진단한다. 췌장암 발병률은 0.1%라고 알려져 있다. 무작위로 뽑은 한 사람을 검사한 결과 췌장에 종양이 있다고 진단했을 때, 이 사람이 췌장암 환자일 확률은 얼마인가?

13. 야구선수들의 불법약물 이용을 방지하기 위하여 약물검사를 진행한다. 이 검사는 완벽하지 않아서, 약물을 이용한 선수들 중 7%에 대해서는 약물을 이용하지 않았다고 판단하고, 약물을 이용하지 않은 선수들 중 3%에 대해서는 약물을 이용하였다고 판단한다. 전체 야구선수들 중 5%가 약물을 이용하고 있다고 알려져 있다. 무작위로 뽑은 한 선수에 대한 검사결과, 약물을 이용하였다고 판단했다면, 이 선수가 약물을 실제로 이용했을 확률은 얼마인가?

14. 우리나라 서울지역을 연고로 하는 A, B, C 세 프로야구팀에 대해 서울시민들이 선호하는 팀의 비율이 50%, 30%, 20%라고 한다. 어린이날을 맞아 세 팀이 공동으로 서울지역 야구팬을 위한 이벤트를 개최하였다. 이때 각 팀을 선호하는 시민들 중 1%, 2%, 7%가 이벤트에 참여하였다고 한다. 만약 무작위로 뽑은 사람이 이벤트에 참여하였다면, 이 사람이 A팀을 선호하는 사람일 확률은 얼마인가?

15. 어느 항공사는 고객등급을 골드, 실버, 일반으로 분류한다. 현재 항공사 고객들 중 골드 등급은 20%, 실버 등급은 50%, 일반 등급은 30%라고 한다. 고객들이 이 항공사를 이용할 확률은 등급별로 각각 7%, 4%, 2%이다. 만약 무작위로 뽑은 고객이 이 항공사를 이용하였다면, 이 고객이 실버 등급으로 분류된 고객일 확률은 얼마인가?

CHAPTER 4

확률변수와 분포

통계학개론
Introduction to Statistics

4.1 확률변수

4.2 확률분포

4.3 기댓값과 분산

4.4 결합분포와 주변분포

4.5 조건부분포와 독립

04 Chapter 확률변수와 분포

4.1 확률변수

앞 장에서 확률실험을 통해 나타날 수 있는 모든 가능한 결과의 집합을 표본공간, 표본공간의 부분집합을 사상이라 정의하였다. 하지만 모든 확률실험에 대해 표본점을 기반으로 표본공간을 나타내고, 관심 있는 경우에 대한 사상 또한 표본점을 기반으로 나타내는 것은 매우 비효율적이다. 예를 들어, 동전을 10번 던지는 실험에서 표본공간은 $2^{10} = 1,024$개의 표본점으로 구성되는데, 이는 10개의 동전 각각이 앞면(H)인지, 뒷면(T)인지 여부를 모두 포함하게 된다.

대개 우리는 각 동전의 앞면 또는 뒷면에 대한 개별적 정보보다는 전체 실험에서 앞면 또는 뒷면이 몇 번 나왔는지에 대해 관심을 가지는 경우가 많다. 이러한 경우에는 굳이 10개의 동전 각각에 대한 앞면 또는 뒷면 정보는 불필요하므로 표본공간을 표본점으로 나타낼 필요가 없게 된다. 10개의 동전 중 앞면이 나온 동전의 수와 같이 표본공간의 표본점을 숫자로 대응시킨 것을 **확률변수(random variable)**라 한다.

[그림 4-1]은 동전을 두 번 던지는 실험에서의 표본공간과 앞면이 나오는 횟수 X의 관계를 보여준다. 단, $S = \{TT, TH, HT, HH\}$는 표본공간을 나타내고 $R_X = \{0, 1, 2\}$는 확률변수 X가 취할 수 있는 값의 집합을 의미한다. 통계학에서는 관례적으로 확률변수는 $X, Y, \cdots$ 등과 같이 대문자로, 확률변수가 취하는 값은 $x, y, \cdots$ 등과 같이 소문자로 표기한다. 예를 들어, 실제로 동전을 두 번 던져 앞면이 1번 나왔다면 확률변수 X의 관측값은 $x = 1$이 되는 것이다.

그림 4-1 | 확률변수의 정의

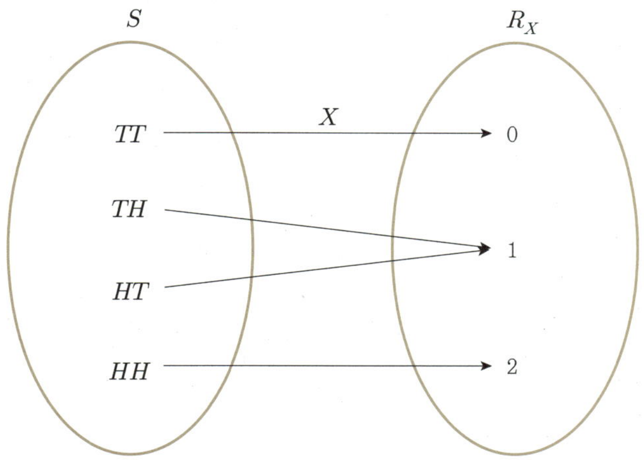

예제 4-1

동전을 세 번 던지는 실험에서 앞면이 나올 횟수에서 뒷면이 나올 횟수를 뺀 결과를 X라 하면 R_X는 어떻게 되는가?

| 풀이 |

표본공간 $S=\{HHH, HHT, HTH, THH, HTT, THT, TTH, TTT\}$이므로 X가 취할 수 있는 값의 집합은 $R_X=\{-3, -1, 1, 3\}$이 된다.

때에 따라서는 확률변수 그 자체가 아닌 확률변수의 특정한 함수에 관심을 가지는 경우도 있다. 예를 들어, 한 매장에서 팔리는 특정 제품의 수를 확률변수 X라 정의할 때, 매장 주인은 판매량보다는 매출액에 더 관심이 있을 수 있고, 매출액은 판매량 X의 함수로 나타낼 수 있다. 이와 같이 확률변수의 함수 또한 확률변수가 된다. [예제 4-1]의 경우에서 앞면이 나오는 횟수 1회당 을이 갑에게 1,000원을 주고, 뒷면이 나오는 횟수 1회당 갑이 을에게 1,000원을 주는 게임을 한다고 할 때, 갑이 이 게임을 통해 받을 수 있는 돈을 Y라고 하면, $Y=1{,}000X$가 되므로 Y 또한 확률변수가 되는 것이다. [그림 4-2]는 표본공간과 X, R_Y의 관계를 통해 Y가 정의되는 모습을 나타낸다.

▶▶ 그림 4-2 | 확률변수의 함수에 대한 정의

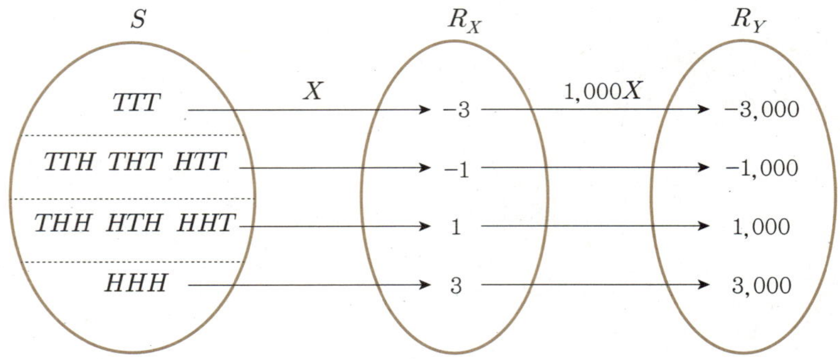

확률변수는 가질 수 있는 값의 특성에 따라 이산형과 연속형으로 구분된다. 주머니에 들어 있는 공의 개수, 하루 동안 특정 도로에서 발생하는 교통사고의 횟수와 같이 확률변수가 가질 수 있는 값의 개수가 유한하거나, 무한하지만 셀 수 있는 경우의 확률변수를 **이산형 확률변수(discrete random variable)**라 한다. 어떤 부품이 고장 나기까지 걸리는 시간, 하루 동안 주유소에서 팔리는 휘발유의 양과 같이 확률변수가 가질 수 있는 값의 개수가 무한하면서 셀 수 없는 경우의 확률변수를 **연속형 확률변수(continuous random variable)**라 한다.

4.2 확률분포

4.2.1 분포함수

관심 있는 현상에 대한 체계적 분석을 위해서는 적절한 확률변수를 정의하고, 확률변수의 확률적 특성을 이해하는 것이 필요하다. 동전을 10번 던지는 실험에서 앞면이 나오는 횟수를 확률변수 X로 정의함으로써, 2^{10}개에 해당하는 표본점을 $R_X = \{0, 1, \cdots, 10\}$과 같이 11개의 값으로 축약시키더라도 X가 각 값을 가질 확률을 알지 못한다면 확률변수를 활용하는 의미가 없다. 따라서 본 장에서는 확률변수의 확률적 특성을 나타내는 함수로서 분포함수, 확률함수, 확률밀도함수에 대해 알아본다.

확률변수가 특정한 값 또는 특정한 범위의 값을 갖게 될 확률을 구하기 위해서는 [그림 4-1]을 다시 살펴볼 필요가 있다. 확률변수 X의 방향을 거꾸로 생각해 보면, X가 가질 수 있는 값의 집합인 R_X의 일부영역에 대응되는 표본공간상의 부분집합은 항상 존재한다. R_X의 부분집합 $\{0\}$에 대응되는 표본공간상의 부분집합은 $\{TT\}$, 즉 모두 뒷면이 나오는 사상이고, $\{1, 2\}$에 대응되는 표본공간상의 부분집합은 $\{HT, TH, HH\}$, 즉 적어도 한 번은 앞면이 나오는 사상이 된다. 따라서 확률변수 X가 특정한 값 또는 특정한 범위의 값을 갖게 될 확률은 이에 대응되는 사상의 확률을 계산함으로써 구할 수 있다. 확률변수 X가 특정한 값 x를 가질 확률은

$$P(X=x) \tag{4.1}$$

라고 표기하고, a 이상, b 이하의 값을 가질 확률은

$$P(a \le X \le b) \tag{4.2}$$

라고 표기한다.

예제 4-2

[예제 4-1]과 같이 동전을 세 번 던지는 실험에서 앞면이 나올 횟수에서 뒷면이 나올 횟수를 뺀 결과를 X라 할 때, $X=1$이 될 확률은 얼마인가?

| 풀이 |

$X=1$에 대응되는 표본공간상의 부분집합은 $\{HHT, HTH, THH\}$, 즉 앞면이 두 번 나오는 사상이므로 $P(X=1)=\frac{3}{8}$이 된다.

확률변수가 특정한 값을 가질 확률을 구하기 위하여 [예제 4-2]와 같이 매번 사상을 찾아야 한다면 확률변수를 정의하는 것이 무의미하게 된다. 확률변수의 확률적 특성을 나타낼 수 있는 함수를 바탕으로 확률변수가 특정한 값을 가질 확률을 구할 수 있다면 이러한 문제를 해결할 수 있을 것이다. 이를 위하여 확률변수 X가 x 이하의 값을 가질 확률, 즉 $P(X \le x)$이 널리 활용되는데 이를 X의 **분포함수(distribution function)**라 하고,

$$F(x)=P(X \le x) \tag{4.3}$$

와 같이 표현한다. 이는 X가 x 이하인 각각의 값을 가질 확률을 모두 누적한 것이기 때문에 누적분포함수(cumulative distribution function)라고도 한다. 분포함수는 다음과 같은 성질을 갖는다.

분포함수 $F(x)$의 성질
① $F(x)$는 비감소함수이다.
② 모든 실수 x에 대하여 $0 \le F(x) \le 1$을 만족한다.
③ $F(-\infty)=0,\ F(\infty)=1$이다.

분포함수는 다양한 형태의 그림으로 나타낼 수 있다. 다음은 모두 분포함수의 성질을 만족하는 그림들이다.

그림 4-3 | 여러 가지 분포함수

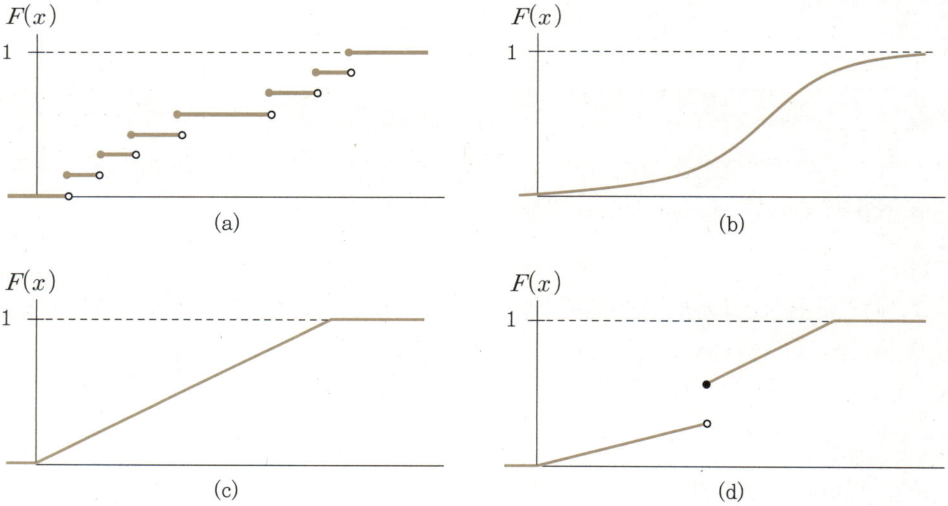

예제 4-3

[예제 4-1]과 같이 동전을 세 번 던지는 실험에서 앞면이 나올 횟수에서 뒷면이 나올 횟수를 뺀 결과를 X라 할 때, X의 분포함수를 표현하고 그림으로 나타내라.

| 풀이 |

$R_X=\{-3, -1, 1, 3\}$이기 때문에 x값에 따른 $P(X \le x)$와 이에 해당하는 그래프를 표현하

면 다음과 같다.

$$F(x)=\begin{cases}0, & x<-3\\ \frac{1}{8}, & -3\le x<-1\\ \frac{4}{8}, & -1\le x<1\\ \frac{7}{8}, & 1\le x<3\\ 1, & 3\le x\end{cases}$$

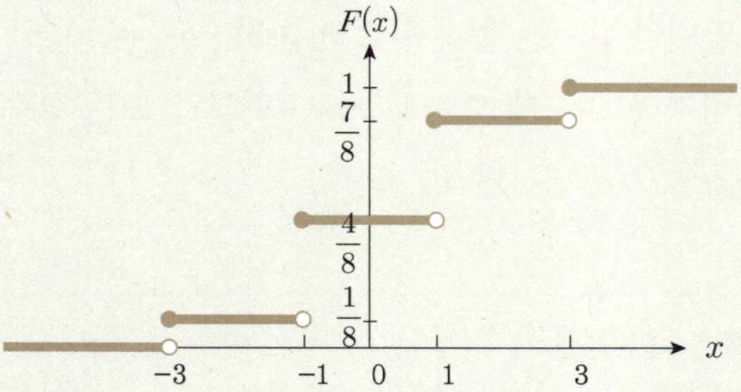

예제 **4-4**

[예제 4-3]의 분포함수를 이용하여 $P(X=1)$을 구하고, 이 결과를 [예제 4-2]와 비교하라.

| 풀이 |

X는 이산형 확률변수이기 때문에 $P(X=1)=F(1)-F(0)=\frac{7}{8}-\frac{4}{8}=\frac{3}{8}$이 된다. 이 결과는 [예제 4-2]의 결과와 동일하다.

4.2.2 이산형 확률함수

이산형 확률변수 X에 대해 X가 가질 수 있는 모든 값의 집합, 즉 R_X에 속하는 x에 대해 $P(X=x)$를 알 수 있다면 X와 관련된 확률을 모두 구할 수 있을 것이다. 이때 $P(X=x)$를 X의 확률함수(probability function) 또는 확률질량함수(probability mass function)라 하고, $p(x)$라 표기한다.

확률함수(확률질량함수)

이산형 확률변수 X의 확률함수 $p(x)$는 다음과 같이 정의된다.

$$p(x)=\begin{cases}P(X=x), & x\in R_X\\ 0, & x\notin R_X\end{cases}$$

일반적으로 $x\notin R_X$에 대해서는 $p(x)=0$이므로 생략하여 표현한다.

$p(x)$는 확률변수 X가 특정한 값 x가 될 확률을 의미하며, 확률은 언제나 0에서 1 사이의 값으로 표현되기 때문에 $p(x)$는 항상 0 이상이다. 또한 X가 가질 수 있는 모든 값들

에 대한 확률을 다 더하면 반드시 1이 되어야 한다. 예를 들어, 동전을 한 번 던지는 실험에서 앞면이 나오는 횟수를 X라 하면, $R_X=\{0,1\}$이고 $p(0)=p(1)=\frac{1}{2}$, 0과 1을 제외한 나머지 실수 x에 대한 $p(x)=0$이므로 모든 실수 x에 대해 $p(x)\geq 0$이다. 또한 이들 확률값을 모두 더하면 1이 된다.

확률함수의 성질

이산형 확률변수 X의 확률함수 $p(x)$는 다음과 같은 성질을 지닌다.

① 모든 실수 x에 대하여 $p(x)\geq 0$이다.

② $\sum_{x\in R_X} p(x)=1$이다.

R_X를 구성하는 원소의 수가 많을 때는 $p(x)$의 두 번째 성질을 확인하기 위하여 많은 수의 합을 계산하여야 할 때가 있다. 이때는 다음의 등식들이 유용하게 활용되므로 알고 있으면 매우 편리할 것이다.

$$\sum_{x=1}^{n} x=\frac{n(n+1)}{2} \tag{4.4}$$

$$\sum_{x=1}^{n} x^2=\frac{n(n+1)(2n+1)}{6} \tag{4.5}$$

예제 4-5

확률변수 X의 확률함수가 다음과 같을 때 상수 c를 구하라.

$$p(x)=cx,\quad x=1,2,3,\cdots,20$$

| 풀이 |

확률함수의 두 번째 성질을 이용하면 다음의 등식이 성립한다.

$$\sum_{x=1}^{20} cx=c\sum_{x=1}^{20} x=c\frac{20(20+1)}{2}=210c=1$$

따라서 상수 c는 다음과 같다.

$$c=\frac{1}{210}$$

예제 4-6

불량품이 2개, 양품이 3개 들어 있는 상자가 있다. 여기에서 제품 3개를 뽑아 검사할 때 불량품의 수 X의 확률함수를 구하라.

| 풀이 |

x가 가질 수 있는 값 $R_X = \{0, 1, 2\}$의 각각에 대해 제품 3개 중 불량품이 x개 포함될 확률을 구하면 된다. 전체 경우의 수는 5개 제품 중 3개 뽑는 방법의 수와 같으므로 $\binom{5}{3}$이고, 그 중 불량품이 x개 포함될 경우의 수는 불량품 2개 중에서 x개를 뽑고 양품 3개 중에서 나머지 $3-x$개를 뽑는 방법의 수와 같으므로 $\binom{2}{x}\binom{3}{3-x}$이다. 따라서 X의 확률함수는 불량품이 x개 포함될 확률로서 다음과 같이 나타낼 수 있다.

$$p(x) = \frac{\binom{2}{x}\binom{3}{3-x}}{\binom{5}{3}}, \quad x = 0, 1, 2$$

예제 4-7

어느 건설회사에서 공원 건축물을 만드는 프로젝트를 진행하고자 한다. 건설 담당자는 6개월 내에 건축물 구축을 완료하겠다고 약속하였다. 과거의 경험에 비추어 볼 때, 건축물 구축이 완료되기까지 걸릴 수 있는 기간은 4, 5, 6, 7개월이며, 5개월 걸릴 확률은 4개월 걸릴 확률의 2배, 6개월 걸릴 확률은 5개월 걸릴 확률의 1.5배이고, 7개월 걸릴 확률은 5개월 걸릴 확률과 동일하다고 한다. 건설 담당자가 6개월 내에 건축물을 만들겠다는 약속을 지키지 못할 확률은 얼마인가?

| 풀이 |

건축물 구축이 완료되기까지 걸리는 기간을 확률변수 X라 하면, 다음의 관계가 성립한다.

$$p(5) = 2p(4), \; p(6) = 1.5p(5) = 3p(4), \; p(7) = p(5) = 2p(4)$$

모든 확률값을 더하면 1이 되어야 하므로

$$p(4) + 2p(4) + 3p(4) + 2p(4) = 8p(4) = 1$$

이다. 따라서 $p(4) = 0.125$가 되며, 이를 활용하여 X의 확률함수를 나타내면 다음과 같다.

$$p(x) = \begin{cases} 0.125, & x = 4 \\ 0.250, & x = 5 \\ 0.375, & x = 6 \\ 0.250, & x = 7 \end{cases}$$

여기서 6개월 내에 건축물을 만들겠다는 약속을 지키지 못하려면, 공사가 6개월 넘게 지속되어야 하므로 $X > 6$이 될 확률을 구하면 된다. 따라서 해당 확률은 다음과 같다.

$$P(X > 6) = P(X \geq 7) = p(7) = 0.250$$

4.2.3 연속형 확률함수

앞 절에서는 불량품의 개수, 실험결과 나타난 현상의 횟수 등과 같이 확률변수가 가질 수 있는 값의 개수가 유한하거나 셀 수 있는 이산형 확률변수에 대한 확률함수를 다루었었다. 본 절에서는 부품의 수명, 제품의 무게 등과 같이 가질 수 있는 값의 개수가 무한하면서 셀 수 없는 연속형 확률변수에 대해 이야기한다. 연속형 확률변수 X에 대해 $P(a \le X \le b) = \int_a^b f(x)dx$를 만족하는 함수 $f(x)$를 X의 **확률밀도함수(probability density function)**라 한다. 보다 엄밀하게 분포함수 $F(x)$를 이용한 정의는 다음과 같다.

> **확률밀도함수(probability density function)**
> $F(x)$가 연속형 확률변수 X의 분포함수이고, 임의의 실수 x에 대해 다음의 조건을 만족하는 비음(nonnegative)의 함수 f를 X의 확률밀도함수라 한다.
>
> $$F(x) = \int_{-\infty}^{x} f(t)dt \qquad (4.6)$$

확률밀도함수 $f(x)$는 분포함수 $F(x)$를 미분하여 구할 수 있으며 확률함수와 유사한 성질을 지닌다. 우선 모든 실수 x에 대해 $f(x)$는 음수가 될 수 없으며, 전 구간에 대한 확률, 즉 $P(-\infty \le X \le \infty) = \int_{-\infty}^{\infty} f(x)dx$는 반드시 1이 되어야 한다.

> **확률밀도함수의 성질**
> 연속형 확률변수 X의 확률밀도함수 $f(x)$는 다음과 같은 성질을 지닌다.
> ① 모든 실수 x에 대하여 $f(x) \ge 0$이다.
> ② $\int_{-\infty}^{\infty} f(x)dx = 1$이다.

연속형 확률변수 X가 임의의 실수 a를 가질 확률, 즉 $P(X=a)$는 어떻게 될까? 확률밀도함수 정의에 따르면 $P(X=a) = \int_a^a f(x)dx = 0$이므로 언제나 0이 된다. 이는 연속형 확률변수가 특정한 하나의 값을 가질 확률은 언제나 0임을 의미한다. 따라서 $P(a \le X \le b) = P(a < X \le b) = P(a \le X < b) = P(a < X < b)$는 모두 동일한 값을

가지며, $\int_a^b f(x)dx$를 통해 산출할 수 있다. 또한 연속형 확률변수의 확률밀도함수를 나타낼 때 x의 구간에서도 등호는 모두 생략하여 나타내는 것이 일반적이다. 즉, $0 \le x < 1$의 구간 대신, 동일한 의미를 나타내는 $0 < x < 1$로 표시한다.

예제 4-8

다음은 연속형 확률변수 X에 대한 분포함수이다. X에 대한 확률밀도함수 $f(x)$를 구하라.

$$F(x)=\begin{cases} 0, & x<0 \\ \dfrac{x^2}{4}, & 0 \le x < 2 \\ 1, & 2 \le x \end{cases}$$

| 풀이 |

확률밀도함수 정의에 따라 임의의 점 x에서 분포함수를 미분하면 확률밀도함수를 구할 수 있다. 구간 $x<0$와 $x \ge 2$에 대해서는 분포함수를 미분하면 0이고, 구간 $0 \le x < 2$에서는 $\frac{x}{2}$이므로 X에 대한 확률밀도함수 $f(x)$는 다음과 같다.

$$f(x)=\begin{cases} \dfrac{x}{2}, & 0<x<2 \\ 0, & \text{기타} \end{cases}$$

여기서 확률밀도함수가 0이 아닌 구간은 $0 \le x < 2$지만, $x=0$일 때의 확률값, 즉 $P(X=0)=\int_0^0 \frac{x}{2}dx=0$이므로 $0<x<2$로 표기하였다.

예제 4-9

[예제 4-8]에서 $P(1 \le X \le 2)$를 구하라.

| 풀이 |

확률밀도함수 $f(x)$를 이용하면 $P(1 \le X \le 2)=\int_1^2 \frac{x}{2}dx=\frac{3}{4}$이다.
X는 연속형 확률밀도함수이므로 $P(1 \le X \le 2)=P(1 < X \le 2)$이기 때문에 분포함수 $F(x)$를 이용하면 다음과 같이 구할 수 있다.

$$P(1<X \le 2)=P(X \le 2)-P(X \le 1)=F(2)-F(1)=1-\frac{1^2}{4}=\frac{3}{4}$$

예제 4-10

승강기형 주차장을 건설하는 회사의 공사이윤을 확률변수 X라 할 때, X에 대한 확률밀도함수 $f(x)$가 다음과 같다고 한다. 이 회사의 이익이 2억원 이상일 확률을 구하라.

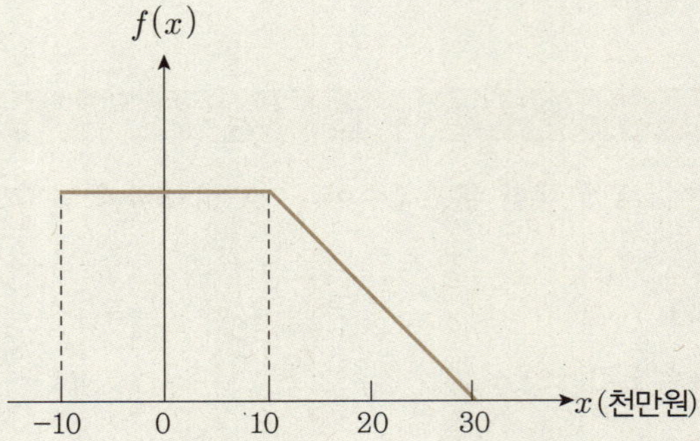

| 풀이 |

확률변수 X가 가질 수 있는 값은 -10에서부터 30까지이므로 $P(-10 < X < 30) = 1$이며, 이는 색으로 된 그래프 아래 면적의 합이 1임을 의미한다. 따라서 절편에 해당하는 값을 a라 하면, 전체 면적의 합은 $20a + \frac{20a}{2} = 1$이므로 a, 즉 $f(x)$ 그래프의 절편은 $\frac{1}{30}$이 된다. 이를 이용하여 확률변수 X에 대한 확률밀도함수 $f(x)$를 구하면 다음과 같다.

$$f(x) = \begin{cases} \frac{1}{30}, & -10 < x < 10 \\ \frac{1}{20} - \frac{1}{600}x, & 10 < x < 30 \\ 0, & \text{기타} \end{cases}$$

여기서 공사의 이익이 2억원 이상일 확률 $P(X > 20)$을 구하면 다음과 같다.

$$P(X > 20) = \int_{20}^{30} \left(\frac{1}{20} - \frac{1}{600}x \right) dx = \left[\frac{1}{20}x - \frac{1}{1200}x^2 \right]_{20}^{30} = \frac{10}{20} - \frac{500}{1200} = \frac{1}{12}$$

4.3 기댓값과 분산

확률변수의 확률적 특성을 파악하기 위해서는 앞 절에서 살펴본 분포함수, 확률함수, 확률밀도함수 등과 같은 함수와 함께 분포의 중심위치를 나타내는 기댓값, 분포의 퍼진 정도인 산포를 나타내는 분산 등도 고려되어야 한다. 우선 **기댓값(expected value)** 또는 평균(mean)은 확률변수 X가 가질 수 있는 값의 중심위치를 나타내는 대표적 특성값으로 $E(X)$라 표기한다.

> 확률변수 X의 기댓값 $E(X)$는 다음과 같이 정의된다.
>
> ① X가 이산형 확률변수인 경우
>
> $$E(X) = \sum_{x \in R_X} xp(x) \tag{4.7a}$$
>
> ② X가 연속형 확률변수인 경우
>
> $$E(X) = \int_{-\infty}^{\infty} xf(x)dx \tag{4.7b}$$

예제 4-11

확률변수 X의 확률함수가 다음과 같을 때 X의 기댓값 $E(X)$를 구하라.

$$p(x) = \frac{x}{55}, \quad x = 1, 2, 3, \cdots, 10$$

| 풀이 |

$$E(X) = \sum_{x=1}^{10} x\frac{x}{55} = \frac{1}{55}\sum_{x=1}^{10} x^2 = \frac{1}{55} \times \frac{10(10+1)(20+1)}{6} = 7$$

때에 따라서는 확률변수 X 그 자체의 기댓값뿐만 아니라 X의 함수에 대한 기댓값을 구해야 할 경우가 있다. 예를 들어, X가 불량품의 개수라고 하고, 하나의 불량품을 양품으로 고치는 데 개당 1,000원의 비용이 발생한다고 하면, 불량품을 관리하는 품질관리자는 불량품 개수의 기댓값보다는 불량품을 양품으로 고치기 위해 필요한 비용에 대한 기댓값에 더욱 관심을 가질 것이다. 확률변수 X의 함수 $g(X)$에 대한 기댓값은 $E[g(X)]$라 표기하고, 다음의 방식으로 구할 수 있다.

① X가 이산형 확률변수인 경우

$$E[g(X)] = \sum_{x \in R_X} g(x)p(x) \tag{4.8a}$$

② X가 연속형 확률변수인 경우

$$E[g(X)] = \int_{-\infty}^{\infty} g(x)f(x)dx \tag{4.8b}$$

예제 4-12

확률변수 X의 확률밀도함수가 다음과 같을 때 X^2의 기댓값 $E(X^2)$을 구하라.

$$f(x) = \begin{cases} 3x^2, & 0 < x < 1 \\ 0, & \text{기타} \end{cases}$$

| 풀이 |

$$E(X^2) = \int_0^1 x^2 3x^2 dx = \frac{3}{5}$$

확률변수 X와 임의의 상수 a에 대한 다음의 관계는 다양한 형태의 확률변수에 대한 기댓값 산출을 수월하게 해주므로 기억해둘 필요가 있다.

$$E(a) = a \tag{4.9a}$$

$$E[ag(X)] = aE[g(X)] \tag{4.9b}$$

$$E[g(X) + h(X)] = E[g(X)] + E[h(X)] \tag{4.9c}$$

예제 4-13

주사위를 한 번 던졌을 때 나오는 눈의 수에 1,000원을 곱한 금액만큼 갑이 을에게 주는 게임을 한다고 할 때, 을이 이 게임을 통해 받을 수 있는 금액의 기댓값은 얼마인가?

| 풀이 |

주사위를 한 번 던졌을 때 나오는 눈의 수를 X라고 하면, X의 확률함수는 다음과 같다.

$$p(x) = \frac{1}{6}, \quad x = 1, 2, 3, 4, 5, 6$$

을이 이 게임을 통해 받을 수 있는 금액은 $1{,}000X$이므로 이 금액의 기댓값은 다음과 같이 구할 수 있다.

$$E(1{,}000X) = 1{,}000E(X) = 1{,}000\sum_{x=1}^{6} x\frac{1}{6} = \frac{1{,}000}{6} \times \frac{6(6+1)}{2} = 3{,}500\text{원}$$

기댓값과 함께 분포의 특성을 나타내는 대표적 척도로 분산(variance)과 표준편차(standard deviation)가 있다. 이들은 분포의 퍼진 정도를 나타내는 특성값으로 각각 $Var(X)$와 $SD(X)$로 표기한다.

분산(variance)과 표준편차(standard deviation)

확률변수 X의 분산 $Var(X)$와 표준편차 $SD(X)$는 다음과 같이 정의된다.

① $Var(X) = E[X - E(X)]^2 = E(X^2) - [E(X)]^2$ (4.10)

② $SD(X) = \sqrt{Var(X)}$ (4.11)

예제 4-14

어느 대형 할인점에서 오늘 방문한 고객에게 다음과 같은 상금이 걸려있는 추첨권 1장씩을 나누어 준다. 총 1,000장의 추첨권을 배포한다고 할 때, 오늘 방문한 고객이 받을 수 있는 상금의 분산을 구하라.

구분	1등	2등	3등	4등
추첨권 수(개)	1	5	20	100
상금(만원)	500	200	100	50

| 풀이 |

오늘 방문한 고객이 추첨권 1장을 통해 받을 수 있는 상금을 확률변수 X라 하면, X의 분산은 $Var(X) = E(X^2) - [E(X)]^2$이다.

여기서

$$E(X^2) = 500^2 \times \frac{1}{1,000} + 200^2 \times \frac{5}{1,000} + 100^2 \times \frac{20}{1,000} + 50^2 \times \frac{100}{1,000} = 900$$

$$E(X) = 500 \times \frac{1}{1,000} + 200 \times \frac{5}{1,000} + 100 \times \frac{20}{1,000} + 50 \times \frac{100}{1,000} = 8.5$$

이므로 분산은 다음과 같이 구할 수 있다.

$$Var(X) = 900 - 8.5^2 = 827.75$$

기댓값과 마찬가지로 확률변수 X의 함수에 대한 분산을 알아야 할 경우가 있다. X의 함수 $g(X)$에 대한 분산은 $Var[g(X)]$라 표기하고, 다음의 방식으로 구할 수 있다.

$$Var[g(X)] = E\{g(X) - E[g(X)]\}^2 = E[g(X)]^2 - \{E[g(X)]\}^2 \qquad (4.12)$$

확률변수 X의 함수에 대한 가장 간단한 형태는 $3X$, $2X+1$과 같은 1차 함수 형태일 것이다. 이와 같이 확률변수 X의 1차 함수에 대해서는 다음의 성질을 이용하면 보다 더 쉽게 분산과 표준편차를 구할 수 있다. 이 결과는 확률변수 X에 상수 a를 곱하면, 분산은 a^2배만큼, 표준편차는 $|a|$배만큼 늘어남을 의미하고, X에 상수 b를 더하더라도 분산과 표준편차는 변하지 않음을 나타낸다.

상수 a, b에 대해, 확률변수 X의 1차 함수 $aX+b$의 분산과 표준편차는 다음을 통해 구할 수 있다.

① $Var(aX+b)=a^2\,Var(X)$ (4.13)

② $SD(aX+b)=\sqrt{a^2}\,SD(X)$ (4.14)

예제 4-15

[예제 4-13]의 게임에서 을이 받을 수 있는 금액의 분산을 구하라.

| 풀이 |

주사위를 한 번 던졌을 때 나오는 눈의 수를 X라고 하면, X의 분산은

$$Var(X)=E(X^2)-[E(X)]^2$$

이다. 여기서

$$E(X^2)=\sum_{x=1}^{6}x^2\frac{1}{6}=\frac{1}{6}\sum_{x=1}^{6}x^2=\frac{1}{6}\times\frac{6(6+1)(12+1)}{6}=\frac{91}{6}$$

$$E(X)=\sum_{x=1}^{6}x\frac{1}{6}=\frac{1}{6}\times\frac{6(6+1)}{2}=\frac{7}{2}$$

이므로 X의 분산은

$$Var(X)=\frac{91}{6}-\left(\frac{7}{2}\right)^2=\frac{35}{12}$$

이다. 을이 이 게임을 통해 받을 수 있는 금액은 $1{,}000X$이므로 이 금액의 분산은 다음과 같다.

$$Var(1{,}000X)=1{,}000^2\,Var(X)=1{,}000^2\times\frac{35}{12}\approx 2{,}916{,}667$$

4.4 결합분포와 주변분포

우리는 지금까지 하나의 확률변수를 정의하고 그 분포와 기댓값 및 분산과 같은 다양한 특성값들에 대해 살펴보았다. 하지만 어느 학생들의 고등학교 내신성적과 대학수학능력 시험성적의 관계를 규명하는 경우와 같이 둘 이상의 변수를 정의하는 것이 요구될 때가 있다. 이때 둘 이상의 변수를 함께 묶어서 나타내는 것을 **다변량 확률변수(multivariate random variable)**라 하고, 특히 변수가 둘일 경우를 **2변량 확률변수(bivariate random variable)**라 하고 (X, Y)와 같이 묶어서 표기한다. 예를 들어, 어느 항공사에서 이용하는 빈도에 따라 고객들을 1등급, 2등급, 3등급으로 구분하여 관리한다고 하자. 전체 고객들에 대해 각 등급에 따른 비중을 살펴보기 위하여 n명의 고객을 임의로 추출하고 1등급과 2등급에 해당하는 고객의 수를 확률변수 X와 Y로 정의한다면, 3등급에 해당하는 고객의 수는 $(n-X-Y)$가 된다. 이때 1등급 고객의 수가 많으면 자연스럽게 2등급과 3등급 고객의 수는 적을 것이기 때문에 두 변수 X와 Y 사이에는 어떠한 관련성이 존재하게 될 것이다. 따라서 이러한 관련성을 고려하여 X와 Y를 개별적으로 취급하기보다는 함께 묶어 (X, Y)로 나타내고 분석에 활용하는 것이 효율적일 것이다. 본 절에서는 2변량 확률변수의 확률함수와 확률밀도함수에 대해 알아보도록 한다.

2변량 확률변수 (X, Y)를 구성하는 개개의 확률변수 X와 Y는 이산형일 수도 있고 연속형일 수도 있지만, 여기서는 X와 Y가 모두 이산형이거나 연속형인 경우만 다루기로 하자. X와 Y가 모두 이산형이면 (X, Y)를 **이산형 2변량 확률변수**라 하고, 모두 연속형이면 **연속형 2변량 확률변수**라 한다. 우선 이산형 2변량 확률변수에 대한 확률함수에 대해 알아보자. 두 개의 확률변수가 결합되어 나타나기 때문에 2변량 확률변수에 대한 확률함수를 **결합확률함수(joint probability function)**라 하고, $p(x, y)$라 표기한다.

결합확률함수(joint probability function)

이산형 2변량 확률변수 (X, Y)가 가질 수 있는 값의 영역을 $R_{X,Y}$라 할 때, (X, Y)의 결합확률함수 $p(x, y)$는 다음과 같이 정의된다.

$$p(x,y)=\begin{cases} P(X=x,\ Y=y), & (x,y)\in R_{X,Y} \\ 0, & (x,y)\notin R_{X,Y} \end{cases}$$

일반적으로 $(x,y)\notin R_{X,Y}$에 대해서는 $p(x,y)=0$이므로 생략하여 표현한다.

이산형 2변량 확률변수 (X, Y)의 결합확률함수를 알고 있더라도, X 또는 Y만의 분포를 따로 알고자 하는 경우가 있다. 예를 들어, 갑과 을이 게임을 하는데, 동전을 네 번 던져 앞면이 나오는 횟수를 X, 앞면과 뒷면이 나오는 횟수의 차이를 Y라 한다. 이때 갑의 점수는 X, 을의 점수는 Y로 하고, 점수가 큰 쪽이 이긴다고 하면, 갑과 을은 각각 자신의 점수와 연관되는 X, Y의 확률함수에 더욱 관심을 가지게 될 것이다. 이와 같이 2변량 확률변수를 구성하는 하나의 확률변수가 어떤 값을 가지든 상관없이 다른 확률변수가 특정한 값을 가질 확률에 대한 함수를 주변확률함수(marginal probability function)라 한다. 조금 더 구체적으로 이산형 2변량 확률변수 (X, Y)에서 Y가 가질 수 있는 값과 무관하게 X가 특정한 값 x를 가질 확률 $P(X=x)$를 X의 주변확률함수라 하고, $p_X(x)$라 표기한다. 동일하게 X가 가질 수 있는 값과 무관하게 $P(Y=y)$를 Y의 주변확률함수라 하고, $p_Y(y)$라 표기한다.

주변확률함수(marginal probability function)

이산형 2변량 확률변수 (X, Y)를 구성하는 두 확률변수 X, Y가 가질 수 있는 값의 영역을 각각 R_X, R_Y라 할 때, X에 대한 주변확률함수 $p_X(x)$와 Y에 대한 주변확률함수 $p_Y(y)$는 다음과 같이 정의된다.

$$p_X(x)=P(X=x)=\begin{cases}\sum_{y\in R_Y} p(x,y), & x\in R_X \\ 0, & x\notin R_X\end{cases}$$

$$p_Y(y)=P(Y=y)=\begin{cases}\sum_{x\in R_X} p(x,y), & y\in R_Y \\ 0, & y\notin R_Y\end{cases}$$

일반적으로 $x\notin R_X$, $y\notin R_Y$에 대해서는 $p(x,y)=0$이므로 생략하여 표현한다.

이산형 2변량 확률변수에 대한 결합확률함수와 주변확률함수는 확률함수표를 이용하면 알아보기 쉽게 정리할 수 있다. 다음의 예제를 살펴보자.

예제 4-16

동전을 네 번 던져 앞면이 나오는 횟수를 X, 앞면과 뒷면이 나오는 횟수의 차이를 Y라 할 때, (X, Y)의 결합확률함수 $p(x,y)$와 X 및 Y의 주변확률함수 $p_X(x)$, $p_Y(y)$를 확률함수표로 나타내고, $X+Y$가 2 이하일 확률을 구하라.

| 풀이 |

구하고자 하는 결합 및 주변확률함수는 다음의 표와 같다.

x \ y	0	2	4	$p_X(x)$
0	0	0	1/16	1/16
1	0	4/16	0	4/16
2	6/16	0	0	6/16
3	0	4/16	0	4/16
4	0	0	1/16	1/16
$p_Y(y)$	6/16	8/16	2/16	1

그리고 $P(X+Y \le 2) = p(0,0)+p(1,0)+p(2,0)+p(0,2) = 0+0+\frac{6}{16}+0 = \frac{6}{16}$이다.

연속형 2변량 확률변수의 확률밀도함수는 결합확률밀도함수(joint probability density function)라 하고, $f(x,y)$라 표기한다. 이 경우에는 결합확률밀도함수의 값이 확률이 아니기 때문에 이산형과 같은 방법으로 결합확률밀도함수를 정의할 수 없다. 따라서 4.2.3절 연속형 확률함수에서 정의하였던 것과 유사하게 다음과 같이 분포함수를 이용하여 연속형 2변량 확률변수 (X, Y)에 대한 결합확률밀도함수를 정의한다.

결합확률밀도함수(joint probability density function)

$F(x, y)$가 연속형 2변량 확률변수 (X, Y)의 분포함수이고, 임의의 실수 x, y에 대해 다음의 조건을 만족하는 비음의 함수 f가 존재할 때, f를 (X, Y)의 결합확률밀도함수라 한다.

$$F(x, y) = P(X \le x,\ Y \le y) = \int_{-\infty}^{y}\left(\int_{-\infty}^{x} f(u, v)\,du\right)dv$$

이산형의 경우와 마찬가지로 연속형 2변량 확률변수 (X, Y)에 대한 결합확률밀도함수로부터 X, Y에 대한 주변확률밀도함수를 구할 수 있으며, 이들은 각각 $f_X(x)$, $f_Y(y)$라 표기한다.

주변확률밀도함수(marginal probability density function)

연속형 2변량 확률변수 (X, Y)에 대한 결합확률밀도함수 $f(x, y)$가 주어져 있을 때, X에 대한 주변확률밀도함수 $f_X(x)$와 Y에 대한 주변확률밀도함수 $f_Y(y)$는 다음과 같이 정의된다.

$$f_X(x) = \int_{-\infty}^{\infty} f(x, y)dy, \quad f_Y(y) = \int_{-\infty}^{\infty} f(x, y)dx$$

예제 **4-17**

두 야구선수의 도루 성공률을 각각 X, Y라 할 때, (X, Y)에 대한 결합확률밀도함수의 모델로 다음의 함수가 적절하다고 한다. X와 Y의 주변확률함수 $f_X(x)$, $f_Y(y)$를 구하라.

$$f(x,y) = \begin{cases} x+y, & 0<x<1, 0<y<1 \\ 0, & \text{기타} \end{cases}$$

| 풀이 |

$$f_X(x) = \int_{-\infty}^{\infty} f(x,y)dy = \int_0^1 (x+y)dy = \left[xy + \frac{1}{2}y^2\right]_0^1 = x + \frac{1}{2}, \quad 0<x<1$$

$$f_Y(y) = \int_{-\infty}^{\infty} f(x,y)dx = \int_0^1 (x+y)dx = \left[\frac{1}{2}x^2 + xy\right]_0^1 = \frac{1}{2} + y, \quad 0<y<1$$

4.5 조건부분포와 독립

우리는 앞 절에서 2변량 확률변수 (X, Y)에 대한 결합분포로부터 X, Y에 대한 주변분포를 구할 수 있음을 보았다. 그렇다면 반대로 개별적인 주변분포로부터 결합분포를 알아낼 수 있을까? 결론적으로 말하면 이는 불가능하다. 주변분포는 동일하지만 결합분포는 다른 2변량 확률변수가 무수히 많게 존재할 수 있기 때문이다. 예를 들어, (a) 주사위를 한 번 던져 홀수의 눈이 나오는 횟수를 X, 짝수의 눈이 나오는 횟수를 Y라 하는 경우와, (b) 주사위를 두 번 던져 첫 번째에 홀수의 눈이 나오는 횟수를 X, 두 번째에 짝수의 눈이 나오는 횟수를 Y라 하는 경우를 생각해 보자. 각각의 경우에 대한 결합확률함수와 주변확률함수를 알아보기 위해 작성한 다음의 확률함수표를 살펴보면, X, Y에 대한 주변확률함수는 동일하지만, (X, Y)에 대한 결합확률함수는 다른 것을 알 수 있다.

표 4-1 (a), (b) 경우에 대한 결합확률함수 및 주변확률함수

$x \backslash y$	0	1	$p_X(x)$
0	0	1/2	1/2
1	1/2	0	1/2
$p_Y(y)$	1/2	1/2	1

(a)

$x \backslash y$	0	1	$p_X(x)$
0	1/4	1/4	1/2
1	1/4	1/4	1/2
$p_Y(y)$	1/2	1/2	1

(b)

그렇다면 결합분포와 주변분포 사이에는 어떠한 관계가 있을까? 이에 대한 답을 찾기 위해서는 제3장 3.4절에서 다룬 조건부확률을 상기해 볼 필요가 있다. 사상 B가 일어났다는 조건하에서 사상 A가 일어날 조건부확률 $P(A|B)$와 사상 A가 일어났다는 조건하에서 사상 B가 일어날 조건부확률 $P(B|A)$는 각각 다음과 같이 표현된다.

$$P(A|B)=\frac{P(A\cap B)}{P(B)}$$

$$P(B|A)=\frac{P(A\cap B)}{P(A)}$$

여기서 사상 A를 확률변수 X가 x를 가지는 경우라 하고, 사상 B를 확률변수 Y가 y를 가지는 경우라 하면, 위의 조건부확률은 아래와 같이 표현된다.

$$P(X=x|Y=y)=\frac{P(X=x,\ Y=y)}{P(Y=y)}$$

$$P(Y=y|X=x)=\frac{P(X=x,\ Y=y)}{P(X=x)}$$

따라서 $P(X=x|Y=y)$, $P(Y=y|X=x)$와 같은 조건부확률은 (X, Y)에 대한 결합확률함수 $p(x,y)$와 X, Y에 대한 주변확률함수 $p_X(x)$, $p_Y(y)$로 표현될 수 있음을 알 수 있다. 이와 같이 조건부확률을 확률함수로 나타낸 것을 조건부확률함수(conditional probability function)라 하고, $p_{X|Y}(x|y)$ 또는 $p_{Y|X}(y|x)$라 표기한다.

조건부확률함수(conditional probability function)

이산형 2변량 확률변수 (X, Y)에 대해 $Y=y$가 주어져 있을 때 X의 조건부확률함수 $p_{X|Y}(x|y)$는 다음과 같이 정의된다.

$$p_{X|Y}(x|y) = \frac{p(x, y)}{p_Y(y)} \quad (4.15)$$

예제 4-18

어느 야구용품점에서 A, B 두 브랜드의 글러브를 판매한다. 하루에 판매되는 A브랜드의 글러브 수를 X, B브랜드의 글러브 수를 Y라 하자. 야구용품점 주인은 과거의 글러브 판매 데이터를 활용하여 다음과 같은 X의 조건부확률함수 $p_{X|Y}(x|y)$와 Y의 주변확률함수 $p_Y(y)$를 구하였다. 하루에 A브랜드 글러브가 최소한 1개 이상 팔릴 확률은 얼마인가?

x \ y	0	1	2	3
0	0.05	0.15	0.25	0.30
1	0.10	0.25	0.55	0.55
2	0.60	0.50	0.15	0.10
3	0.25	0.10	0.05	0.05
$p_Y(y)$	0.20	0.40	0.20	0.20

| 풀이 |

조건부확률함수와 주변확률함수를 이용하여 (X, Y)에 대한 결합확률함수 $p(x, y)$를 다음과 같이 구할 수 있다.

$$p(x, y) = p_{X|Y}(x|y) \times p_Y(y)$$

이를 활용하여 결합확률함수와 주변확률함수를 나타내면 다음과 같다.

x \ y	0	1	2	3	$p_X(x)$
0	0.01	0.06	0.05	0.06	0.18
1	0.02	0.10	0.11	0.11	0.34
2	0.12	0.20	0.03	0.02	0.37
3	0.05	0.04	0.01	0.01	0.11
$p_Y(y)$	0.20	0.40	0.20	0.20	1

따라서 하루에 A브랜드 글러브가 최소한 1개 이상 팔릴 확률은 다음과 같다.

$$P(X \geq 1) = p_X(1) + p_X(2) + p_X(3) = 0.34 + 0.37 + 0.11 = 0.82$$

연속형 확률변수에 대한 조건부확률밀도함수는 이산형과 같은 방식으로 유도해낼 수 없으며, 그 유도과정은 본 책의 수준을 벗어나기 때문에 여기서는 조건부확률밀도함수(conditional probability density function)에 대한 다음의 정의만 살펴보기로 한다.

> 연속형 2변량 확률변수 (X, Y)에 대해 $Y = y$가 주어져 있을 때, X의 조건부확률밀도함수 $f_{X|Y}(x|y)$는 다음과 같이 정의된다.
>
> $$f_{X|Y}(x|y) = \frac{f(x, y)}{f_Y(y)} \tag{4.16}$$

조건부확률은 한 사상이 일어났다는 사실이 다른 사상이 일어날 확률에 영향을 미치는 경우를 다루지만, 때로는 서로 영향을 주지 않는 사상들도 존재하며, 이를 독립이라 한다. 2변량 확률변수에서도 동일한 의미의 독립이 존재한다. 제3장 3.4절에서 두 사상 A와 B가 다음의 조건을 만족하면 서로 독립이라고 하였다.

$$P(A \cap B) = P(A)P(B)$$

여기서도 사상 A를 확률변수 X가 x를 가지는 경우, 사상 B를 확률변수 Y가 y를 가지는 경우라 하면, 독립이 되기 위한 조건은 다음과 같이 표현된다.

$$P(X = x,\ Y = y) = P(X = x)P(Y = y)$$

따라서 확률변수의 독립은 다음과 같이 확률함수 또는 확률밀도함수를 기반으로 일반화하여 표현할 수 있다.

> **확률변수의 독립**
>
> 2변량 확률변수 (X, Y)가 모든 $(x, y) \in R_{X,Y}$에 대해 다음의 조건을 만족하면, 확률변수 X와 Y는 서로 독립이라 한다.
>
> ① 이산형인 경우
>
> $$p(x, y) = p_X(x)\,p_Y(y)$$
>
> ② 연속형인 경우
>
> $$f(x, y) = f_X(x)f_Y(y)$$

예제 4-19

어느 두 확률변수 X와 Y에 대한 결합확률함수가 다음 표와 같다. 이때 X와 Y는 서로 독립인가?

x \ y	0	1	$p_X(x)$
0	0.25	0	0.25
1	0	0.50	0.50
2	0.25	0	0.25
$p_Y(y)$	0.50	0.50	1

| 풀이 |

이산형 확률변수 X와 Y가 서로 독립이기 위해서는 $p(x, y) = p_X(x)p_Y(y)$를 만족해야 한다. X, Y가 모두 0인 경우만을 살펴보면, $p(0,0) = 0.25$, $p_X(0) = 0.25$, $p_Y(0) = 0.50$으로 $p(0,0) \neq p_X(0)p_Y(0)$이기 때문에 두 확률변수 X와 Y는 서로 독립이 아니다.

4.3절에서 우리는 기댓값과 분산 등을 통해 확률변수의 확률적 특성을 파악할 수 있다고 하였다. 2변량 확률변수 (X, Y)에 대해서도 기댓값과 분산을 정의할 수 있다. 우선 (X, Y)의 함수 $g(X, Y)$에 대한 기댓값은 $E[g(X, Y)]$라 표기하고, 다음의 방식으로 구할 수 있다.

① 이산형인 경우

$$E[g(X, Y)] = \sum_{(x, y) \in R_{X, Y}} g(x, y)p(x, y) \tag{4.17}$$

② 연속형인 경우

$$E[g(X, Y)] = \int_{-\infty}^{\infty}\int_{-\infty}^{\infty} g(x, y)f(x, y)dxdy \tag{4.18}$$

2변량 확률변수에 대한 분산을 **공분산(covariance)**이라 한다. 공분산은 두 확률변수 X, Y가 각각의 평균으로부터 떨어져 있는 정도를 나타내며, $Cov(X, Y)$라 표기하고 다음의 방식으로 구할 수 있다.

$$Cov(X, Y) = E\{[X - E(X)][Y - E(Y)]\} = E(XY) - E(X)E(Y) \tag{4.19}$$

여기서 두 확률변수 X, Y가 독립이면 $E(XY)=E(X)E(Y)$가 만족하게 되어, $Cov(X, Y)=0$이 된다. 편의상 연속형에 대해서만 이유를 살펴보면 다음과 같다.

$$\begin{aligned} E(XY) &= \int_{-\infty}^{\infty}\int_{-\infty}^{\infty} xyf(x, y)dxdy \\ &= \int_{-\infty}^{\infty}\int_{-\infty}^{\infty} xyf_X(x)f_Y(y)dxdy \\ &= \int_{-\infty}^{\infty} yf_Y(y)dy\int_{-\infty}^{\infty} xf_X(x)dx \\ &= E(X)E(Y) \end{aligned}$$

확률변수 W, X, Y, Z와 임의의 상수 a, b, c, d에 대한 다음의 관계는 공분산과 관련된 다양한 문제에서 활용되기 때문에 알아두면 유용할 것이다.

① $Cov(aX+b, cY+d)=acCov(X, Y)$ (4.20)
② $Cov(aX+bW, cY+dZ)=acCov(X, Y)+adCov(X, Z)$
$\quad +bcCov(W, Y)+bdCov(W, Z)$

공분산을 이용하면 두 확률변수의 합과 차에 대한 분산을 다음과 같이 손쉽게 구할 수 있다.

① $Var(X+Y)=Var(X)+Var(Y)+2Cov(X, Y)$ (4.21)
② $Var(X-Y)=Var(X)+Var(Y)-2Cov(X, Y)$

예제 4-20

[예제 4-19]에서 두 확률변수 X와 Y의 공분산을 구하라.

| 풀이 |

확률변수 X, Y 각각의 기댓값과 XY의 기댓값을 구하면 다음과 같다.

$$E(X)=\sum_{x=0}^{2} xp_X(x)=0\times 0.25+1\times 0.50+2\times 0.25=1$$

$$E(Y) = \sum_{y=0}^{1} y p_Y(y) = 0 \times 0.50 + 1 \times 0.50 = 0.50$$

$$E(XY) = \sum_{y=0}^{1} \sum_{x=0}^{2} xyp(x, y) = 0 \times 0 \times 0.25 + 1 \times 1 \times 0.50 + 2 \times 0 \times 0.25 = 0.50$$

따라서 X, Y의 공분산은 다음과 같다.

$$Cov(X, Y) = E(XY) - E(X)E(Y) = 0.50 - 1 \times 0.50 = 0$$

두 확률변수가 서로 독립이면 $E(XY) = E(X)E(Y)$이므로 $Cov(X, Y) = 0$이 된다고 하였다. 하지만 [예제 4-19]에서 X와 Y는 서로 독립이 아니라고 하였다. 즉, 독립이면 공분산은 0이지만 공분산이 0이라고 하여 반드시 두 확률변수가 독립인 것은 아니라는 사실을 두 예제를 통해 확인할 수 있다.

통계이야기 ○---- 몬티 홀 문제(Monty Hall problem)

미국의 TV쇼에서 유래한 퀴즈로 내용은 다음과 같다.

> 세 개의 문이 있다. 한 문 뒤에는 자동차가 있고, 나머지 두 문 뒤에는 염소가 있다. 게임에 참가하는 사람은 한 개의 문을 선택한 후, 그 뒤에 있는 선물을 가질 수 있다. 참가자가 문 하나를 선택하면 모든 상황을 알고 있는 게임쇼 진행자가 나머지 두 개의 문 중에 염소가 있는 문 하나를 열어 염소가 있음을 보여준다. 그리고 열리지 않은 문을 두고 다시 한번 선택할 수 있는 기회를 준다. 참가자가 자동차를 갖고자 한다면 선택을 바꾸는 것과 바꾸지 않는 것 중 어느 쪽이 유리할까?

대부분의 사람들은 자신의 선택을 바꾸지 않는 것이 유리하다고 판단한다. 진행자가 염소가 있는 문 한 개를 열어주었기 때문에 자동차를 선택할 확률이 $\frac{1}{3}$에서 $\frac{1}{2}$로 증가했다고 믿기 때문이다. 하지만 이는 옳지 못한 판단이다. 선택을 바꾸는 것이 바꾸지 않고 선택을 유지하는 것보다 유리하다. 처음 선택한 번호의 문을 유지할 때 자동차가 있는 문을 선택할 확률은 $\frac{1}{3}$ 그대로이지만, 선택을 바꾸게 되면 확률은 $\frac{2}{3}$로 증가한다.

X를 자동차가 있는 문의 번호, Y를 진행자가 연 문의 번호라고 하자. 참가자가 1번 문을 골랐을 때 진행자가 3번 문을 열었다고 가정하자. 이때 1번 문 뒤에 자동차가 있을 확률과 2번 문 뒤에 자동차가 있을 확률을 각각 구해보자. 우선 1번 문 뒤에 자동차가 있을 확률은 우리가 제3장에서 학습한 베이즈정리를 이용하면 다음과 같이 계산할 수 있다.

$$P(X=1|Y=3)=\frac{P(X=1,Y=3)}{P(Y=3)}=\frac{P(Y=3|X=1)P(X=1)}{P(Y=3)}$$
$$=\frac{P(Y=3|X=1)P(X=1)}{P(Y=3|X=1)P(X=1)+P(Y=3|X=2)P(X=2)+P(Y=3|X=3)P(X=3)}$$

$P(Y=3|X=1)$는 자동차가 1번 문 뒤에 있을 때 진행자가 3번 문을 열 확률로, 진행자는 반드시 염소가 있는 문만을 열 것이고, 현재 염소가 있는 문은 2번과 3번이므로 해당 확률값은 $\frac{1}{2}$이다. $P(X=1)$은 자동차가 문 3개 중 1번 문 뒤에 있을 확률이므로 해당 확률값은 $\frac{1}{3}$이다.

$P(Y=3|X=2)$는 자동차가 2번 문 뒤에 있을 때 진행자가 3번 문을 열 확률로, 역시 진행자는 반드시 염소가 있는 문만을 열어야 하는데, 참가자가 선택한 1번 문을 제외한 나머지 두 문 중 염소는 3번 문에만 있기 때문에 그 확률값은 1이다. $P(X=2)$는 $P(X=1)$과 마찬가지로 $\frac{1}{3}$이다. $P(Y=3|X=3)$은 자동차가 3번 문 뒤에 있을 때, 진행자가 3번 문을 열 확률이다. 진행자는 자동차가 있는 문을 열어서는 안 되기 때문에 일어날 수 없는 사건이 되어 그 확률값은 0이다. 이 결과를 종합하면 1번 문 뒤에 자동차가 있을 확률은 아래와 같이 $\frac{1}{3}$임을 알 수 있다.

$$P(X=1|Y=3)=\frac{\frac{1}{2}\times\frac{1}{3}}{\frac{1}{2}\times\frac{1}{3}+1\times\frac{1}{3}+0\times\frac{1}{3}}=\frac{1}{3}$$

이제 2번 문 뒤에 자동차가 있을 확률을 위와 동일하게 베이즈정리를 이용하여 계산해 보면 다음과 같이 $\frac{2}{3}$가 된다.

$$\begin{aligned}P(X=2|Y=3)&=\frac{P(X=2,Y=3)}{P(Y=3)}=\frac{P(Y=3|X=2)P(X=2)}{P(Y=3)}\\&=\frac{P(Y=3|X=2)P(X=2)}{P(Y=3|X=1)P(X=1)+P(Y=3|X=2)P(X=2)+P(Y=3|X=3)P(X=3)}\\&=\frac{1\times\frac{1}{3}}{\frac{1}{2}\times\frac{1}{3}+1\times\frac{1}{3}+0\times\frac{1}{3}}\\&=\frac{2}{3}\end{aligned}$$

따라서 참가자는 자동차를 갖고자 한다면 자신의 선택을 바꾸는 것이 유리할 것이다.

연 | 습 | 문 | 제

1. 주머니에 크기가 같은 흰 공 3개와 검은 공 3개가 들어 있다. 여기서 4개의 공을 임의로 꺼낼 때, 검은 공의 수를 X라 하자.

(1) X가 취할 수 있는 값의 집합 R_X를 구하라.

(2) X의 확률함수를 구하라.

2. 그림과 같이 1, 3, 5, 7, 9의 숫자가 각각 하나씩 적힌 5장의 카드가 있다. 이 중 임의로 두 장의 카드를 골라 각 카드에 적혀 있는 두 수를 곱한 결과가 30 이상일 확률을 구하라.

3. 어느 서점에서 통계학개론 책을 판매한다. 서점에서 판매된 책의 수량을 확률변수 X라 정의할 때, X의 확률함수로 다음이 적절하다고 한다.

$p(x) = cx, \quad x = 0, 1, 2, 3, \cdots, 100$

(1) 상수 c를 구하라.

(2) 이 서점에서 책이 90권 이상 팔리면 베스트셀러로 지정한다고 할 때, 통계학개론 책이 베스트셀러로 지정될 확률을 구하라.

4. 차량 공유서비스를 실행하고 있는 블랙카의 부산 남구 대연동 지역에서 하루에 공유되는 자동차 수를 확률변수 X라 정의할 때, X의 확률함수로 다음이 적절하다고 한다.

$p(x) = cx^2, \quad x = 0, 1, 2, 3, \cdots, 7$

(1) 상수 c를 구하라.

(2) 블랙카는 특정 지역에서 하루 공유되는 자동차의 수가 3대 이하인 경우, 해당 지역을 다른 지역과 통합하여 운영하고자 한다. 부산 남구 대연동 지역이 다른 지역과 통합될 확률을 구하라.

5. 어느 공장에서 소형 지게차가 짐을 실어 나르고 있다. 이 지게차가 처리해야 하는 짐의 무게를 확률변수 X(단위 : 톤)라 정의할 때, X의 확률밀도함수로 다음이 적절하다고 한다.

$$f(x)=\begin{cases} c\left(1-\dfrac{x}{6}\right), & 0<x<6 \\ 0, & \text{기타} \end{cases}$$

(1) 상수 c를 구하라.

(2) 이 지게차가 4톤의 짐까지 처리할 수 있다고 할 때, 지게차가 짐을 처리하지 못할 확률을 구하라.

6. 어느 야구선수의 도루 성공률을 확률변수 X라 정의할 때, X의 확률밀도함수로 다음이 적절하다고 한다.

$$f(x)=\begin{cases} 3x^2, & 0<x<1 \\ 0, & \text{기타} \end{cases}$$

(1) 이 선수의 도루 성공률의 기댓값을 구하라.

(2) 이 팀에서 도루 성공률이 90%를 넘으면 상금을 준다고 할 때, 이 선수가 상금을 받을 확률을 구하라.

7. 그림과 같이 원판을 8등분 하여 각각의 영역에 상금을 적는다. 이 원판을 돌린 후 화살을 쏘아 화살이 꽂히는 영역의 상금을 받는 게임을 한다. 화살은 원판을 벗어나거나 경계선에 꽂히지 않는다.

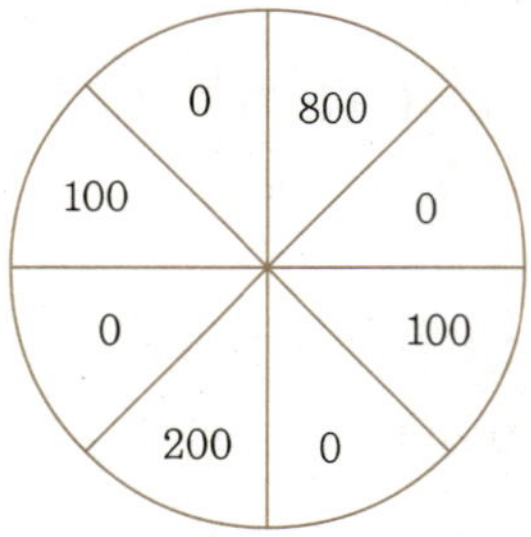

(1) 이 게임을 통해 얻을 수 있는 상금의 기댓값을 구하라.

(2) 이 게임을 두 번 시행할 때, 얻을 수 있는 전체 상금의 기댓값을 구하라.

(3) 이 게임에 참가하기 위한 참가비가 200이라고 한다면, (1)에서 구한 기댓값만을 고려할 때, 이 게임은 참가할 만한 가치가 있는지 판단하라.

8. 어느 회사의 CEO가 3명의 전무에게 내일 있을 회의에 참석할 것을 요청하였다. 하지만 이들의 일정이 매우 빡빡하기 때문에 CEO는 이들 각각이 회의에 참석할 확률은 40%일 것이라고 생각한다. 내일 있을 회의에 참석할 전무의 수의 기댓값은 얼마인가? 단, 각 전무가 회의에 참석하는 사상은 서로 독립이다.

9. 어느 회사에서 두 가지 투자안 A, B를 놓고 어느 것을 선택할지 고민 중에 있다. 각 투자안에 따른 수익은 미래의 시장 상황에 따라 달라지며, 시장 상황 또한 불황, 보통, 호황으로 나눌 수 있다. 기대수익의 관점에서 두 가지 투자안 A, B 중 어느 것을 선택해야 하는가?

시장 상황	시장 상황이 나타날 확률	투자안 A의 기대수익	투자안 B의 기대수익
불황	50%	−3,000만원	−2,000만원
보통	30%	2,000만원	1,000만원
호황	20%	8,000만원	6,000만원

10. 어느 투자자가 4개의 펀드상품에 각각 1,000만원씩 투자를 하려고 한다. 4개 상품에 대한 연간 수익률의 평균 및 표준편차는 다음과 같다. 이 투자자의 연간 수익의 평균과 분산을 구하라. 단, 각 펀드 상품의 수익률은 서로 영향을 미치지 않는다.

펀드 상품	연간 수익률의 평균	연간 수익률의 표준편차
A	0.15	0.50
B	0.19	0.70
C	0.20	0.30
D	0.16	0.60

11. 서울을 포함한 우리나라 광역시의 영문 명칭은 다음과 같다. 이 중 한 도시를 임의로 선택할 때 뽑힌 영어 단어의 알파벳 수를 확률변수 X라 정의하면, X의 기댓값과 분산은 얼마인가?

Seoul, Busan, Incheon, Daejeon Gwangju, Daegu, Ulsan

12. 어느 야구용품점에서 과거 글러브 판매 데이터를 활용하여 분기단위의 글러브 판매가격에 따른 판매량 수준 및 그 확률을 다음과 같이 도출하였다.

판매가격 \ 판매량	1,000개	1,500개	2,000개	2,500개
20,000원	0.05	0.05	0.03	0.15
25,000원	0.05	0.06	0.10	0.05
30,000원	0.08	0.10	0.04	0.03
35,000원	0.10	0.05	0.03	0.03

(1) 다음 분기에 글러브 판매량이 평균에 미치지 못할 확률을 구하라.

(2) 글러브 판매가격을 25,000원 이상으로 하였을 때, 글러브 판매량이 2,500개 미만일 확률을 구하라.

13. 확률변수 X와 Y의 분산이 동일하다고 할 때, $X+Y$와 $X-Y$의 공분산을 구하라.

14. 주머니에 크기가 같은 푸른 공 3개, 검은 공 1개, 붉은 공 2개가 들어 있다. 이 주머니에서 공 2개를 무작위로 꺼내는 실험을 할 때, 꺼낸 공 중 검은 공의 수를 X, 붉은 공의 수를 Y라 하자.

(1) X와 Y의 공분산을 구하라.

(2) $X-Y$의 분산을 구하라.

15. 2개의 독립적인 라인을 운영하는 공장이 있다. 첫 번째 라인에서 하루 동안 발생하는 불량품의 수를 확률변수 X, 두 번째 라인에서 하루 동안 발생하는 불량품의 수를 확률변수 Y라 정의할 때, X와 Y의 결합확률함수로 다음이 적절하다고 한다. X와 Y의 공분산을 구하라.

x \ y	0	1	2	3	$p_X(x)$
0	0.10	0.05	0.05	0	0.20
1	0.10	0.10	0.20	0.10	0.50
2	0	0.15	0.10	0.05	0.30
$p_Y(y)$	0.20	0.30	0.35	0.15	1

CHAPTER 5

이산형 확률분포

통계학개론
Introduction to Statistics

5.1 이산형 균일분포
5.2 베르누이분포
5.3 이항분포
5.4 초기하분포
5.5 포아송분포
5.6 기하분포

05 Chapter 이산형 확률분포

일반적으로 확률분포는 확률변수의 특성에 따라 이산형 확률분포와 연속형 확률분포로 나누어진다. 이산형 확률분포는 이산형 확률변수의 확률분포이고, 연속형 확률분포는 연속형 확률변수의 확률분포를 의미한다. 즉, 취할 수 있는 값들을 셀 수 있는 확률변수의 분포는 이산형 확률분포라 한다. 반면에 취할 수 있는 값이 실수값으로서 셀 수 없이 많은 확률변수의 분포를 연속형 확률분포라 한다. 우리가 어떠한 일련의 사건들에 대한 확률적 분석을 진행하고자 한다면, 정의하고자 하는 확률변수의 종류와 특성에 따라 이러한 서로 다른 각각의 확률분포들이 적절하게 활용되어야 한다. 예를 들어, 이항분포는 생산현장에서 제품의 불량률에 대한 여러 가지 분석을 하는 데 널리 응용될 수 있으며, 하루 동안 응급실에 들어오는 응급환자의 수는 포아송분포를 활용하여 분석해 볼 수 있다.

본 장에서는 대표적인 이산형 확률분포로서 베르누이분포, 이항분포, 초기하분포, 포아송분포, 기하분포를 소개한다.

5.1 이산형 균일분포

확률변수 X가 가질 수 있는 값의 집합 R_X가 N개의 점 $x_1, \cdots, x_N$으로 구성되어 있고 이들 점들이 동일한 확률값

$$P(X=x_i)=\frac{1}{N}, \quad i=1, \cdots, N$$

을 가질 때, 확률변수 X는 **이산형 균일분포(discrete uniform distribution)**를 따른다고

한다.

특히, $R_X = \{1, 2, \cdots, N\}$이라면 X의 확률함수는

$$p(x) = \frac{1}{N}, \quad x = 1, \cdots, N \tag{5.1}$$

이 된다. 이때의 평균은

$$E(X) = \frac{1}{N}\sum_{x=1}^{N} x = \frac{N+1}{2} \tag{5.2}$$

이고, 분산은 다음과 같다.

$$Var(X) = \frac{1}{N}\sum_{x=1}^{N} x^2 - \left(\frac{N+1}{2}\right)^2 = \frac{(N^2-1)}{12} \tag{5.3}$$

예제 5-1

6면 주사위를 한 번 던져 나오는 눈을 X라 할 때 X의 확률함수, 기댓값과 분산을 구하라.

| 풀이 |

$R_X = \{1, 2, 3, 4, 5, 6\}$이고, 확률함수는 $p(x) = 1/6, \ x = 1, \cdots, 6$이다. 따라서

$$E(X) = \frac{6+1}{2} = \frac{7}{2}$$

$$Var(X) = \frac{(6^2-1)}{12} = \frac{35}{12}$$

이다. 제4장 4.3절 기댓값과 분산의 정의에 따라 계산됨을 확인해 보라!

이산형 균일분포는 균등표본공간 S를 구성하는 유한한 수의 표본점과 S상에 정의된 확률변수의 실현값이 1 : 1 대응이 될 경우에 이용된다.

예제 5-2

동전과 6면 주사위를 함께 던져 동전의 앞면이 나오면 주사위 눈의 수만큼 돈(단위 : 10원)을 받고, 동전의 뒷면이 나오면 주사위 눈의 수만큼 돈을 주는 게임을 한다고 할 때, 게임 참여자가 받게 될 금액 X의 확률함수를 구하라.

| 풀이 |

먼저 표본공간 S와 R_X를 구하면

$$S=\{(y_1, y_2): y_1=H, T; y_2=1, 2, \cdots, 6\}$$

$$R_X=\{\pm 10, \pm 20, \pm 30, \pm 40, \pm 50, \pm 60\}$$

으로 각각의 구성원소가 서로 1:1 대응을 하고 있으므로 확률함수는 다음과 같다.

$$p(x)=1/12, \quad x=\pm 10, \pm 20, \cdots, \pm 60$$

표본점의 수가 유한한 균등표본공간상에 정의된 확률변수라 하여 반드시 이산형 균일분포를 따르는 것은 아니다. 예를 들어, 동전을 연속으로 두 번 던지는 실험을 한다고 했을 때, 앞면(H)과 뒷면(T)이 나오게 될 가능성이 각각 1/2이라 하면 모든 가능한 결과의 집합은 $S=\{HH, HT, TH, TT\}$로 균등표본공간이 된다. 여기에 확률변수 X를 앞면의 수라 정의하면 $X(TT)=0$, $X(TH)=X(HT)=1$, $X(HH)=2$로 그 실현값이 표본점과 1:1 대응이 되지 않으므로 $R_X=\{0, 1, 2\}$가 3개의 원소로 구성되어 있다고 하여 X의 확률함수가

$$p(x)=1/3, \quad x=0, 1, 2$$

이 된다고 생각하는 것은 잘못이다. 이 예에서 앞면이 적어도 하나 이상일 확률은 분명히 3/4임에도 이와 같이 잘못 구한 확률함수에 의해 계산하면 $P(X \geq 1)=2/3$라는 잘못된 결론을 얻게 된다.

5.2 베르누이분포

가장 간단한 확률실험은 실험결과로 나올 수 있는 표본점의 수가 둘뿐인 실험이다. 예를 들어, 동전을 던지거나 운전면허시험을 보는 경우 나타날 수 있는 결과의 집합을 생각해 보면 표본공간은 각각 {앞면, 뒷면}, {합격, 불합격}으로 표본점이 둘밖에 없다. 이와 같이 나올 수 있는 결과가 **상호배반적인 두 가지 결과만을 기대할 수 있는 확률실험을 베르누이실험(Bernoulli experiment)**이라 하고, 동일한 베르누이실험을 반복할 때 각각의 실

험을 **베르누이시행(Bernoulli trial)**이라 한다. 나올 수 있는 결과가 여러 가지인 경우라 하더라도 어떤 기준에 의해 두 부류로 나누어질 수 있다면 베르누이실험으로 간주할 수도 있다. 만약 주사위를 던질 경우, 나올 눈이 짝수인지 홀수인지에 관심이 있다면 표본공간을 {1, 2, 3, 4, 5, 6}으로 하지 않고 {짝수, 홀수}와 같이 나타내어 베르누이실험으로 볼 수도 있다.

편의상 베르누이실험의 표본공간을 $S=\{s, f\}$로 표기하고, s는 우리가 원하거나 관심을 가지고 있는 결과(성공)를 나타내고, f는 그렇지 않은 결과(실패)를 나타낸다고 하자. 표본공간 S상에 확률변수 X를

$$X(\omega)=\begin{cases}1, & \omega=s \\ 0, & \omega=f\end{cases}$$

와 같이 정의하고, 성공의 확률을 $P(X=1)=p$라 하면 X의 확률함수는

$$p(x)=p^x(1-p)^{1-x}, \quad x=0, 1 \tag{5.4}$$

임을 쉽게 알 수 있다. 이때 확률변수 X는 모수가 p인 **베르누이분포(Bernoulli distribution)**를 따른다고 한다.

예제 5-3

동전을 한 번 던져 앞면이 나오면 $X=1$, 뒷면이 나오면 $X=0$이라 할 때 X의 확률함수, 기댓값, 분산을 구하라.

| 풀이 |

$p=1/2$이므로 각각은 다음과 같다.

$$p(x)=\left(\frac{1}{2}\right)^x\left(1-\frac{1}{2}\right)^{1-x}=\frac{1}{2}, \quad x=0, 1$$

$$E(X)=\frac{1}{2}$$

$$Var(X)=\frac{1}{2}\left(1-\frac{1}{2}\right)=\frac{1}{4}$$

우리가 접하게 되는 여러 가지 실험에서 관심사의 실현 여부에 따라 표본공간을 $S=\{s, f\}$와 같이 구성함으로써 분석의 편의를 도모할 경우가 많다. 그러나 베르누이분포는 매우 단순한 분포이기 때문에 그 자체보다는 베르누이실험을 독립적으로 반복 시행하여 나타나는 여러 분포들을 유추하는 바탕으로서 중요한 의미가 있다.

5.3 이항분포

베르누이시행을 n번 반복했을 때 성공 s의 횟수를 X라 하자. X의 확률함수를 구하기 위해 우선 특정 순서에 따라 s가 x번, f가 $(n-x)$번 나올 확률을 구하면 $p^x(1-p)^{n-x}$이다. 또한 s가 x번, f가 $(n-x)$번, 나오는 모든 배열의 수는 $\binom{n}{x}$이므로 결국 X의 확률함수는

$$p(x)=\binom{n}{x}p^x(1-p)^{n-x},\ x=0, 1, \cdots, n \tag{5.5}$$

이 된다. 이때 X를 모수가 n과 p인 **이항분포(binomial distribution)**를 따른다고 하고 $X \sim b(n, p)$로 표기한다. 즉, 한 번 이상 반복하여 실시한 베르누이시행 결과의 합을 나타내는 확률변수의 분포를 이항분포라 한다.

이제 $X \sim b(n, p)$일 때, X의 평균과 분산은 다음과 같다.

$$E(X)=np \tag{5.6}$$

$$V(X)=np(1-p) \tag{5.7}$$

이항분포의 모양은 [그림 5-1]에서 보는 바와 같이 $p=1/2$일 때는 $x=n/2$을 중심으로 좌우대칭이 되고, $p<1/2$일 때는 오른쪽 꼬리부분이 더 길게 나타나며, $p>1/2$일 때는 반대로 왼쪽 꼬리부분이 더 길게 나타난다.

그림 5-1 | 이항분포

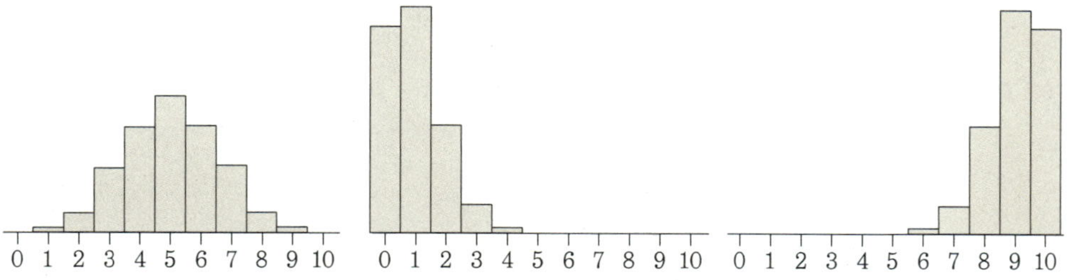

(a) $n=10,\ p=0.5$ (b) $n=10,\ p=0.1$ (c) $n=10,\ p=0.9$

예제 5-4

어떤 과목을 수강하는 학생들이 사지선다형 10문항으로 구성된 시험을 치른다고 한다. 배점은 문항당 10점이고 총점이 40점 미만이면 낙제로 처리한다.

(1) 각 문항을 맞으면 10점, 틀리면 0점으로 처리한다면 이 과목에 지식이 없는 학생이 낙제를 면할 확률은 얼마나 될까? 먼저 X를 맞는 문항 수라 하면 $X \sim b(10, 1/4)$이고, U를 점수라 하면 $U=10X$이다. 따라서 낙제를 면할 확률은 얼마인가?

(2) 다음으로 이 과목에 지식이 없는 학생이 받게 될 점수의 기댓값은 얼마인가?

(3) 틀린 문항에 대한 감점제도를 도입하여 지식이 없는 학생이 받게 될 점수의 기댓값이 0이 되도록 채점규칙을 정해보자.

(4) (3)의 채점규칙에 의할 경우, 이 과목에 대해 지식이 없는 학생이 낙제를 면할 확률은 얼마인가?

| 풀이 |

(1) $P(U \geq 40) = P(10X \geq 40) = P(X \geq 4) = 1 - P(X \leq 3)$

$$= 1 - \sum_{x=0}^{3} \binom{10}{x} \left(\frac{1}{4}\right)^x \left(\frac{3}{4}\right)^{10-x} = 0.2241$$

| R에 의한 풀이 |

```
> 1 - pbinom(3,10,1/4)
[1] 0.2241249
```

(2) $E(U) = E(10X) = 10E(X) = 10\left(10 \cdot \frac{1}{4}\right) = 25$

(3) 먼저 틀린 문항에 대한 감점을 a라 하면,

$U = 10X - a(10-X)$이고,

$$\begin{aligned} E(U) &= E[10X - a(10-X)] = 10E(X) - 10a + aE(X) \\ &= 10(2.5) - 10a + a(2.5) = (-7.5)a + 25 \\ &= 0 \end{aligned}$$

이므로 $a=10/3$, 즉 맞는 문항에 대해 10점 가산하고 틀린 문항에 대해 10/3점을 감점하면 지식이 없는 학생이 받게 될 점수의 기댓값은 0이 된다.

(4) $P(U \geq 40) = P\left\{10X - \frac{10}{3}(10-X) \geq 40\right\} = P(X \geq 5.5)$

$= P(X \geq 6) = 0.0197$

예제 5-5

X의 분포가 $b(10,\ 0.2)$일 경우와 $b(8,\ 0.7)$일 경우에 대하여 $P(2 \leq X \leq 4)$을 각각 구하라.

| 풀이 |

먼저 $X \sim b(10,\ 0.2)$일 경우는 부록의 이항분포표를 이용하여

$P(2 \leq X \leq 4) = P(X \leq 4) - P(X \leq 1) = 0.9672 - 0.3758 = 0.5914$ 이고,

$X \sim b(8,\ 0.7)$일 경우는 $Y = 8 - X \sim b(8,\ 0.3)$이므로

$$
\begin{aligned}
P(2 \leq X \leq 4) &= P(X \leq 4) - P(X \leq 1) = P(Y \geq 4) - P(Y \geq 7) \\
&= \{1 - P(Y \leq 3)\} - \{1 - P(Y \leq 6)\} \\
&= P(Y \leq 6) - P(Y \leq 3) \\
&= 0.9987 - 0.8059 \\
&= 0.1928
\end{aligned}
$$

| R에 의한 풀이 |

```
>  pbinom(4,10,0.2) - pbinom(1,10,0.2)
[1] 0.5913969
> pbinom(4,8,0.7) - pbinom(1,8,0.7)
[1] 0.192814
```

이항분포는 생산현장에서 제품의 불량률에 대한 여러 가지 분석을 하는 데 널리 응용된다. 예를 들어, 공정으로부터 몇 개의 제품을 뽑아 그중에 포함된 불량품의 수를 셈으로써 공정의 불량률을 알아볼 수 있을 것이다.

예제 5-6

불량률이 5%로 알려진 공정으로부터 제품 10개를 무작위로 뽑아서 검사한다고 하자. 10개 중 불량품이 세 개 이상 포함될 확률을 구하고, 실제 검사결과 세 개의 불량품이 발견되었다면 이 결과를 어떻게 해석할 것인지에 대해 생각해 보라.

| 풀이 |

불량률이 5%라면 불량품 수 X는 $b(10,\ 0.05)$를 따르고

$$P(X \geq 3) = 1 - P(X \leq 2) = 1 - 0.9885 = 0.0115$$

즉, 10개 중 불량품이 3개 이상 포함될 확률은 약 1%에 불과하다. 따라서 실제 검사한 결과 10개 중 불량품이 3개 이상 나오는 것은 공정이 정상이라면 100번에 한 번 꼴로 아주 드물게 일어날 수 있는 현상이다. 따라서 3개 이상의 불량품이 발견되었을 경우에는 불량률이 5%보다 커졌을 가능성이 높다고 판단할 수 있다.

| R에 의한 풀이 |

```
> 1 - pbinom(2,10,0.05)
[1] 0.01150356
```

5.4 초기하분포

이항분포에서 베르누이시행은 서로 독립적이어서 매 시행마다 성공할 확률은 항상 동일하다. 그러나 각 시행이 서로 독립적이지 않고 유한 모집단을 대상으로 비복원추출로 표본을 선정한 경우, 즉 표본을 추출할 때마다 표본을 추출하는 표본공간이 매번 변하는 경우에 대한 확률변수는 어떤 확률분포를 따르는가? 이러한 확률변수에 적용되는 분포가 **초기하분포(hypergeometric distribution)**이다.

예를 들어, 주머니 속에 흰 공 4개와 검은 공 2개가 들어 있다고 하자. 만약 하나씩 뽑아 그 색깔을 조사하고 다시 집어넣기를 3번 반복하는 확률실험에서 검은 공이 나온 횟수를 X라 한다면, 이는 베르누이시행을 독립적으로 3번 반복하는 것으로 볼 수 있으므로 X는 이항분포를 따르게 된다. 이와 같이 추출된 공을 다시 집어넣고 다음 공을 꺼낼 경우, 즉 복원추출일 경우에는 이항분포를 이용하여 X와 관련된 확률적 분석을 할 수 있다.

반면에 꺼낸 공을 다시 집어넣지 않는 비복원추출의 경우에는 X의 분포가 어떻게 될까? 이때에는 첫 번째, 두 번째, 세 번째 추출에서 검은 공이 뽑힐 확률이 서로 다를 것이므로 이들은 동일한 베르누이실험을 독립적으로 반복하는 베르누이시행으로 간주할 수 없다. 그런데 우리의 관심사는 어떤 순서에 의해 3개의 공이 뽑히는가가 아니고, 뽑힌 3개의 공 중에 검은 공이 몇 개 포함되어 있을 것인가이므로, 하나씩 비복원추출하여 3개의 공을 꺼내는 것과 3개를 한꺼번에 꺼내는 것은 동일한 확률실험으로 볼 수 있다.

이제 이 같은 상황을 일반화하여 특정 속성을 지닌 원소 M개와 그렇지 않은 원소 $N-M$개로 구성된 크기 N인 모집단으로부터 n개를 비복원으로 뽑는 경우, n개 가운데 특정 속성을 지닌 원소의 개수 X의 확률함수를 구해보자. 표본은 모집단으로부터 무작위로 뽑는 것이므로 $\binom{N}{n}$개의 서로 다른 조합이 뽑힐 수 있고, 이들 각각이 뽑힐 확률은 $1/\binom{N}{n}$로 모두 동일하게 된다. 한편, n개 중 특정 속성을 지닌 원소가 x개 포함될 경우의 수는 $\binom{M}{x}\binom{N-M}{n-x}$이므로 X의 확률함수는 다음과 같다.

$$p(x)=\frac{\binom{M}{x}\binom{N-M}{n-x}}{\binom{N}{n}},\quad x=0,1,\cdots,n \tag{5.8}$$

이때 X는 모수가 N, M, n인 초기하분포를 따른다고 하고 $X\sim HG(N, M, n)$으로 표기한다. 여기서 $b<0$ 또는 $0<a<b$일 때 $\binom{a}{b}$를 0으로 간주한다.

초기하분포의 평균과 분산은 다음과 같다.

$$E(X)=M\frac{\binom{N-1}{n-1}}{\binom{N}{n}}=n\left(\frac{M}{N}\right) \tag{5.9}$$

$$\begin{aligned}V(X)&=E[X(X-1)]+E(X)-\{E(X)\}^2\\&=n\left(\frac{M}{N}\right)\left(1-\frac{M}{N}\right)\left(\frac{N-n}{N-1}\right)\end{aligned} \tag{5.10}$$

예제 5-7

바둑통에 검은 돌 7개와 흰 돌 3개가 들어 있다. 무작위로 돌 2개를 꺼낼 때, 흰 돌이 하나 이상 나올 확률을 구하라.

| 풀이 |

꺼낸 돌 중에 포함된 흰 돌의 수를 X라 하면,

$$p(x) = \frac{\binom{3}{x}\binom{7}{2-x}}{\binom{10}{2}}, \quad x = 0, 1, 2$$

이고, 따라서 $P(X \geq 1) = 1 - p(0) = 8/15$이다.

| R에 의한 풀이 |

```
> 1 - dhyper(0,3,7,2)
[1] 0.5333333
```

초기하분포에서 $M/N = p$가 N의 크기에 상관없이 일정할 경우를 생각해 보자. M/N을 p로 대체하면, X의 확률함수는

$$p(x) = \frac{\binom{Np}{x}\binom{N(1-p)}{n-x}}{\binom{N}{n}}, \quad x = 0, 1, \cdots, n \qquad (5.11)$$

이고, $N \to \infty$이면 이항분포 $b(n, p)$의 확률함수가 된다. 즉, M/N의 비가 일정하다는 조건하에 모집단의 크기가 커짐에 따라 초기하분포는 이항분포로 접근하게 된다. 한편, 식 (5.10)의 초기하분포의 분산에서 M/N을 p로 대체하여 정리하면,

$$Var(X) = np(1-p)\frac{N-n}{N-1} \qquad (5.12)$$

로 이항분포의 분산에 $(N-n)/(N-1)$만큼 곱해져 있음을 알 수 있다. 이것을 **유한수정계수(finite population correction)**라 부르는데, 그 값은 N이 커짐에 따라 1로 접근한다. 즉, $N \to \infty$이면 이항분포의 분산과 동일해짐을 알 수 있다.

예제 5-8

$X \sim HG(100, 10, 5)$이고 $Y \sim b(5, 0.1)$일 때, 확률 $P(X=1)$과 $P(Y=1)$을 비교해 보라.

| 풀이 |

$$P(X=1) = \frac{\binom{10}{1}\binom{90}{4}}{\binom{100}{5}} = 0.3394$$

$$P(Y=1) = \binom{5}{1}(0.1)(0.9)^4 = 0.3281$$

즉, 두 값의 차가 그리 크지 않음을 알 수 있다. 이와 같이 초기하분포에서 n/N의 값이 작아 대체로 0.1 이하가 되면 초기하분포의 확률 대신 이에 해당하는 이항분포의 확률을 구해 사용해도 별 차이가 없게 된다.

| R에 의한 풀이 |

```
> dhyper(1,10,90,5)
[1] 0.3393909
> dbinom(1,5,0.1)
[1] 0.32805
```

5.5 포아송분포

우리는 일상생활에서 일정한 시간이나 거리 혹은 면적 등에서 발생하는 특정한 사건의 수(발생빈도)에 관심을 가질 수 있다. 예를 들어, 새로 구입한 자동차 외관에서 발견되는 흠집의 수, 특정 시간대에 걸려오는 전화 콜의 수, 한 달간 백화점 에스컬레이터가 고장 난 수, 하루 동안 ATM 기기를 사용하기 위해 방문하는 고객의 수, 하루 동안 응급실에 들어오는 응급환자의 수 등을 들 수 있다. 이와 같이 일정한 단위시간, 단위길이 혹은 단위면적 등에서 발생하는 특정한 사건의 횟수(빈도)를 확률변수값으로 하는 분포를 **포아송분포(Poisson distribution)**라 한다. 포아송분포는 이 분포를 처음으로 소개한 프랑스 수학자 포아송(S. D. Poisson, 1781~1840)의 이름을 따서 붙여졌다.

모수가 λ인 포아송분포의 확률함수는 다음과 같고 $X \sim P(\lambda)$로 표기한다.

$$p(x) = \frac{\lambda^x}{x!}e^{-\lambda}, \quad x = 0, 1, 2, \cdots \tag{5.13}$$

포아송분포의 평균과 분산은 같은 값을 가지며 다음과 같다.

$$E(X) = Var(X) = \lambda \tag{5.14}$$

포아송분포의 모양은 [그림 5-2]에서 보는 바와 같이 λ의 값이 0에 가까우면 $x=0$ 쪽으로 치우친 분포가 되고, λ의 값이 클수록 $x=\lambda$를 중심으로 대칭인 분포에 가깝게 된다.

그림 5-2 ❙ 포아송분포

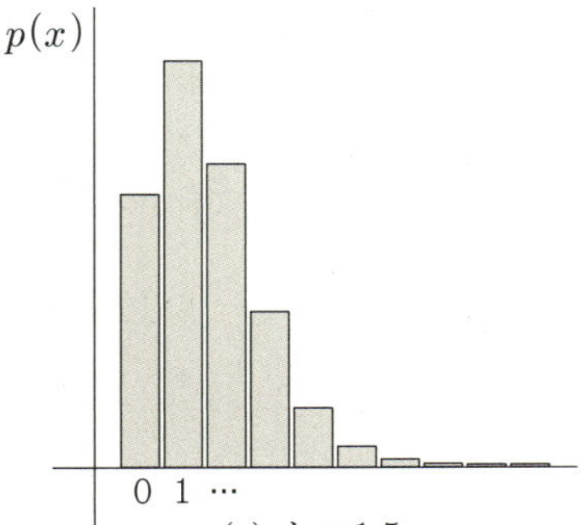

(a) $\lambda = 1.5$

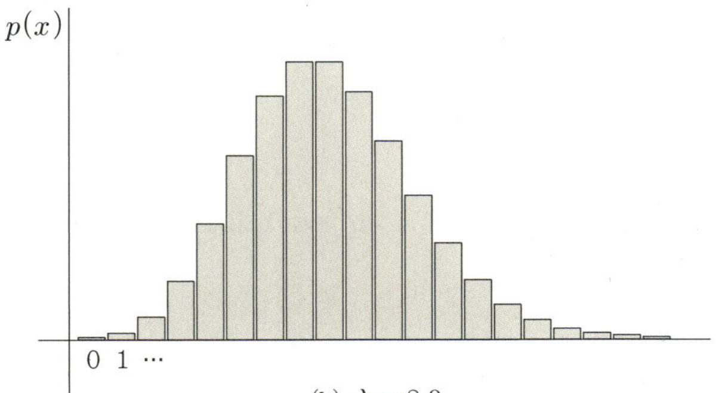

(b) $\lambda = 8.0$

이항분포와 포아송분포는 모두 사건의 발생횟수를 나타내는 이산형 확률변수의 분포이나 확률변수가 가질 수 있는 값의 크기에서 차이가 있다. 이항분포는 베르누이시행의 횟수에 의해 확률변수가 가질 수 있는 최댓값이 제한되나 포아송분포에서는 무한대의 값을 가질 수 있다고 가정한다. 포아송분포가 성립되는 기본적인 가정은 다음과 같다.

첫째, 일정한 단위시간(단위길이, 단위면적 등)에서 발생하는 사건들은 셀 수 있는 정도의 수이며 서로 독립적이다.

둘째, 극히 작은 단위시간에서는 한 번에 둘 이상의 사건이 동시에 발생할 확률은 0으로 간주한다.

셋째, 일정한 단위시간에서 발생하는 사건의 수는 단위시간의 크기에 비례한다.

예제 5-9

$X \sim b(100,\ 0.02)$일 때 $P(X=0)$ 및 $P(X=1)$을 이항분포 및 포아송분포를 이용하여 계산하고 각각을 비교해 보라.

| 풀이 |

먼저 이항분포를 이용할 경우는

$$P(X=0) = 0.98^{100} = 0.133$$

$$P(X=1) = 100 \cdot 0.02 \cdot 0.98^{99} = 0.271$$

이고, 포아송분포를 이용할 경우에는 $\lambda = np = 2.0$이고

$$P(X=0) = e^{-2} = 0.135$$

$$P(X=1) = 2 \cdot e^{-2} = 0.271$$

로서 값의 차가 아주 작다. 이와 같이 이항분포에서 n이 크고 p가 작아 대체로 np값이 5 이하가 되면 이항분포확률 대신 평균이 np인 포아송분포의 확률을 구해 사용해도 별 차이가 없게 된다.

| R에 의한 풀이 |

```
> dbinom(0,100,0.02); dbinom(1,100,0.02)
[1] 0.1326196
[1] 0.2706522
> dpois(0,2); dpois(1,2)
[1] 0.1353353
[1] 0.2706706
```

포아송분포는 n이 크고 p가 작을 경우, 즉 어떤 사건이 일어날 수 있는 대상의 수가 많고 각각의 대상에 대해 사건이 일어날 가능성이 적을 경우를 확률적으로 모형화할 때 많이 이용된다. 예를 들어, 어느 지역에서 일정기간 동안 발생한 안전사고의 수, 자살 건수 등은 대개 포아송분포를 따른다.

예제 5-10

어느 공장에서의 안전사고는 한 달에 평균 두 번 꼴로 발생한다. 다음 달에 안전사고가 한 건도 일어나지 않을 확률을 구하라.

| 풀이 |

X를 월간 안전사고 건수라 하면, $X \sim P(2)$이므로

$$p(x) = \frac{2^x e^{-2}}{x!}, \quad x = 0, 1, 2, \cdots$$

이고, 따라서 $P(X=0) = p(0) = e^{-2} = 0.135$이다.

| R에 의한 풀이 |

```
> dpois(0,2)
[1] 0.1353353
```

포아송분포는 반드시 시간을 기준으로 한 사건의 발생에 대해서만 응용되는 것은 아니고 길이, 면적, 부피 등을 기준으로 한 사건의 발생에 대해서도 응용할 수 있다. 전선의 단위길이당 피복이 벗겨진 곳의 수라든가 완제품의 단위면적당 도금 불량으로 인한 흠집 수 등도 대개 포아송분포를 따른다.

포아송분포를 이용하여 확률을 계산할 때에는 부록의 포아송분포표를 이용하는 것이 편리하다. 표에는 λ의 각 값에 대해 $P(X \le k)$이 계산되어 있다. λ의 값이 커서 부록에 나타나지 않을 경우에는 정규분포를 이용하여 근사계산을 할 수 있다.

예제 5-11

[예제 5-10]에서 $X \sim P(2)$일 때, $P(2 \le X \le 6)$을 포아송분포표를 이용하여 구하라.

| 풀이 |

$P(2 \le X \le 6) = P(X \le 6) - P(X \le 1)$이므로 포아송분포표에서 $\lambda = 2$이고 $k = 6$과 $k = 1$일 때를 각각 찾아보면 0.995와 0.406임을 확인할 수 있다.

따라서 $P(X \le 6) - P(X \le 1) = 0.995 - 0.406 = 0.589$이다.

| R에 의한 풀이 |

```
> ppois(6,2)-ppois(1,2)
[1] 0.5894603
```

5.6 기하분포

특정 분야의 자격시험을 치르는 경우, 합격할 때까지 몇 번이나 응시해야 할 것인지는 수험생에게 아주 중요한 문제일 수 있다. 이와 같이 베르누이시행을 첫 번째 s가 나올 때까지 반복할 경우, 총시행횟수는 (실패횟수+1)이 된다. 이제 실패횟수를 X라 하고, X의 확률함수를 구해보자. 처음 x번까지는 연속해서 f가 나오고 $(x+1)$번 째에 s가 나와야 하므로 X의 확률함수 $p(x)=P(X=x)$는 $(1-p)^x$에 p를 곱하면 된다. 즉, 다음 식과 같다.

$$p(x)=p(1-p)^x, \quad x=0,\ 1,\ 2,\ \cdots \tag{5.15}$$

이때 X는 모수가 p인 기하분포(geometric distribution)를 따른다고 하고 $X \sim Geo(p)$로 표기한다. 기하분포의 평균과 분산을 구하면 다음과 같다.

$$E(X)=q/p \tag{5.16}$$

$$Var(X)=q/p^2, \text{ 단, } q=1-p \tag{5.17}$$

예제 5-12

윷놀이에서 윷 또는 모가 나오면 윷가락을 한 번 더 던질 기회가 주어지고, 윷일 경우 말을 네 구간, 모일 경우 다섯 구간을 옮길 수 있다. 갑, 을, 병, 세 사람이 윷놀이를 하는데 갑이 윷가락을 던질 순서가 되었다. 이 기회에 갑이 아홉 구간 이상 말을 움직이게 될 확률을 구하라.

| 풀이 |

우선 윷가락을 한 번 던져 윷 또는 모가 나올 확률을 구하면 $(1/2)^4+(1/2)^4=1/8$이다. 갑이 이번 순서에 윷가락을 던져 x번 연속 윷이나 모가 나올 확률은

$$p(x)=\left(\frac{7}{8}\right)\left(\frac{1}{8}\right)^x, \quad x=0,\ 1,\ 2,\ \cdots$$

이다. 말을 아홉 구간 이상 옮길 수 있으려면 처음부터 연속 2회 이상 윷 또는 모가 나와야 하므로 그 확률은 $P(X\geq 2)$이 된다. 따라서 확률은 다음과 같다.

$$P(X\geq 2)=1-P(X\leq 1)=1-p(0)-p(1)=\frac{1}{64}$$

| R에 의한 풀이 |

```
> 1 - pgeom(1,7/8)
[1] 0.015625
```

예제 5-13

[예제 5-12]에서 연속적으로 윷이나 모가 나올 횟수 X의 기댓값과 분산을 구하라.

| 풀이 |

식 (5.15)와 [예제 5-12]의 풀이 결과 확률함수를 비교해 보면 $p=7/8$, $q=1/8$임을 알 수 있다. 따라서 기댓값과 분산은 다음과 같다.

$$E(X)=\frac{1/8}{7/8}=1/7$$

$$Var(X)=\frac{1/8}{(7/8)^2}=8/49$$

기하분포는 다른 이산형 분포에는 없는 독특한 성질을 가지고 있다. 즉, $X \sim Geo(p)$일 때, 임의의 양의 정수 a와 b에 대해 다음 식이 성립한다.

$$P(X \geq a+b \mid X \geq a)=P(X \geq b) \tag{5.18}$$

즉, 과거에 a번 이상 실패했는데 앞으로 b번 이상 더 실패할 확률이나 이제 처음 시작하여 앞으로 b번 이상 실패할 확률이나 똑같다. 이와 같이 기하분포는 과거의 이력을 잊어버리는 성질, 즉 무기억성(memoryless property)을 가지고 있다. 기하분포는 이산형 분포 중에서 무기억성을 가진 유일한 분포이다.

예제 5-14

어떤 사람이 운전면허시험을 한 번 치러서 합격할 확률이 시험 응시경력의 여부에 관계없이 0.2라 한다. 이 사람이 면허시험에 합격하기 위해 세 번 이상 시험을 치러야 할 확률과 이미 한 번 이상 떨어졌을 경우에 세 번 이상 더 시험을 치러야 할 확률을 구하라.

| 풀이 |

여기서 이 사람이 시험에 합격하기 위해 시험을 치러야 할 총횟수를 $(X+1)$이라 하면 합격할 때까지 떨어진 횟수 X의 확률함수는

$$p(x) = (0.2)(0.8)^x, \quad x = 0, 1, 2, \cdots$$

이다. 먼저 세 번 이상 응시할 확률, 즉 두 번 이상 시험에 떨어질 확률을 구하면

$$P(X \geq 2) = \sum_{x=2}^{\infty} (0.2)(0.8)^x = 0.8^2 = 0.64$$

이고, 이미 한 번 이상 떨어졌을 경우에 세 번 이상 더 시험을 치러야 할 확률은

$$\begin{aligned} P(X \geq 3 \mid X \geq 1) &= \frac{P(X \geq 3, X \geq 1)}{P(X \geq 1)} \\ &= \frac{P(X \geq 3)}{P(X \geq 1)} = \frac{(0.8)^3}{0.8} = 0.64 \end{aligned}$$

로서 두 확률의 값이 동일하다.

통계이야기 ○ 도박꾼의 파산

도박은 일반적으로 돈이나 물건 등의 재화를 걸고 내기하는 행위를 지칭하며 카드, 주사위, 룰렛 등 확률적 요소가 포함된 게임의 결과를 기반으로 승부를 정하는 경우가 많다. 도박은 중독성이 강하며, 도박에 빠진 대부분의 사람들은 결과적으로 많은 재산을 잃거나 경우에 따라 파산하는 경우도 발생한다. 따라서 많은 나라에서는 이러한 도박 활동 및 도박장 운영에 대해 어느 정도의 법적 제한을 두고 있다. 그러나 우리나라를 포함한 많은 나라에는 합법적으로 도박을 할 수 있는 카지노 등의 도박장이 존재한다. 그렇다면 이러한 합법적인 도박장에서 도박을 통한 재산 증식이 가능할 수도 있지 않을까?

한 명의 상대와 승률이 정확하게 50%인 확률성 게임에 돈을 걸어 승부를 가리는 도박을 계속해서 연속적으로 진행한다고 생각해 보자. 여기서 상대는 일반 개인일 수도 있고 카지노의 경우에는 딜러 또는 카지노 자체를 의미할 수도 있다. 유한하게 주어진 초기 자본으로 시작해서 참가자 중 한 명의 자본이 모두 소진되면 도박이 종료된다고 생각해 보자. 이 경우 각 게임에서의 승률이 50%이기 때문에, 내가 상대의 자본을 모두 가져오며 전체 도박에서 승리할 확률도 50%일 것으로 착각할 수 있다. 그러나 이러한 상황에서의 최종 승리 확률을 정확하게 계산하기 위해서는 참가자들이 가지고 있는 초기 자본의 크기를 고려해야 하며, 실제로 이러한 일련의 이산사건을 확률적으로 계산해 보면 상대의 자본이 커질수록 나의 최종 승리 확률은 현저하게 낮아지는 것을 확인할 수 있다. 만약 상대의 초기 자본을 무한대로 볼 수 있는 경우라면 나의 승리 확률은 0에 수렴하게 된다.

일반 카지노의 경우를 생각해 보면 상대인 딜러는 일반 개인보다는 훨씬 많은 초기 자본을 가지고 도박에 참여하는 것으로 볼 수 있고, 따라서 일반 개인의 경우 해당 도박장에 더 오래 머물수록 최종 승리 확률은 계속해서 낮아진다고 볼 수 있다. 도박에 중독된 도박꾼들의 경우 도박장에 머무르는 시간이 계속적으로 늘어나게 되며, 특히 본인이 일시적으로 돈을 벌고 있는 상황에서 해당 도박판을 벗어나지 못하는 경우가 많다. 즉, 도박에 중독된 도박꾼들의 대부분은 본인의 자본을 모두 잃을 때까지 도박장을 떠나지 못하며, 카지노와 같이 상대의 자본이 무한에 가까운 경우 100%에 수렴하는 확률로 파산하게 되는 것이다. 이러한 확률적 분석은 이산형 확률분포의 개념을 응용한 확률 보행 과정(random walk process)을 통해 도출해낼 수 있는 대표적인 결과물이라고 볼 수 있다.

연 | 습 | 문 | 제

1. 1부터 12까지의 숫자가 쓰여 있는 카드 중에서 한 장을 뽑는 게임에서 3의 배수가 나오면 300원을 받고 5의 배수가 나오면 500원을 받는다. 그 밖의 카드를 뽑을 경우 100원을 주기로 하였다. 게임 참여자가 받게 될 금액의 기댓값을 구하라.

2. 주사위를 세 번 던져서 나온 눈금의 최댓값을 M이라 할 때, 다음을 구하라.
(1) M의 확률함수
(2) M이 홀수일 확률

3. 1부터 N까지의 번호가 적힌 공이 들어 있는 상자에서 n개를 차례로 뽑아 나온 숫자를 확률변수 $X_1, X_2, \cdots, X_n$이라 하자. 이렇게 얻어진 확률변수들의 총합을 $S_n = \sum_{i=1}^{n} X_i$라 할 때, $E(S_n)$을 구하라.

4. 동전 5개를 던질 때 앞면이 나오는 개수에 대한 확률함수를 구하라.

5. 어느 야구선수의 타율이 3할이라고 하자. 이 선수가 한 경기에서 5번 타석에 들어설 때, 다음을 구하라.
(1) 안타를 2개 칠 확률
(2) 안타를 적어도 1개 이상 칠 확률
(3) 안타를 2개 이하 칠 확률

6. X를 성공할 확률이 $p = 1/4$인 베르누이실험을 n번 반복 시행해서 얻어진 성공 횟수라 할 때, $P(X \geq 1) \geq 0.70$이 되는 n의 최솟값을 결정하라.

7. 상자 안에 들어 있는 제품 10개 중 4개가 불량이라고 알려져 있다. 이 상자에서 제품 5개를 꺼낼 때, 모두가 양품일 확률을 구하라. 그리고 불량품 하나를 수리하는 비용이 5,000원이라 할 때, 꺼낸 제품 5개에 대한 수리비용의 평균과 분산을 구하라.

8. 한 전기제품 소매업자는 제품 10개를 한 로트 단위로 구입하고 있다. 로트에서 무작위로 3개를 뽑아서 이 중에 불량품이 하나도 없을 경우에 한해 로트 전체를 구입하기로 하였다. 만약 전체 로트 중에서 30%는 불량품이 한 개 있고, 70%는 불량품이 두 개 있다면 이 소매업자가 로트를 구입하지 않을 확률은 얼마인가?

9. 어느 지역에 사는 특정 동물의 수를 추정하는 방법은 다음과 같다. 우선 k마리를 잡아서 꼬리표를 붙인 후 다시 풀어준다. 꼬리표를 붙인 동물이 이 지역 전체에 퍼졌을 만큼의 시간이 지났을 때 다시 n마리의 동물을 잡는다. 만약 두 기간 동안 전체 개체 수 N에 변화가 없다고 가정한다면 두 번째 사냥에서 잡힌 꼬리표가 붙은 동물의 수 X는 다음과 같은 초기하분포를 따르게 된다.

$$P(X=x)=\frac{\binom{k}{x}\binom{N-k}{n-x}}{\binom{N}{n}}$$

여기서 $P(X=x)$는 N의 함수로, $P(X=x)$를 최대로 하는 N을 이 지역 특정 동물의 총 수에 대한 추정값으로 쓰고자 한다. $k=4,\ n=3, x=1$일 때 N을 추정하라.

10. 제품 100개 중 불량품이 40개 섞여 있다. 무작위로 20개를 뽑을 때 나오는 불량품의 수를 X라 하자.

(1) $P(X=8)$을 구하라.

(2) $P(X=8)$을 이항분포확률로 구하여 (1)의 결과와 비교하라. 이항분포로 근사화해도 될 만큼 N이 충분히 큰가?

11. 다음 각 경우에 대해 이항분포와 포아송분포를 이용하여 $P(X \leq 2)$를 계산하고 값의 차이를 비교하라.

(1) $n=5,\ p=0.2$

(2) $n=10,\ p=0.1$

(3) $n=20,\ p=0.05$

12. 종현이와 선아는 서로 암호를 정하고 종현이가 고안한 타점식 무선 송신 기구를 사용하여 통신을 하고 있다. 이때 하나의 타점이 잘못 전달될 확률이 1/1,000이라면, 1,000타점을 송신했을 때 3타점 이상이 잘못 전달될 확률을 구하라. 단, 각 타점은 독립적으로 전달된다.

13. 어느 은행 환전 창구에 오는 손님의 수는 시간당 평균 5명이라 한다.

(1) 한 시간 동안 손님 3명 이상이 올 확률과 정확히 3명이 올 확률을 구하라.

(2) 손님 한 사람을 처리하는 데 평균 10분이 걸린다면 한 시간에 오는 손님을 모두 처리하는 데 평균 얼마나 걸리는가? 단, 손님이 대기하는 시간은 없다.

(3) 10시~12시 사이에 손님 3명이 올 확률과 11시~12시와 1시~2시 사이에 합해서 손님 3명이 올 확률은 같은가?

14. K항공사의 비행기 좌석 예약 전화들은 보통 65%는 통화 중이다.

(1) 비행기 좌석을 예약하려고 할 때, 각각 첫 번째, 두 번째, 세 번째 시도에서 통화할 확률을 구하라.

(2) 두 사람이 따로 예약을 하려 할 때, 두 사람이 합해서 4번 만에 예약을 마칠 확률을 구하라.

15. 어느 공장에서 생산되는 소형모터의 10%가 불량이라 한다. 모터를 하나씩 무작위로 뽑아 검사할 때, 다음을 구하라.

(1) 첫 불량품이 세 번째 검사에서 나올 확률은 얼마인가?

(2) 두 번째 불량품이 6번 이하의 검사에서 발견될 확률은 얼마인가?

(3) 처음 2개가 모두 양품이 나왔을 때, 앞으로 2개 이상을 더 검사해야 첫 불량품이 나올 확률을 구하라.

CHAPTER 6

연속형 확률분포

6.1 연속형 균일분포
6.2 정규분포
6.3 지수분포

통계학개론
Introduction to Statistics

06 Chapter 연속형 확률분포

확률분포의 두 가지 유형 중 이산형 확률분포에 대해서는 제5장에서 학습하였다. 본 장에서는 연속형 확률분포로서 많이 사용되는 연속형 균일분포, 정규분포, 그리고 지수분포를 소개한다. 정규분포는 다양한 종류의 자연현상이나 사회현상을 통계적으로 분석하는 데 강건하게 활용될 수 있다는 큰 장점을 가지고 있으며, 또한 다른 분포에 대한 확률적 분석을 근사계산할 수 있다는 점에서도 중요하다. 지수분포는 전자부품이나 시스템의 수명을 분석하는 데 자주 활용된다.

6.1 연속형 균일분포

연속형 분포 중에서 가장 간단한 것은 [그림 6-1]에서 보는 바와 같이 어떤 구간 (α, β) 내에서 확률밀도가 균일한 분포이다. 이와 같이 확률밀도함수가

$$f(x) = \begin{cases} \dfrac{1}{\beta - \alpha}, & \alpha < x < \beta \\ 0, & \text{기타} \end{cases} \tag{6.1}$$

일 때, 확률변수 X는 모수가 α와 β인 **연속형 균일분포(continuous uniform distribution)** 또는 간단히 **균일분포**를 따른다고 하고, $X \sim U(\alpha, \beta)$로 표기한다.

그림 6-1 | 모수가 α와 β인 균일분포

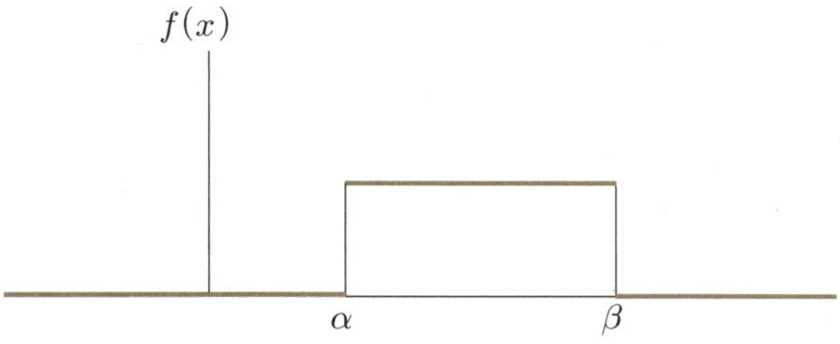

$X \sim U(\alpha, \beta)$이고 두 실수 α, β에 대해 $\alpha < a < b < \beta$이면, X가 a와 b 사이의 값을 가질 확률 $P(a < X < b)$는 구간의 길이 $b-a$에 비례한다. 즉,

$$P(a < X < b) = \int_a^b f(x)dx = \int_a^b \frac{1}{(\beta-\alpha)}dx = \frac{b-a}{\beta-\alpha} \tag{6.2}$$

이다. X의 평균은

$$E(X) = \int_\alpha^\beta x\left(\frac{1}{\beta-\alpha}\right)dx = \frac{1}{(\beta-\alpha)}\left[\frac{x^2}{2}\right]_\alpha^\beta = \frac{\alpha+\beta}{2} \tag{6.3}$$

로 분포의 중간점이다. 또한

$$E(X^2) = \int_\alpha^\beta x^2\left(\frac{1}{\beta-\alpha}\right)dx = \frac{1}{(\beta-\alpha)}\left[\frac{x^3}{3}\right]_\alpha^\beta = \frac{\alpha^2+\alpha\beta+\beta^2}{3}$$

이므로 X의 분산은

$$Var(X) = E(X^2) - [E(X)]^2 = \frac{\alpha^2+\alpha\beta+\beta^2}{3} - \frac{(\alpha+\beta)^2}{4} = \frac{(\beta-\alpha)^2}{12} \tag{6.4}$$

로서 분포 폭 제곱의 $\frac{1}{12}$이 된다.

예제 6-1

어떤 노선버스는 10분 간격으로 갑의 집 앞 정류소에 도착한다고 한다. 갑이 이 버스를 타기 위해 정류소에 나갈 때, 2분과 5분 사이에 버스를 타게 될 확률을 구하라.

| 풀이 |

버스를 기다릴 시간을 X라 하면, X의 확률밀도함수는

$$f(x) = \begin{cases} \frac{1}{10}, & 0 < x < 10 \\ 0, & 기타 \end{cases}$$

가 될 것이므로 확률은 다음과 같다.

$$P[2 \le X \le 5] = \int_2^5 \frac{1}{10} dx = \frac{3}{10}$$

| R에 의한 풀이 |

```
> punif(5,0,10) - punif(2,0,10)
[1] 0.3
```

연속형 분포 중 가장 간단한 것은 식 (6.1)에서 $\alpha = 0$, $\beta = 1$인 균일분포 $U(0, 1)$이며 확률밀도함수는 다음과 같다.

$$f(x) = \begin{cases} 1, & 0 < x < 1 \\ 0, & 기타 \end{cases} \tag{6.5}$$

6.2 정규분포

우리가 접하게 되는 여러 가지 분포들 중에서 가장 널리 사용되는 것이 정규분포이다. 이는 자연현상에 대한 관측자료나 자연과학·공학적 실험자료 또는 사회·경제현상에 대한 조사자료들이 대부분 정규분포의 형태에 가까운 분포를 따르는 경우가 많을 뿐 아니라, 중심극한정리에 의해 정규분포라는 가정이 정당화되는 경우가 많기 때문이다.

확률변수 X의 확률밀도함수가

$$f(x) = \frac{1}{\sqrt{2\pi}\,\sigma} exp\left[-\frac{(x-\mu)^2}{2\sigma^2}\right], \quad -\infty < x < \infty, \sigma > 0 \tag{6.6}$$

일 때, X는 모수가 μ와 σ^2인 **정규분포(normal distribution)**를 따른다고 하고 $X \sim N(\mu, \sigma^2)$으로 표기한다. 정규분포의 모양을 결정짓는 모수로는 **위치모수(location parameter)**인 평균(μ)과 **척도모수(scale parameter)**인 분산(σ^2)이 있다. 또한 π는 원

주율을 나타내는 3.141592 ⋯ 이고 e는 자연로그의 밑수로서 2.71828 ⋯ 이다.

정규분포의 형태는 [그림 6-2]와 같이 μ를 중심으로 좌우대칭이며, 전체적으로 종모양에 가깝다.

그림 6-2 ❙ 정규분포

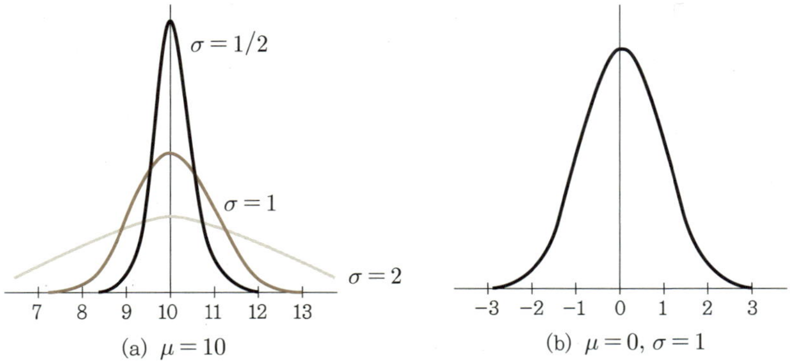

정규분포의 평균과 분산을 구하면 다음과 같이 된다.

$$E(X) = \mu \tag{6.7}$$

$$Var(X) = \sigma^2 \tag{6.8}$$

예제 6-2

확률변수 X의 밀도함수가 다음과 같다면 정규분포를 따르는 확률변수 X의 평균과 분산을 구하라.

$$f(x) = \frac{1}{\sqrt{8\pi}} exp\left[-\frac{(x-10)^2}{8}\right], \quad -\infty < x < \infty$$

❙ 풀이 ❙

X는 정규분포를 따르고 평균 $E(X) = 10$이고 분산 $Var(X) = 4$이다.

정규분포를 따르는 확률변수가 어떤 구간에 속할 확률을 구하기 위해 확률밀도함수를 적분하는 것이 어려우므로 주어진 구간에 대해 수치적 방법으로 적분하는 수밖에 없다. 그러나 필요할 때마다 매번 수치적으로 적분하여 확률을 구하는 것은 아주 번거로운 일이다. 따라서 확률을 계산할 때에는 정규확률변수 X를 $Z=\dfrac{X-\mu}{\sigma}$로 표준화하여 미리 준비해둔 표를 이용한다. 여기서 Z는 평균이 0이고 분산이 1인 정규분포, 즉 **표준정규분포 (standard normal distribution)** $N(0, 1)$을 따르게 된다.

$X \sim N(\mu, \sigma^2)$일 때, X가 a와 b 사이에 있을 확률은 다음과 같이 구한다. 여기서 $\Phi(\cdot)$는 표준정규분포의 분포함수를 나타낸다.

$$\begin{aligned} P(a < X \le b) &= P\left[\frac{a-\mu}{\sigma} < \frac{X-\mu}{\sigma} \le \frac{b-\mu}{\sigma}\right] \\ &= \Phi\left(\frac{b-\mu}{\sigma}\right) - \Phi\left(\frac{a-\mu}{\sigma}\right) \end{aligned} \tag{6.9}$$

예제 6-3

$X \sim N(10, 4)$일 때, $P(11 < X \le 12)$를 구하라.

| 풀이 |

$$\begin{aligned} P(11 < X \le 12) &= P\left(\frac{11-10}{2} < \frac{X-10}{2} \le \frac{12-10}{2}\right) = P(0.5 < Z \le 1) \\ &= \Phi(1) - \Phi(0.5) = 0.8413 - 0.6915 = 0.1498 \end{aligned}$$

| R에 의한 풀이 |

```
> pnorm(12,10,2) - pnorm(11,10,2)
[1] 0.1498823
```

부록의 표준정규분포표에는 $z > 0$에 대해서만 $\Phi(z)$의 값이 주어져 있으나 X를 표준화하여 $P(a < X \le b)$를 계산하고자 할 때, $(a-\mu)/\sigma$ 또는$(b-\mu)/\sigma$의 값이 0보다 작을 수도 있으므로 표를 바로 이용하기 어려울 때가 있다. 이때에는 표준정규분포가 원점을 중심으로 좌우대칭이라는 사실로부터 얻어지는 다음의 관계식을 이용하면 편리하다.

$$P(Z < -a) = P(Z > a) \tag{6.10a}$$

$$P(|Z| > a) = 2P(Z > a) \tag{6.10b}$$

$$P(|Z| \le a) = 1 - 2P(Z > a) \tag{6.10c}$$

예제 6-4

어느 과수원에서 수확되는 사과의 무게는 평균 200g, 표준편차 25g인 정규분포를 따른다고 한다. 사과 무게를 X라 하면, 이 과수원에서 수확되는 사과 중 무게가 150g 미만인 사과의 비율은 얼마인가?

| 풀이 |

$$P[X<150]=P\left[\frac{X-200}{25}<\frac{150-200}{25}\right]$$
$$=P[Z<-2.0]$$
$$=P[Z>2.0]=0.0228$$

| R에 의한 풀이 |

```
> pnorm(150,200,25)
[1] 0.02275013
```

정규분포는 많은 확률실험에 적절한 확률모형으로 입증되었을 뿐 아니라, 다른 분포에 대한 확률을 정규분포를 이용하여 근사계산을 할 수 있다는 점에서도 중요하다. 특히, 이항분포에서 np가 크거나 포아송분포에서 λ가 클 경우 정규분포를 이용하면 확률을 근사적으로 쉽게 계산할 수 있다.

예제 6-5

$X \sim b(20, 0.4)$일 때 $P(6 \le X \le 10)$을 (1) 이항분포로부터 직접 구한 값과 (2) 정규분포로 근사계산한 값을 비교해 보라.

| 풀이 |

(1) 이항분포로부터 직접 구할 경우

$$P(6 \le X \le 10) = P(X \le 10) - P(X \le 5) = 0.8725 - 0.1256 = 0.7469 \fallingdotseq 0.747$$

| R에 의한 풀이 |

```
> pbinom(10,20,0.4) - pbinom(5,20,0.4)
[1] 0.7468798
```

(2) 정규분포를 이용할 경우

$E(X)=(20)(0.4)=8$, $Var(X)=(20)(0.4)(0.6)=4.8$이므로 정규분포를 이용하여 근사계

산하면 다음과 같다.

$$\begin{aligned} P(6 \le X \le 10) &= P\left[\frac{6-8}{\sqrt{4.8}} \le \frac{X-8}{\sqrt{4.8}} \le \frac{10-8}{\sqrt{4.8}}\right] \\ &\simeq P[-0.913 \le Z \le 0.913] \\ &= 1-2P(Z > 0.913) = 0.6388 ≒ 0.639 \end{aligned}$$

| R에 의한 풀이 |

```
> pnorm(10,8,sqrt(4.8)) - pnorm(6,8,sqrt(4.8))
[1] 0.6386896
```

예제 6-6

$X \sim P(9)$일 때, $P(5 < X \le 12)$를 (1) 포아송분포로부터 직접 계산한 값과 (2) 정규분포로 근사계산한 값을 비교해 보라.

| 풀이 |

(1) 포아송분포로부터 직접 구할 경우

$$P(5 < X \le 12) = P(X \le 12) - P(X \le 5) = 0.876 - 0.116 = 0.760$$

| R에 의한 풀이 |

```
> ppois(12,9) - ppois(5,9)
[1] 0.7600829
```

(2) 정규분포를 이용할 경우

$E(X) = Var(X) = 9$이므로 정규분포를 이용하여 근사계산하면 다음과 같다.

$$\begin{aligned} P(5 < X \le 12) &= P(6 \le X \le 12) \\ &= P\left[\frac{6-9}{3} \le \frac{X-9}{3} \le \frac{12-9}{3}\right] \\ &\simeq P[-1 \le Z \le 1] = 1-2P(Z > 1) \\ &= 0.6826 ≒ 0.683 \end{aligned}$$

| R에 의한 풀이 |

```
> pnorm(12,9,3) - pnorm(6,9,3)
[1] 0.6826895
```

[예제 6-5]와 [예제 6-6]에서 근사계산의 오차는 각각 0.108, 0.077로 상당히 큰 편인데, 이는 [그림 6-3]에서 보는 바와 같이 주로 적분구간의 차이에서 비롯된다. 즉, 이

산형 분포의 히스토그램에서 X가 a와 b 사이에 있을 확률 $P(a \leq X \leq b)$는 실제로는 $a-1/2$부터 $b+1/2$까지의 색으로 표시된 부분이 되므로 정규분포로 근사시켜 구간 (a, b) 사이에서 적분하는 것과는 양쪽으로 1/2만큼씩 차이가 있기 때문이다. 따라서 n이 충분히 크지 않은 이항분포 또는 λ가 충분히 크지 않은 포아송분포를 정규분포로 근사계산을 할 경우 적분구간을 $(a-1/2, b+1/2)$로 함으로써, 즉

$$P(a \leq X \leq b) = P(a-0.5 < Y < b+0.5) \tag{6.11}$$

과 같이 계산하여 오차를 줄일 수 있다. 단, 여기서 X는 원래의 이산형 확률변수, Y는 그에 대응되는 정규확률변수를 의미한다. 근사계산의 오차를 줄이기 위한 이와 같은 방법을 **연속성 보정(continuity correction)**이라 한다.

그림 6-3 | 정규근사

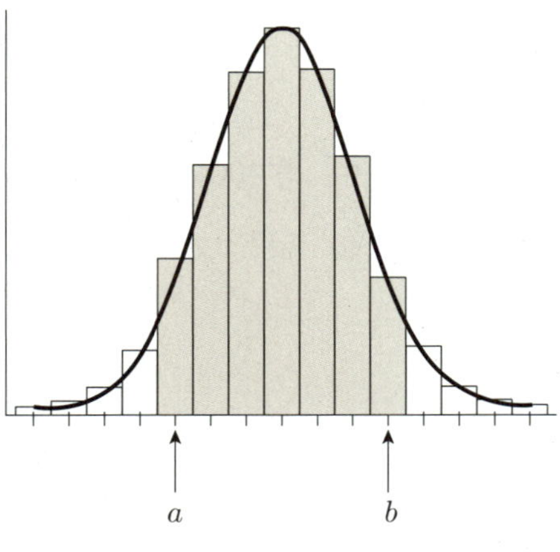

예제 6-7

[예제 6-5]와 [예제 6-6]에서 연속성 보정을 하여 정규분포로 근사계산하고 결과를 비교해 보라.

| 풀이 |

먼저 [예제 6-5]에서

$$P(6 \le X \le 10) = P(5.5 < Y < 10.5)$$
$$= P\left[\frac{5.5-8}{\sqrt{4.8}} < \frac{Y-8}{\sqrt{4.8}} < \frac{10.5-8}{\sqrt{4.8}}\right]$$
$$= P[-1.141 < Z < 1.141]$$
$$= 1 - 2P[Z > 1.141]$$
$$= 0.7462 \fallingdotseq 0.746$$

이고, [예제 6-6]에서도

$$P(5 < X \le 12) = P(6 \le X \le 12)$$
$$= P[5.5 < Y < 12.5]$$
$$= P\left[\frac{5.5-9}{3} < \frac{Y-9}{3} < \frac{12.5-9}{3}\right]$$
$$= P[-1.167 < Z < 1.167]$$
$$= 1 - 2P(Z > 1.167)$$
$$= 0.7568 \fallingdotseq 0.757$$

로 연속성 보정으로 오차가 대폭 줄었음을 알 수 있다.

표준정규분포의 $100(1-p)$ 백분위수, 즉 $100p$ 상위 백분위수를 보통 z_p로 표기하는데, 다음 등식이 성립함을 알아두면 편리하다.

$$z_{1-p} = -z_p \tag{6.12a}$$

$$x_p = \mu + z_p\sigma \tag{6.12b}$$

단, 여기서 $X \sim N(\mu, \sigma^2)$이고, x_p는 $100p$ 상위 백분위수를 나타낸다. [그림 6-4]는 표준정규분포의 $100p$ 상위 백분위수를 그림으로 나타낸 것이다.

그림 6-4 | 표준정규분포의 $100p$ 상위 백분위수

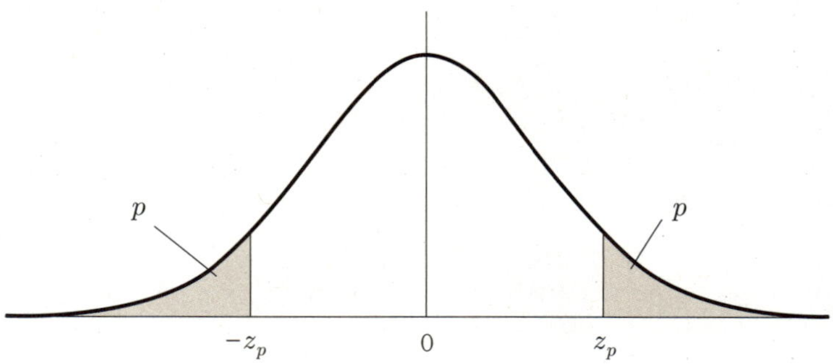

예제 6-8

20×2학년도 수학능력시험에서 자연계열의 성적은 평균 $\mu_1 = 250$점, 표준편차 $\sigma_1 = 50$점인 정규분포였고, 인문계열은 평균 $\mu_2 = 258$점, 표준편차 $\sigma_2 = 40$점인 정규분포였다. 어떤 자연계열 학생과 인문계열 학생의 점수가 330점으로 같을 때, 이 두 학생의 점수를 비교해 보라.

| 풀이 |

자연계열 학생의 점수를 표준화하면

$$z = \frac{330 - \mu_1}{\sigma_1} = \frac{330 - 250}{50} = 1.6$$

이고 표준정규분포표로부터 $z_{0.0548} = 1.6$이므로 이 학생은 상위 5.48%에 해당하는 성적이다. 따라서 이 학생의 백분위점수는 94.52이다. 반면에 똑같은 330점을 얻은 인문계열 학생의 경우는

$$z = \frac{330 - \mu_2}{\sigma_2} = \frac{330 - 258}{40} = 1.8$$

이고 표준정규분포표로부터 $z_{0.0359} = 1.8$이므로 상위 3.59%에 해당하는 성적이고, 백분위점수는 96.41이다. 따라서 똑같은 330점이라도 상대적으로 인문계열 학생이 더 잘한 것이며, 1등급을 상위 4% 이내라고 하면 인문계열 학생은 1등급이지만 자연계열 학생은 1등급이 안 된다.

다음으로 X가 정규분포 $N(\mu, \sigma^2)$을 따를 때, X의 선형함수 $Y = aX + b$의 분포는 다음과 같다.

$$Y = aX + b \sim N\left(a\mu + b,\ a^2\sigma^2\right)$$

예제 6-9

어떤 화학공정의 반응온도가 섭씨로 정규분포 $N(125, 9)$를 따른다면, 화씨로 표시한 온도는 어떤 분포를 따를까?

| 풀이 |

섭씨로 표시한 온도를 X, 화씨로 표시한 온도를 Y라 하면

$$Y = \frac{9}{5}X + 32$$

로 정규분포를 따르고

$$\mu_Y = \frac{9}{5} \times 125 + 32 = 257$$

$$\sigma_Y = \frac{9}{5} \times 3 = 5.4$$

이다. 즉, $Y \sim N(257,\ 5.4^2)$이다.

6.3 지수분포

단위시간(1주일) 동안에 일어나는 교통사고 발생횟수는 몇 가지 기본조건하에 포아송 분포를 따른다는 사실을 공부한 바 있다. 만약 단위시간 동안이 아니라 t시간 동안이라면 제5장에서 설명한 조건은 다음과 같게 될 것이다.

① 주어진 시간간격 $(0,\ t]$를 n개의 구간으로 분할할 수 있으며, 서로 중첩되지 않는 구간들에서는 사건이 서로 독립적으로 일어난다.

② 충분히 짧은 구간에서 사건이 2번 이상 일어날 확률은 0이다.

③ 한 구간에서의 사건이 일어날 확률은 구간의 길이에 비례한다.

이들 기본조건들을 모두 충족하는 확률실험 또는 현상을 **포아송과정(Poisson process)**이라 한다.

시간간격 $(0,\ t]$를 n개의 짧은 구간으로 나누면 한 구간에서 사건이 한 번 일어날 확률은 기본조건 ③에 의해 구간의 길이 t/n과 비례상수 λ를 곱한 $\frac{\lambda t}{n}$가 되고 사건이 한 번도 일어나지 않을 확률은 기본조건 ②에 의해 $1 - \frac{\lambda t}{n}$가 된다. 따라서 기간 $(0,\ t]$ 동안 사건 발생횟수 Y는 기본조건 ①에 의해 성공확률이 $\frac{\lambda t}{n}$인 베르누이시행을 n번 반복하는 실험에서의 성공횟수가 된다. 즉, $Y \sim b\left(n,\ \frac{\lambda t}{n}\right)$이 되고 $n \to \infty$에 따라 $Y \sim P(\lambda t)$가 된다. 즉, 다음과 같은 식이 성립한다.

$$P(Y = y) = \frac{e^{-\lambda t} (\lambda t)^y}{y!}, \quad y = 0,\ 1,\ 2,\ \cdots \tag{6.13}$$

여기서 우리의 관심사가 사건이 일어난 횟수가 아니라 첫 사건이 일어날 때까지의 경과

시간 T라 하자. 그러면 t시간 동안 사건이 한 번도 일어나지 않을 사상 $\{Y<1\}$과 첫 사건이 일어날 때까지 경과한 시간이 t보다 클 사상 $\{T>t\}$는 서로 동등하므로 $P\{T>t\}=P\{Y<1\}$가 된다. 따라서 T의 분포함수는 다음과 같다.

$$\begin{aligned} F(t) &= 1-P(T>t)=1-P(Y<1) \\ &= 1-P(Y=0)=1-\{e^{-\lambda t}(\lambda t)^0\}/0! \\ &= 1-e^{-\lambda t},\ t>0 \end{aligned} \tag{6.14}$$

여기서, T는 연속형 확률변수이므로 식 (6.14)를 미분하면 식 (6.15)와 같은 확률밀도함수를 얻을 수 있다.

$$f(t)=\begin{cases} \lambda e^{-\lambda t}, & t>0 \\ 0, & \text{기타} \end{cases} \tag{6.15}$$

이때 확률변수 T는 모수가 λ인 **지수분포(exponential distribution)**를 따른다고 한다. 지수분포의 확률밀도함수는 [그림 6-5]에서 보는 바와 같이 단조감소함수이며, T의 기댓값과 분산은 다음과 같게 됨을 알 수 있다.

$$E(T)=\frac{1}{\lambda}(=\theta) \tag{6.16}$$

$$Var(T)=\frac{1}{\lambda^2} \tag{6.17}$$

일반적으로 지수분포에서는 확률변수 T의 기댓값, 즉 평균 θ를 모수로 표기하여 $T\sim \text{Exp}(\theta)$로 표기한다. 이 경우, 확률밀도함수는 다음과 같이 표기하게 된다.

$$f(t)=\begin{cases} \dfrac{1}{\theta}e^{-\frac{t}{\theta}}, & t>0 \\ 0, & \text{기타} \end{cases}$$

포아송과정을 형성하는 확률실험에서 지수분포는 어떤 사건이 처음으로 일어날 때까지의 시간으로 정의되는 확률변수의 분포로, 전자부품이나 시스템의 수명을 분석하는 데 널리 응용된다. 즉, 부품의 고장현상이 일종의 포아송과정을 형성한다는 가정이 크게 무리한 가정이 아닐 경우 고장 날 때까지의 경과시간—수리불능인 제품 또는 부품의 경우는 수명—이 지수분포를 따른다고 가정하는 경우가 많다. 이때 모수 λ는 고장률(failure rate)을, $1/\lambda$은 평균수명을 나타내게 된다.

그림 6-5 | 지수분포

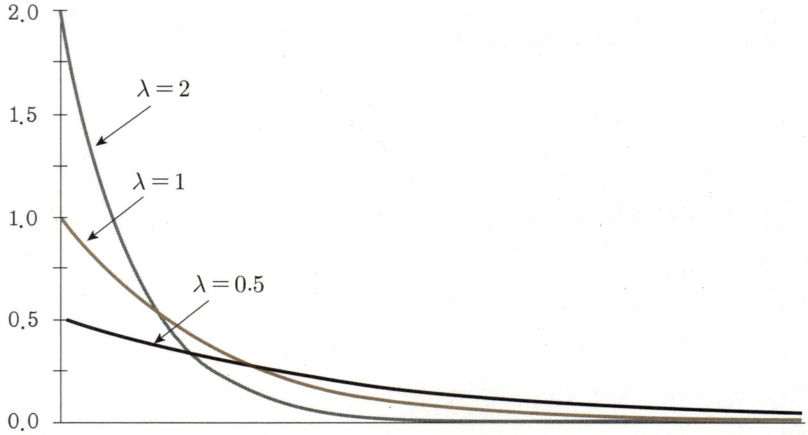

예제 6-10

어느 전자제품의 수명(단위 : 년)은 지수분포 Exp(5)를 따른다. 이 제품을 새로 구입했을 때 5년 이내에 고장이 나서 못쓰게 될 확률을 구하라.

| 풀이 |

제품의 수명을 T라 하면, $T \sim \text{Exp}(5)$이므로

$$P[T<5]=F(5)=1-\exp[-(1/5)5]=1-e^{-1} \fallingdotseq 0.632$$

로 약 63%가 평균수명 이내에 고장이 나서 못 쓰게 된다.

| R에 의한 풀이 |

```
> pexp(5,1/5)
[1] 0.6321206
```

지수분포는 이산형 분포인 기하분포와 마찬가지로 연속형 분포 중에서는 유일하게 무기억성(memoryless property)을 지니고 있다. 즉, a, b를 임의의 두 양의 실수이고 $T \sim \text{Exp}(1/\lambda)$라 하면, 다음과 같은 식이 성립한다.

$$\begin{aligned} P(T>a+b \mid T>a) &= \frac{P(T>a+b)}{P(T>a)} = \frac{\exp[-(a+b)\lambda]}{\exp[-a\lambda]} \\ &= \exp[-b\lambda] = P(T>b) \end{aligned} \tag{6.18}$$

예제 6-11

[예제 6-10]에서 제품을 구입하여 10년간 고장 없이 사용해 왔을 때, 앞으로 5년 이내에 고장으로 못쓰게 될 확률을 구하라.

| 풀이 |

$$P(T \leq 15 \mid T > 10) = 1 - P(T > 15 \mid T > 10)$$
$$= 1 - P(T > 5) = P(T < 5)$$
$$= 1 - e^{-1} \fallingdotseq 0.632$$

로 새로 구입한 제품이 5년 이내에 못 쓰게 될 확률과 같다.

| R에 의한 풀이 |

```
> 1 - pexp(5,1/5, lower.tail=F)
[1] 0.6321206
```

상식적으로 생각할 때 [예제 6-10]과 [예제 6-11]에서와 같이 10년간 사용한 제품과 새로 구입한 제품의 수명이 같다는 것은 비합리적일 수 있다. 이는 지수분포가 고장률이 λ로 일정하다는 가정으로부터 출발하여 유도되었기 때문이다. 제품 사용에 따른 마모 또는 노후화를 고려한다면, 고장률이 시점에 따라 다를 것이므로 고장률을 $\lambda(t)$와 같이 시간의 함수로 모형화하는 것이 더 타당할 수 있다. 그러나 제품이 제대로 만들어졌다면 설계수명 기간 동안에는 마모 또는 노후화로 인한 고장은 거의 없고, 사용시간에 무관하게 어느 시점에서든 일어날 가능성이 동일한 우발고장이 대부분일 것이다. 지수분포는 이와 같이 우발고장에 의한 제품수명을 모형화하는 데 사용될 수 있다.

통계이야기 인스펙션 패러독스(Inspection Paradox)

배차간격이 평균 10분으로 알려져 있는 버스 또는 지하철을 타야 하는 상황을 생각해 보자. 이 경우 실제 대기시간은 우리가 예상했던 것보다 길게 느껴지는 경우가 많을 것이다. 특히, 배차간격의 평균이 같은 상황이라면, 배차간격의 변동성이 커질수록 실제 대기시간이 더욱 길게 느껴질 것이다. 반면 배차간격의 변동성이 전혀 없다면 실제 대기시간은 우리가 예상하는 것과 비슷하게 느껴질 것이다. 이러한 현상을 Inspection Paradox라고 한다. 이러한 현상이 발생하는 이유를 생각해 보자.

배차간격에 변동성이 있다고 하면, 어떤 버스는 배차간격이 평균보다 작은 5분일 수 있으며, 또 어떤 다른 버스는 배차간격이 평균보다 긴 15분인 경우도 있을 수 있다. 이렇게 다양한 배차간격들이 임의로 존재한다고 할 때, 우리가 버스나 지하철을 기다리기 위해 정류장에 도착했다고 생각해 보자. 이 경우 우리가 기다리는 다음 버스는 배차간격이 10분 이하일 확률보다 배차간격이 10분 이상일 확률이 높을 것이다. 그 이유는 배차간격이 긴 시점에 우리가 도착했을 가능성이 더 높기 때문이다. 즉, 우리가 짧은 배차간격 사이에 도착할 확률보다 긴 배차간격 사이에 도착할 확률이 더 높기 때문에, 실제로 우리가 느끼는 대기시간은 배차간격의 평균보다 길게 느껴질 것이다. 앞서 언급했듯이 이러한 차이는 배차간격의 변동성이 커질수록 더욱 분명하게 나타난다는 것을 확인해 볼 수 있다.

연 | 습 | 문 | 제

1. 레미콘 트럭이 공장에 가서 콘크리트를 싣고 건설공사장으로 돌아오는 데 걸리는 시간은 45분에서 65분 사이에서 균일한 분포를 따른다. 공사장을 떠난 지 50분이 지난 트럭이 10분 이내에 돌아올 확률을 구하라.

2. 어떤 화학공정의 반응온도(단위 : ℃) X의 확률밀도함수가 아래의 분포를 따를 때 다음을 구하라.

$$f(x) = \begin{cases} c, & 75 < x < 100 \\ 0, & \text{기타} \end{cases}$$

(1) c를 정하라.

(2) $75 < k < 95$인 k에 대해 $P(k < X < k+5)$를 구하라.

(3) X의 분포함수를 구하라.

3. $X \sim U(0,\ 1)$일 때 $P(a \leq X \leq a+b)$의 값이 오직 b의 함수로 나타남을 보여라. 단, $a \geq 0$, $b \geq 0$, $a+b \leq 1$이다.

4. $Z \sim N(0,\ 1)$일 때 다음 확률을 구하라.

(1) $P(0 < Z < 1.50)$

(2) $P(-1.20 < Z \leq 0)$

(3) $P(0.42 < Z < 1.37)$

(4) $P(-1.72 < Z < 0.55)$

(5) $P(-1.65 < Z < -0.38)$

5. 확률변수 X가 이항분포 $b(150,\ 0.6)$을 따를 때, $P(X \leq 80)$을 정규분포를 이용하여 계산하되 연속성 보정을 한 경우와 안 한 경우의 값을 구하라.

6. 어떤 기계의 월간 유지보수비는 과거의 기록을 조사해 본 결과에 의하면, 대략 평균 45만원, 표준편차 4만원인 정규분포를 따른다. 유지보수비 예산으로 50만원을 설정한다면 실제 비용이 예산을 초과할 확률은 얼마인가?

7. 어느 공장에서 현재 생산되는 베어링의 직경(단위 : cm)은 평균이 5.005, 표준편차가 0.020인 정규분포를 따른다. 이 베어링의 규격은 5.000 ± 0.045로 직경이 이 범위를 벗어나는 것은 불량품으로 폐기된다.

(1) 현재 생산되는 베어링 중 몇 %나 폐기되는가?

(2) 폐기되는 수를 최소화하려면 평균이 얼마가 되도록 기계를 조정해야 하는가? 이때는 몇 %가 폐기될까?

8. $X \sim \text{Exp}(100)$일 때 다음을 구하라.

(1) $P(X > 30)$

(2) $P(X > 110)$

(3) $P(X > 110 \mid X > 80)$을 구하고 이 결과를 (1)의 결과와 비교하라.

9. 어떤 기계를 수리하는 데 걸리는 시간(단위 : 시간)이 지수분포 $\text{Exp}(2)$를 따를 때, 다음을 구하라.

(1) 수리시간이 2시간을 초과할 확률은 얼마인가?

(2) 수리를 시작한 지 1시간이 지났는데 앞으로 최소한 2시간이 더 필요할 확률은 얼마인가?

10. 어느 지역에서 일어나는 지진의 강도 분포는 과거의 기록으로 보아 지수분포 $\text{Exp}(3.2)$ 모형이 적절하다.

(1) 다음에 일어날 지진의 강도가 2.4~4.0 사이일 확률을 구하라.

(2) 다음에 일어날 지진 5개 중 강도 6.0 이상인 것이 적어도 하나 이상일 확률을 구하라.

11. 확률변수 X가 연속형 균일분포를 따르고 X의 평균과 분산이 각각 9 그리고 3으로 알려져 있다고 할 때, 확률변수 X가 따르는 균일분포의 모수를 구하라.

12. 어떤 자료를 연속형 확률분포를 활용하여 통계적으로 분석하고자 하는 상황에서, 아래의 정보를 알고 있다면 균일분포, 정규분포 그리고 지수분포 중 어떤 모형을 선택해서 분석하는 것이 적절한지 서술하라.

(1) $P(X < 0) = 0$

(2) 전체 데이터의 평균은 7로 확인되었음

(3) 데이터의 일부를 확인해 보니 $P(X > 15) > 0$을 확인하였음

13. 한 교과목의 기말고사 시험성적은 평균 70점, 표준편차가 10점인 정규분포를 따른다고 한다. 기말고사 시험성적이 하위 10%에 해당하는 학생들의 경우 F학점을 부여받는다고 할 때, F학점을 받지 않기 위해 받아야 하는 최소 점수는 몇 점인가?

14. 어느 노트북 제조회사의 노트북에 장착되는 배터리의 지속시간(용량)은 균일분포를 따른다고 한다. 또한 해당 제조회사의 경우 생산공정을 제어하여 배터리의 지속시간 평균값을 조정할 수 있으며, 이때 지속시간의 분산은 항상 12로 유지된다고 한다. 제조회사는 배터리 지속시간이 9시간 이하일 경우 해당 제품을 무상으로 교환해 주는 정책을 도입하고 있다. 무상교환이 발생하는 비율을 5% 미만으로 유지하기 위해 필요한 배터리 지속시간의 평균은 얼마인가?

15. 어느 은행에서 직원과 대출상담을 하기 위해 대기해야 하는 시간은 지수분포를 따른다고 한다. 해당 은행은 고객의 서비스 만족도를 높이기 위해 고객의 대기시간이 15분 이상일 확률을 10% 이내로 유지하고자 한다. 그렇다면 이 은행의 고객 대기시간 평균은 몇 분 이하로 유지되어야 하는가?

CHAPTER 7

추 정

통계학개론
Introduction to Statistics

7.1 개요
7.2 점추정
7.3 구간추정
7.4 근사 신뢰구간
7.5 모평균 차에 대한 구간추정
7.6 표본크기의 결정

07 Chapter 추 정

7.1 개요

우리는 제1장에서 모집단과 표본 그리고 자료에 대해 개략적으로 설명하였고, 제2장에서는 자료의 정리와 해석방법에 대해 학습하였다. 지금부터는 자료를 분석하여 모집단에 대해 구체적으로 추론하는 방법에 대해 학습할 것이므로 모집단, 표본, 자료, 모수, 통계량 등 관련된 중요 개념과 관계를 여기서 보다 자세히 짚어보고자 한다.

우리가 획득한 자료의 대부분은 우리가 관심을 가지고 있는 자연현상이나 사회현상에 대한 관찰결과이거나 실험을 통해 얻은 측정결과이다. 우리가 관심을 가지고 있는 대상인 **모집단(population)**은 보다 구체적으로 그 집단에 대해 알고자 하는 개별 구성원소 특성 전체의 집합을 의미한다. 예를 들어, 우리나라 20대 청년들의 키에 관심이 있다면 모집단은 우리나라의 모든 20대 청년들의 키의 집합이라 하겠다. 그런데 모집단의 구성원소는 우리가 개념적으로 알고 있을 뿐이고 실제로는 구체적인 수치 정보를 다 알고 있는 경우가 거의 없다. 이것은 일반적으로 모집단의 구성원소의 수가 무한하거나 유한하다고 하더라도 아주 크기 때문에 각 구성원소를 전수 조사하거나 측정한다는 것이 현실적으로는 불가능하기 때문이다. 예를 들어, 수백만 명에 이르는 우리나라 20대 청년들의 키를 일일이 측정한다는 것은 시간적으로나 비용 측면에서 매우 어려울 것이며 측정이 진행되는 과정에서 시간의 경과로 인해 구성원소의 수가 바뀔 수도 있다는 점까지 고려한다면 거의 불가능하다고 하겠다.

이와 같이 모집단에 대한 구체적인 정보를 알고자 구성원소의 일부를 뽑아서 정보를 얻게 된다. 우리가 주변에서 많이 접하는 자료(data)는 뽑힌 일부인 **표본(sample)**을 관찰하거나 측정하여 얻어진 것이다. 그런데 대부분의 경우 모집단에 대한 우리의 실제 관심사는 구성원소의 개별 정보가 아니라 전체적인 종합 특성에 대한 정보이다. 예를 들어, 대한민국 대통령 입후보자의 관심사는 모집단을 구성하는 개별 유권자의 지지 여부가 아니라 전체적인 지지율이 얼마나 되는가이다. 여기서 유권자의 지지율과 같이 모집단의 전체적인 특성을 결정하는 **모수(parameter)**의 대표적인 것으로 **모평균**과 **모분산** 등이 있다. 각 유권자의 지지 여부에 따라 1과 0의 수치를 부여한다고 할 때 지지율은 해당 수치의 평균으로 산출할 수 있기 때문에 모평균에 해당하는 모수라 하겠다. 모평균과 모분산에 대응되는 표본평균과 표본분산과 같이 표본에서도 모수에 대응되는 **통계량(statistic)**을 정의할 수 있다. 통계량이 반드시 모수에 대응되는 것은 아니지만 많은 경우 우리가 알고자 하는 모수에 대한 정보를 얻기 위하여 통계량을 사용하게 되므로 모수에 대응하여 통계량을 정의하는 것이 보통이다. 수치자료가 주어지면 통계량은 정의된 식에 따라 계산하여 수치값으로 얻어질 수 있는데 이것을 **통계치**라고 부른다. 모집단과 표본 및 자료의 관계를 모수와 통계량 및 통계치를 함께 나타내어 이해하기 쉽게 표현하면 [그림 7-1]과 같다.

그림 7-1 | 모집단과 표본 및 자료

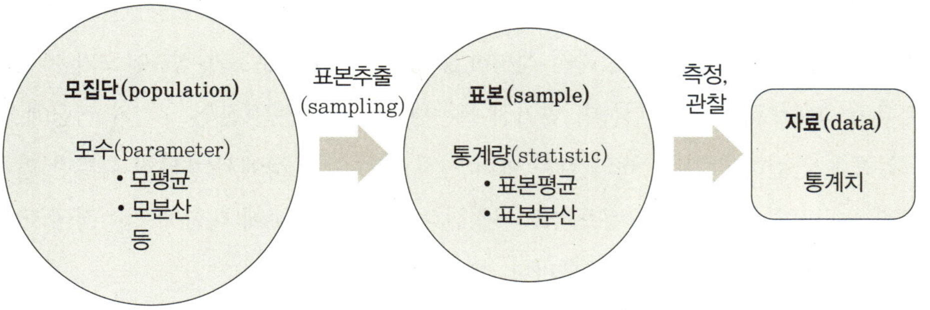

우리의 궁극적인 관심사는 모수에 관련된 정보일 경우가 많지만 실제로는 모수에 대한 정확한 정보는 특별한 상황을 제외하고는 모른다. 그래서 모수에 대한 정보를 보다 체계적이고 과학적으로 추측하거나 판단하는 방법이 필요하게 되는데 통계적 추론이 그 해결책을 제공한다. 모수에 대한 추론을 하기 전에 얻어진 자료를 적절한 방식으로 요약하여 정리하고 분석하는 작업이 필요한데 이에 대해서는 제2장을 참고하면 된다. 모수에 대한 추론은 모수가 어떤 값을 가질 것이라고 추측하는 과정과 모수가 이런 값을 가진다고 알려진 사실의 진위 여부를 판단하는 과정으로 나누어 볼 수 있는데 전자를 **통계적 추정**이라 하고 후자를 **통계적 가설검정**이라 부른다. 본 장에서는 모수에 대해 추측하는 통계적 추정방법에 대해 학습할 것이다.

모수에 대한 추정방법에는 추정하고자 하는 모수를 하나의 값으로 추정하는 방법과 추정오차를 고려하여 특정 범위 내의 값을 가진다는 식으로 구간을 제시하는 방법이 있는데 전자를 **점추정(point estimation)**이라 하고 후자를 **구간추정(interval estimation)**이라 한다. [그림 7-1]에서 짐작할 수 있듯이 점추정을 하기 위해서 표본으로부터 구해진 통계량을 사용한다. 이때 통계량의 분포를 **표본분포(sampling distribution)**라고 하는데, 모수에 대한 구간추정에 직접적인 영향을 미치게 된다. 그런데 표본분포는 그 표본이 얻어진 모집단의 분포에 의존하게 된다. 따라서 모수추정을 위해서는 모집단에 대해 잘 맞는 확률모형을 먼저 설정하는 것이 보다 효과적일 것이다. 물론 모집단의 분포와 관련하여 특정한 모형을 가정하지 않고 분석하는 방법도 있으나 이것은 본 책의 범위를 벗어나므로 설명을 생략한다. 다만 분명한 것은 적절한 분포모형이 있을 경우 그 모형을 토대로 분석하는 것이 그렇게 하지 않는 것보다 훨씬 더 정확하고 정밀한 정보를 얻을 수 있다는 것이다. 그런데 우리가 주변에서 접하는 많은 자료들은 무언가를 측정하여 얻어진 것이다. 그리고 길이, 면적, 부피, 무게, 강도, 전류 등 대부분의 측정자료들은 정규분포를 따르는 것으로 알려져 있다. 또한 뒤에 다시 설명하겠지만 모집단의 분포가 정규분포가 아니라고 하더라도 그로부터 표본을 취하여 얻어진 표본평균의 분포는 표본의 크기가 커짐에 따라 정규분포에 근접하게 된다. 이와 같은 여러 가지 이유로 본 장에서는 달리 특별한 언급이 없으면 모집단의 분포가 정규분포라고 가정한다. 그리고 모수에 대한 구간추정에 이용되는 표본분포에 대해서는 필요할 때마다 소개하기로 한다.

7.2 점추정

점추정에 사용되는 통계량을 **추정량(estimator)**이라 하고 수치로 제시된 추정량의 관측값을 **추정치(estimate)**라 한다. 이제 평균 μ, 분산 σ^2인 모집단으로부터 표본 $X_1, X_2, \cdots, X_n$이 얻어졌다고 하자. 여기서 표본이라는 말에는 $X_1, X_2, \cdots, X_n$이 모두 독립이고 똑같은 모수값을 갖는 동일한 분포를 따른다는 의미가 함축되어 있다. 일반적으로 모평균 μ에 대한 추정을 위해 표본평균

$$\overline{X} = \frac{1}{n}\sum_{i=1}^{n} X_i \tag{7.1}$$

를 사용한다. 여기서 표본평균 $\overline{X}$는 모평균 μ의 추정량이 된다. 만약 실제로 10개의 관측값

13, 7, 7, 10, 8, 10, 11, 13, 12, 9

를 얻었다면 이들의 평균

$$\overline{x} = \frac{1}{10}(13+7+7+10+8+10+11+13+12+9) = 10$$

은 μ의 추정치가 된다. 통계학에서는 관례적으로 통계량이나 추정량은 대문자로 표기하고 관측값인 통계치나 추정치는 소문자로 표기하는데 여기서도 그 관례를 따르기로 한다. 앞의 예에서도 관측된 표본평균을 소문자 $\overline{x}$로 표기하였다.

모평균을 추정하기 위해 표본평균을 많이 사용하지만 경우에 따라서는 표본중앙값을 사용할 수도 있다. 이와 같이 동일한 모수를 추정하는 데 사용되는 통계량이 둘 이상 있을 수 있으므로 이들 중 좋은 추정량을 선택하는 기준이 필요하다. 일반적인 선택기준은 추정량의 바람직한 성질을 얼마나 많이 갖추고 있는가를 비교하여 선택하게 된다. 여기서는 바람직한 성질 중에서 **불편성(unbiasedness)**과 **효율성(efficiency)**에 대해서만 간단히 살펴보자. 불편성은 추정량의 기댓값을 취했을 때 모수와 일치하여 큰 쪽이든 작은 쪽이든 어느 한쪽으로 치우치지 않는 성질을 말한다. 앞서 든 예에서 표본평균의 기댓값은

$$E(\overline{X}) = E\left(\frac{1}{n}\sum_{i=1}^{n} X_i\right) = \frac{1}{n}\sum_{i=1}^{n} E(X_i) = \frac{1}{n}\sum_{i=1}^{n}\mu = \mu \tag{7.2}$$

로서 모평균 μ와 일치한다. 이때 표본평균 $\overline{X}$는 불편성을 갖추고 있다고 말하고 모평균 μ에 대한 불편추정량(unbiased estimator)이라고 한다. 또 수치로 나타난 불편추정량에 대한 관측값을 불편추정치라고 한다.

다음으로 효율성은 구간추정에서 고려되는 추정오차와 밀접한 관련을 가진 성질로서 추정량의 분산이 얼마나 작은가에 관한 성질이다. 보통은 불편추정량이 여러 개 있을 때 효율성을 비교하는데 분산이 작을수록 더 효율적인 추정량이 된다. 예를 들어, 평균 μ, 분산 σ^2인 모집단으로부터 $n=2$인 표본 X_1, X_2가 얻어졌다고 하자. 모평균에 대한 추정량으로 다음 두 통계량 $\overline{X}$와 X^*를 고려하고 있다고 하자.

$$\overline{X} = \frac{1}{2}(X_1 + X_2)$$

$$X^* = \frac{1}{3}(X_1 + 2X_2)$$

이들 두 추정량에 대해 불편성을 확인해 보면 식 (7.2)로부터 $E(\overline{X}) = \mu$로서 $\overline{X}$는 불편추정량이고, X^*도

$$E(X^*) = E\left(\frac{1}{3}(X_1 + 2X_2)\right) = \frac{1}{3}(E(X_1) + 2E(X_2)) = \frac{1}{3}(\mu + 2\mu) = \mu$$

로서 똑같이 불편추정량임을 알 수 있다. 그런데 만약 두 추정량의 분산을 비교해 보면

$$V(\overline{X}) = V\left(\frac{1}{2}(X_1 + X_2)\right) = \left(\frac{1}{2}\right)^2 (V(X_1) + V(X_2)) = \frac{1}{4}(\sigma^2 + \sigma^2) = \frac{\sigma^2}{2}$$

$$V(X^*) = V\left(\frac{1}{3}(X_1 + 2X_2)\right) = \left(\frac{1}{3}\right)^2 (V(X_1) + 2^2 V(X_2)) = \frac{1}{9}(\sigma^2 + 4\sigma^2) = \frac{5}{9}\sigma^2$$

으로서 $\overline{X}$의 분산이 X^*의 분산보다 작다. 따라서 $\overline{X}$가 X^*보다 더 효율적인 추정량이라는 것을 알 수 있다. 실제로 표본평균은 모평균에 대한 불편추정량 중에서 가장 효율적인 좋은 추정량으로 알려져 있다. 참고로 식 (7.1)로 나타낸 일반적인 표본평균의 분산은

$$V(\overline{X}) = V\left(\frac{1}{n}\sum_{i=1}^{n} X_i\right) = \frac{1}{n^2}\sum_{i=1}^{n} V(X_i) = \frac{1}{n^2}\sum_{i=1}^{n}\sigma^2 = \frac{\sigma^2}{n} \qquad (7.3)$$

과 같이 얻어진다.

다음으로 모분산 σ^2을 모를 때는 이에 대한 추정을 해야 한다. 모분산에 대한 추정량으

로는 표본분산

$$S^2 = \frac{1}{n-1}\sum_{i=1}^{n}\left(X_i - \overline{X}\right)^2 \tag{7.4}$$

을 사용하는데 여기서 증명은 따로 하지 않지만 그 기댓값과 분산은

$$E\left(S^2\right) = \sigma^2 \tag{7.5}$$

$$V\left(S^2\right) = \frac{2\sigma^4}{n-1} \tag{7.6}$$

으로서 표본분산 S^2은 모분산 σ^2의 불편추정량이다.

예제 7-1

평균이 μ이고 분산이 4인 정규모집단으로부터 표본 X_1, X_2, X_3를 얻었다. 이제 모평균에 대한 추정량으로 다음 두 추정량을 고려하고 있다.

$$\overline{X} = \frac{1}{3}(X_1 + X_2 + X_3)$$

$$X^* = \frac{1}{4}(X_1 + 2X_2 + X_3)$$

이 두 추정량을 비교하고 어느 추정량이 더 나은지 설명하라.

| 풀이 |

먼저 불편성을 살펴보면,

$$E(\overline{X}) = E\left(\frac{1}{3}(X_1 + X_2 + X_3)\right) = \frac{1}{3}(E(X_1) + E(X_2) + E(X_3)) = \frac{1}{3}(\mu + \mu + \mu) = \mu$$

$$E(X^*) = E\left(\frac{1}{4}(X_1 + 2X_2 + X_3)\right) = \frac{1}{4}(E(X_1) + 2E(X_2) + E(X_3)) = \frac{1}{4}(\mu + 2\mu + \mu) = \mu$$

으로서 둘 다 불편추정량이다. 다음으로 분산을 계산하면,

$$V(\overline{X}) = V\left(\frac{1}{3}(X_1 + X_2 + X_3)\right) = \frac{1}{3^2}\left(V(X_1) + V(X_2) + V(X_3)\right) = \frac{1}{9}(4+4+4) = \frac{4}{3}$$

$$V(X^*) = V\left(\frac{1}{4}(X_1 + X_2 + X_3)\right) = \frac{1}{4^2}\left(V(X_1) + 2^2 V(X_2) + V(X_3)\right) = \frac{1}{16}(4 + 4\times 4 + 4)$$

$$= \frac{3}{2}$$

으로서 $\overline{X}$의 분산이 X^*의 분산보다 더 작으므로 $\overline{X}$가 더 효율적인 추정량이다.

7.3 구간추정

모수를 추정할 때 점추정법을 사용할 경우의 문제점은 실제로 그렇게 하여 얻어진 추정치의 값이 실제 모수값과 정확하게 일치하는 경우가 거의 없다는 것이다. 그래서 현실적으로 보다 유용하게 사용되려면 모수의 참값이 이렇게 얻어진 추정치의 값과 어느 정도의 차이가 있을 수 있는지에 대한 정보를 함께 제공하는 것이 좋을 것이다. 이와 같은 현실적인 유용성을 고려하여 추정오차에 관련된 정보를 함께 제공하는 추정법이 구간추정이라 할 수 있다. 그런데 특정 모수에 대한 구간추정을 위해서는 그 모수의 점추정량의 분포를 알아야 한다. 구간추정은 이 분포를 토대로 모수값을 포함할 가능성이 $100(1-\alpha)\%$가 되는 구간의 형태로 주어진다. 여기서 $100(1-\alpha)\%$를 **신뢰수준(confidence level)**, 이렇게 설정된 구간을 **신뢰구간(confidence interval)**이라고 한다. α의 값은 사용자가 목적에 따라 정해 주면 되는데, 관례적으로는 0.01, 0.05, 0.10의 세 값이 많이 사용된다. 다음에 추정하고자 하는 모수별로 분류하여 보다 구체적으로 기술한다.

7.3.1 모평균의 신뢰구간

먼저 모평균을 추정할 때 사용하게 되는 표본평균의 분포부터 알아본다. 평균 μ, 표준편차 σ인 정규모집단으로부터 표본 $X_1, X_2, \cdots, X_n$이 얻어졌다고 하고 표준편차 σ의 값은 알고 있다고 하자. 식 (7.2)와 (7.3)으로부터 표본평균은 평균 μ, 분산 σ^2/n인 정규분포를 따르게 된다. 그런데 모평균에 대한 추정에는 표본평균 $\overline{X}$의 분포가 직접 사용되지 않고 다음과 같이 표준화된 분포, 즉 표준정규분포가 사용된다.

$$Z = \frac{\overline{X} - \mu}{\sigma/\sqrt{n}} \sim N(0, 1) \tag{7.7}$$

이제 이 Z의 분포에서 전체의 $100(1-\alpha)\%$를 포함하는 범위를 구하면 [그림 7-2]에서 보는 바와 같이 $[-z_{\alpha/2}, z_{\alpha/2}]$가 된다. 여기서 z_p는 표준정규분포의 상위 $100p$ 백분위수, 즉

$$P(Z > z_p) = p \tag{7.8}$$

을 만족하는 실수값으로 부록의 표준정규분포표를 사용하여 구할 수 있다. 예로서 $z_{0.025}$는 그보다 클 확률이 0.025이므로 작을 확률이 $1-0.025=0.975$에 대응하는 z값으로 1.96임을 확인할 수 있다.

그림 7-2 | $Z=\dfrac{\overline{X}-\mu}{\sigma/\sqrt{n}}$의 $100(1-\alpha)$%를 포함하는 범위

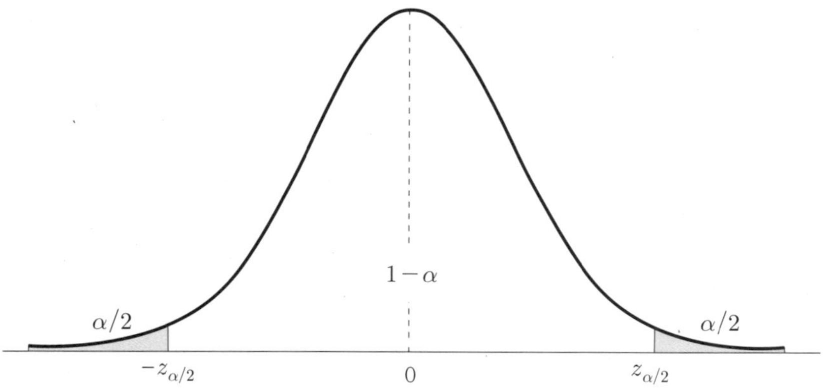

이제

$$\frac{\overline{X}-\mu}{\sigma/\sqrt{n}} = \pm z_{\alpha/2} \tag{7.9}$$

로부터 $[-z_{\alpha/2}, z_{\alpha/2}]$에 대응하는 μ의 범위를 구하면 식 (7.9)를 모평균 μ에 대해 정리하여

$$\mu = \overline{X} \pm z_{\alpha/2}\frac{\sigma}{\sqrt{n}} \tag{7.10}$$

로부터 (7.11)과 같은 구간을 얻게 되는데 이를 모평균 μ의 $100(1-\alpha)$% 신뢰구간이라고 부른다. 여기서 $\sigma/\sqrt{n}$은 표준오차(standard error)라 부르며 신뢰수준과 표준오차는 신뢰구간의 폭을 결정하는 요소가 된다.

$$\left[\overline{X}-z_{\alpha/2}\frac{\sigma}{\sqrt{n}},\ \overline{X}+z_{\alpha/2}\frac{\sigma}{\sqrt{n}}\right] \tag{7.11}$$

[그림 7-3]에서 보는 바와 같이 식 (7.11)의 신뢰구간은 확률구간으로서 표본을 취해 수치값을 구할 때마다 달라질 수 있다. 즉, 첫 번째로 크기 n의 표본을 구해 식 (7.11)에 의거하여 수치로 구해진 구간과 두 번째로 크기 n의 표본을 구해 식 (7.11)에 의거하여 수치로 구해진 구간은 서로 다를 수 있다는 말이다. 신뢰수준 $100(1-\alpha)\%$라는 말은 이와 같은 방법으로 100회 신뢰구간을 되풀이하여 구한다면 그중 $100(1-\alpha)$개 정도의 신뢰구간이 모평균의 참값 μ를 포함하게 된다는 의미이다.

그림 7-3 신뢰구간의 개념

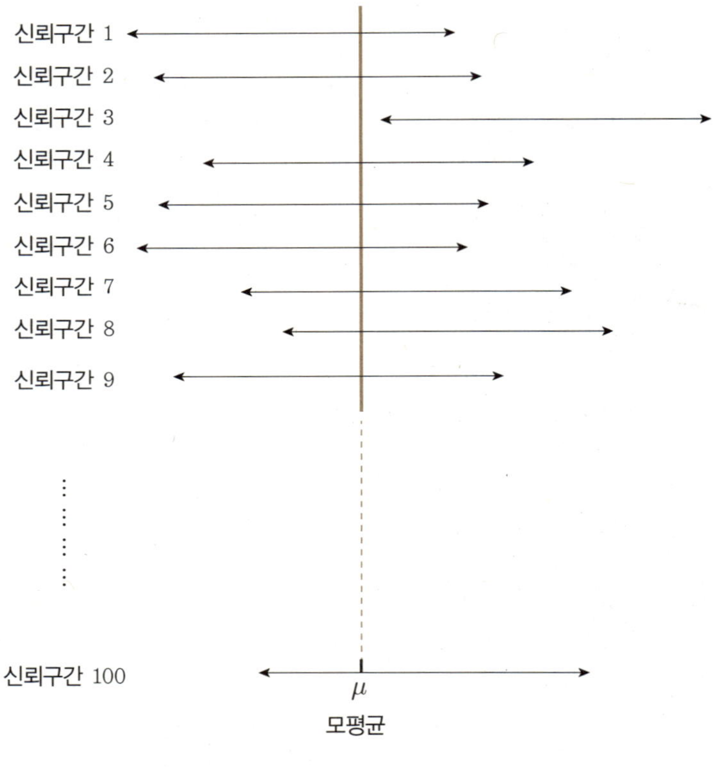

예제 7-2

우리나라 대학생들의 월평균 생활비를 알아보기 위해 100명의 학생을 무작위 추출하여 조사했더니 평균 25만원을 쓰고 있다고 한다. 월 생활비는 정규분포를 따르고 표준편차가 5만원이라고 할 때 월평균 생활비의 95% 신뢰구간을 구하라.

| 풀이 |

부록의 표준정규분포표로부터 $z_{0.025}=1.96$이므로 우리나라 대학생들의 월평균 생활비의 95% 신뢰구간은

$$\mu=25\pm(1.96)\left(\frac{5}{\sqrt{100}}\right)=25\pm0.98,\ \text{즉}\ [24.02,\ 25.98]$$

이다. 따라서 우리나라 대학생들의 한 달 평균 생활비는 24~26만원 정도 된다고 할 수 있다.

| R에 의한 풀이 |

```
> xbar <- 25
> se <- 5/sqrt(100)
> CI <- c(xbar-qnorm(.975)*se,xbar+qnorm(.975)*se)
> CI
[1] 24.02002 25.97998
```

참고) 1. R에서 $qnorm()$은 표준정규분포의 하위 백분위수를 계산해 주는 함수이므로 상위 $100p$ 백분위수를 계산하고자 할 경우에는 $qnorm(1-p)$로 해야 한다.
2. R에서 특정 이름의 오브젝트에 2개 이상의 값을 저장하고자 할 때는 함수 c()를 이용한다.

만약 모분산의 참값을 아는 경우라면 식 (7.10) 혹은 식 (7.11)에 근거하여 모평균에 대한 구간추정을 할 수 있다. 그러나 실제로는 모분산을 모르는 경우가 많으며 이때에는 모분산 대신 그에 대한 추정량인 표본분산을 사용한다. 그런데 식 (7.7)에서 모표준편차 σ 대신 표본표준편차 S를 대입하게 되면 표준정규분포가 자유도 $n-1$인 t분포로 바뀌게 된다.

$$T=\frac{\overline{X}-\mu}{S/\sqrt{n}}\sim t(n-1) \tag{7.12}$$

t분포의 모양은 표준정규분포와 아주 비슷하지만 양쪽 꼬리부분이 다소 두터운 모양을 하고 있으며, 자유도가 무한히 커지면 표준정규분포와 일치하게 된다. 자유도 $n-1$인 t분포의 상위 $100p$ 백분위수는 $t_p(n-1)$로 나타내며 그 값은 자유도 $n-1$과 p의 값이 주어지면 부록의 t분포표 혹은 통계 소프트웨어를 사용하여 구할 수 있다. 예를 들어, 부록의 t분포표로부터 $t_{0.05}(4)=2.132$, $t_{0.025}(5)=2.571$임을 확인할 수 있다.

T의 $100(1-\alpha)\%$를 포함하는 구간을 구하면 [그림 7-4]에서 보는 바와 같이 $[-t_{\alpha/2}(n-1),\ t_{\alpha/2}(n-1)]$이 된다.

그림 7-4 $T=\dfrac{\overline{X}-\mu}{S/\sqrt{n}}$ 의 $100(1-\alpha)$%를 포함하는 범위

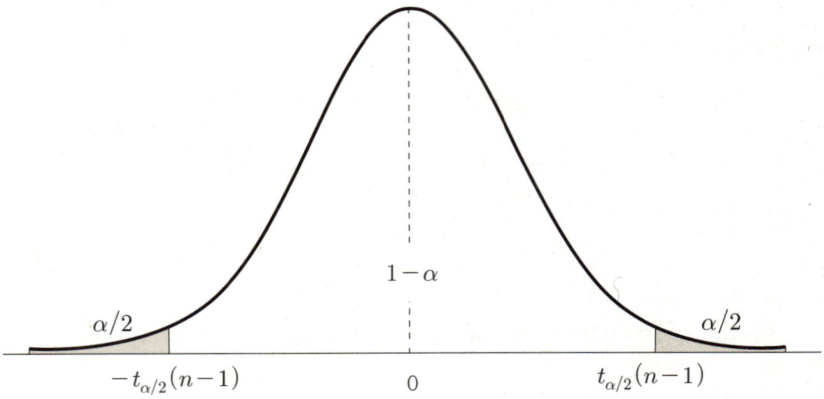

이제

$$\frac{\overline{X}-\mu}{S/\sqrt{n}}=\pm t_{\alpha/2}(n-1) \tag{7.13}$$

로부터 $[-t_{\alpha/2}(n-1),\ t_{\alpha/2}(n-1)]$에 대응하는 μ의 범위를 구하면 식 (7.13)을 모평균 μ에 대해 정리하여

$$\mu=\overline{X}\pm t_{\alpha/2}(n-1)\frac{S}{\sqrt{n}} \tag{7.14}$$

와 같다. 식 (7.14)로부터 얻어진 구간 (7.15)를 모평균 μ의 $100(1-\alpha)$% 신뢰구간이라고 부른다. 모표준편차 σ가 알려져 있는 경우와 마찬가지로 $S/\sqrt{n}$ 은 **표준오차**라 부르며 신뢰수준과 표준오차는 신뢰구간의 폭을 결정하는 요소가 된다.

$$\left[\overline{X}-t_{\alpha/2}(n-1)\frac{S}{\sqrt{n}},\ \overline{X}+t_{\alpha/2}\frac{S}{\sqrt{n}}\right] \tag{7.15}$$

예제 7-3

어느 공장에서 생산되는 베어링 15개를 무작위로 뽑아 내경을 측정한 결과 평균이 82.54mm, 표준편차가 0.32mm라고 한다. 베어링의 내경은 정규분포를 따른다고 할 때, 모평균(이 공장에서 생산되는 전체 베어링의 평균내경)의 95% 신뢰구간을 구하라.

| 풀이 |

부록의 t분포표로부터 $t_{0.025}(14)=2.145$ 이므로 식 (7.14)를 이용하여 모평균 μ의 95% 신뢰구간을 구하면 다음과 같다.

$$\mu=82.54\pm(2.145)\left(\frac{0.32}{\sqrt{15}}\right)=82.54\pm0.18,\ \text{즉}\ [82.36, 82.72]$$

| R에 의한 풀이 |

```
> xbar <- 82.54
> se <- 0.32/sqrt(15)
> CI <- c(xbar-qt(.975,14)*se,xbar+qt(.975,14)*se)
> CI
[1] 82.36279 82.71721
```

참고) R에서 $qt(p,\ n-1)$은 자유도 $n-1$인 t분포의 하위 백분위수를 계산해 주는 함수이므로 상위 $100p$ 백분위수를 계산하고자 할 경우에는 $qt(1-p, n-1)$ 또는 $qt(p, n-1, lower.tail=F)$로 해야 한다.

7.3.2 모분산의 신뢰구간

앞 절에서 평균 μ, 표준편차 σ인 정규모집단으로부터 표본 $X_1,\ X_2,\ \cdots,\ X_n$이 얻어졌을 경우 모평균의 신뢰구간을 구하는 방법에 대해 알아보았다. 그런데 표준편차 σ의 값을 모를 경우 이에 대한 추정을 하고자 할 경우도 있을 것이다. 모표준편차의 신뢰구간은 모분산의 신뢰구간으로부터 구할 수 있다. 먼저 모분산의 추정에 사용되는 표본분산과 관련하여 식 (7.16)의 카이제곱(χ^2)분포에 대해 알아야 신뢰구간을 구할 수 있다.

$$\chi^2=\frac{(n-1)S^2}{\sigma^2}\sim\chi^2(n-1) \tag{7.16}$$

χ^2분포는 0보다 큰 범위에서 분포하고 있으며 한쪽으로 치우친 모양을 하고 있다. 자유도 $n-1$인 χ^2분포의 상위 $100p$ 백분위수는 $\chi^2_p(n-1)$로 나타내며 그 값은 자유도

$n-1$과 p값이 주어지면 부록의 χ^2분포표 혹은 통계 소프트웨어를 사용하여 구할 수 있다. 예를 들어, 부록의 χ^2분포표로부터 $\chi^2_{0.05}(9)=16.919$, $\chi^2_{0.95}(9)=3.325$임을 확인할 수 있다. 다음으로 χ^2을 $100(1-\alpha)\%$ 포함하는 구간을 구하면 [그림 7-5]에서 보는 바와 같이 $\left[\chi^2_{1-\alpha/2}(n-1),\ \chi^2_{\alpha/2}(n-1)\right]$이 된다. 이 구간을 식 (7.16)에 적용하여 모분산 σ^2에 대해 정리하면 다음 구간을 얻게 된다.

$$\left[\frac{(n-1)S^2}{\chi^2_{\alpha/2}(n-1)},\ \frac{(n-1)S^2}{\chi^2_{1-\alpha/2}(n-1)}\right] \tag{7.17}$$

그림 7-5 | $\chi^2=\dfrac{(n-1)S^2}{\sigma^2}$의 $100(1-\alpha)\%$를 포함하는 범위

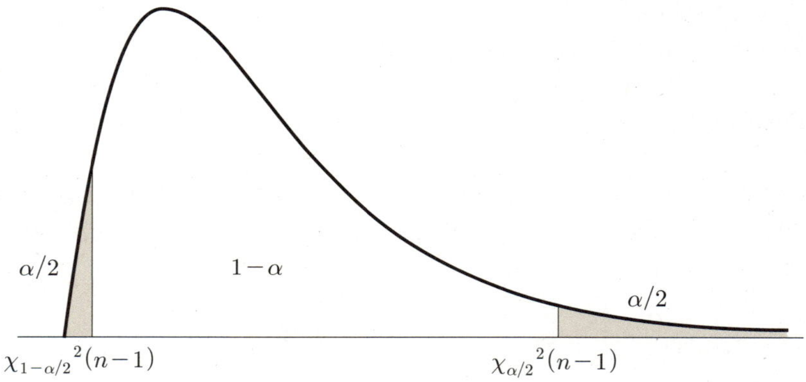

예제 7-4

제품의 중량을 측정하는 자동검사장비의 정밀도를 조사하고자 하나의 제품을 골라 10회 반복 측정한 결과 다음 데이터를 얻었다. 모분산 및 표준편차의 90% 신뢰구간을 구하라.

40.18, 40.61, 39.94, 40.21, 39.71, 40.18, 39.32, 40.44, 39.93, 40.02

| 풀이 |

주어진 자료로부터 표본분산을 계산하면 $s^2=0.1334$이므로 $(n-1)s^2=(9)(0.1334)=1.201$이다. 또 χ^2분포표로부터 $\chi^2_{0.05}(9)=16.919$, $\chi^2_{0.95}(9)=3.325$이므로 식 (7.17)을 이용하여 모분산 σ^2의 90% 신뢰구간을 구하면 다음과 같다.

$$\left[\frac{(n-1)S^2}{\chi^2_{\alpha/2}(n-1)},\ \frac{(n-1)S^2}{\chi^2_{1-\alpha/2}(n-1)}\right]=\left[\frac{1.201}{16.919},\ \frac{1.201}{3.325}\right]=[0.071,\ 0.361]$$

또 표준편차의 신뢰구간은 신뢰하한 및 신뢰상한값의 제곱근을 취하여 다음과 같이 얻어진다.

$$[\sqrt{0.071},\ \sqrt{0.361}] = [0.266,\ 0.601]$$

| R에 의한 풀이 |

```
> x <- c(40.18,40.61,39.94,40.21,39.71,40.18,39.32,40.44,39.93,40.02)
> n <- length(x)
> s2 <- var(x)
> CI <- c((n-1)*s2/qchisq(.95,n-1),(n-1)*s2/qchisq(.05,n-1))
> CI
[1] 0.07097592 0.36114263
```

참고) R에서 $qchisq(p, n-1)$은 자유도 $n-1$인 χ^2분포의 하위 백분위수를 계산해 주는 함수이므로 상위 $100p$ 백분위수를 계산하고자 할 경우에는 $qchisq(1-p, n-1)$ 또는 $qchisq(p, n-1,\ lower.tail=F)$로 해야 한다. 즉, $\chi^2_{0.05}(9) = qchisq(0.95, 9)$, $\chi^2_{0.95}(9) = qchisq(0.05, 9)$이다.

7.4 근사 신뢰구간

7.4.1 중심극한정리

앞 절에서는 정규모집단으로부터 얻어진 표본을 사용하여 모평균의 신뢰구간을 구하는 방법에 대해 설명하였다. 만약 모집단의 분포가 정규분포를 따르지 않을 경우에는 모평균의 신뢰구간을 어떻게 구하는 것이 좋을까? 평균 μ, 분산 σ^2인 모집단에서 무작위 추출하여 얻어진 표본의 평균 $\overline{X}$는 모집단의 분포가 정규분포가 아니라고 하더라도 표본크기 n이 커짐에 따라 평균 μ, 분산 σ^2/n인 정규분포로 접근한다는 사실이 밝혀져 있다. 이것을 중심극한정리(central limit theorem)라고 하는데 이 정리에 의하여 원 모집단의 분포를 모르는 경우라 하더라도 평균에 대한 신뢰구간은 정규분포를 토대로 근사적으로 구할 수 있다.

중심극한정리(central limit theorem)

평균 μ, 분산 σ^2인 모집단에서 무작위 추출하여 얻어진 표본의 평균 $\overline{X}$는 표본크기 n이 커짐에 따라 평균 μ, 분산 σ^2/n인 정규분포로 접근한다.

따라서 설사 모집단의 분포가 정규분포이든 그렇지 않든 모평균에 대한 추정을 위해서 모분산의 값을 알고 있는지의 여부에 따라 식 (7.11) 혹은 식 (7.15)를 사용할 수 있다.

예제 7-5

새로 개발된 신소재의 파열강도의 평균을 추정하고자 16개 표본을 취하였다. 표본평균을 계산한 결과 103이었다면 이 신소재 파열강도의 95% 신뢰구간을 구하라. 단, 파열강도의 분포는 모르고 표준편차는 기존 소재와 똑같이 8이라고 한다.

| 풀이 |

표준편차를 알고 있는 경우이므로 식 (7.11)에 의거하여 신뢰구간을 구한다. 부록의 표준정규분포표로부터 $z_{0.025} = 1.96$이므로 파열강도의 95% 신뢰구간은 다음과 같다.

$$\mu = 103 \pm (1.96)\left(\frac{8}{\sqrt{16}}\right) = 103 \pm 3.92,\ 즉\ [99.08, 106.92]$$

| R에 의한 풀이 |

```
> xbar <- 103
> sd <- 8
> se <- sd/sqrt(16)
> CI <- c(xbar-qnorm(.975)*se, xbar+qnorm(.975)*se)
> CI
[1]  99.08007 106.91993
```

예제 7-6

앞의 [예제 7-5]에서 표준편차를 모르고 있고 표본표준편차를 계산한 결과 8이라고 하고 신뢰구간을 구하라.

| 풀이 |

표준편차를 모르고 있는 경우이므로 식 (7.15)에 의거하여 신뢰구간을 구한다. 부록의 t분포표로부터 $t_{0.025}(15) = 2.131$이므로 파열강도의 95% 신뢰구간은 다음과 같다.

$$\mu = 103 \pm (2.131)\left(\frac{8}{\sqrt{16}}\right) = 103 \pm 4.26,\ \text{즉}\ [98.74,\ 107.26]$$

| R에 의한 풀이 |

```
> xbar <- 103
> sd <- 8
> se <- sd/sqrt(16)
> CI <- c(xbar-qt(.975,15)*se, xbar+qt(.975,15)*se)
> CI
[1]  98.7371 107.2629
```

7.4.2 모비율의 신뢰구간

일상생활에서 성공확률, 부적합품률, 합격확률, 지지율 등에 대해 알고자 할 때가 많이 있다. 이와 같은 비율에 관련된 데이터는 10회 시행 중 성공횟수, 100개 제품 중 부적합품 수, 수험생 500명 중 합격자 수, 유권자 1,000명 중 지지자 수 등과 같이 이산형으로 주어진다. 앞 절에서 설명한 중심극한정리는 연속형 확률변수뿐만 아니라 이산형 확률변수에도 적용이 된다. 예를 들어, 100개 제품을 검사할 때 각 제품에 대해 적합품이면 0, 부적합품이면 1로 기록하여 데이터를 수집한다고 하자. 이렇게 수집된 100개 데이터를 다 더하면 부적합품 수가 되고 100으로 나누면 표본 부적합품률이 되는데 사실 이것은 0과 1로 주어진 총 100개 데이터의 평균, 즉 표본평균이 된다. 그런데 표본평균은 중심극한정리에 의해서 표본크기가 커짐에 따라 근사적으로 정규분포를 따르게 된다.

이제 일반적인 식을 유도하기 위해 모집단의 부적합품률을 p, 표본크기를 n, 부적합품 수를 X라 하자. 그러면 X는 이항분포를 따르게 되고 그 평균과 분산은 각각 np, $np(1-p)$가 된다. 따라서 표본 부적합품률 $\hat{p}$의 평균과 분산은

$$E(\hat{p}) = E\left(\frac{X}{n}\right) = \frac{1}{n}E(X) = \frac{1}{n}np = p \tag{7.18}$$

$$V(\hat{p}) = V\left(\frac{X}{n}\right) = \frac{1}{n^2}V(X) = \frac{1}{n^2}np(1-p) = \frac{p(1-p)}{n} \tag{7.19}$$

이 된다. 따라서 $\hat{p}$에 중심극한정리를 적용하면

$$Z = \frac{\hat{p} - p}{\sqrt{\frac{p(1-p)}{n}}} \sim N(0,\ 1) \tag{7.20}$$

이 얻어진다. 이제

$$\frac{\hat{p} - p}{\sqrt{\frac{p(1-p)}{n}}} = \pm z_{\alpha/2} \tag{7.21}$$

로부터 $[-z_{\alpha/2},\ z_{\alpha/2}]$에 대응하는 p의 범위를 구하기 위해 식 (7.21)을 모부적합품률 p에 대해 정리하여

$$p = \hat{p} \pm z_{\alpha/2}\sqrt{\frac{\hat{p}(1-\hat{p})}{n}} \tag{7.22}$$

를 얻는다. 식 (7.22)에서 우변에 나타나는 p는 그에 대한 추정치 $\hat{p}$로 대신 사용하였다. 따라서 모비율 p에 대한 근사적인 $100(1-\alpha)\%$ 신뢰구간은 식 (7.22)를 토대로 다음과 같이 구한다.

$$\left[\hat{p} - z_{\alpha/2}\sqrt{\frac{\hat{p}(1-\hat{p})}{n}},\ \hat{p} + z_{\alpha/2}\sqrt{\frac{\hat{p}(1-\hat{p})}{n}}\right] \tag{7.23}$$

예제 7-7

대선 후보로 출마한 모 후보의 지지율을 파악하기 위하여 10,000명의 유권자를 무작위 추출하여 조사한 결과 3,000명이 지지의사를 밝혔다. 이 후보에 대한 지지율의 95% 신뢰구간을 구하라. 단, 지지 여부에 대한 조사결과는 정확하다고 한다.

| 풀이 |

표본비율 $\hat{p} = 0.3$이고 $z_{0.025} = 1.96$이므로 식 (7.22)에 의하여

$$0.3 \pm 1.96\sqrt{\frac{(0.3)(0.7)}{10000}} = 0.3 \pm 0.009$$

이다. 따라서 지지율의 95% 신뢰구간은 다음과 같다.

$[29.1\%,\ 30.9\%]$

| R에 의한 풀이 |
```
> phat <- 3000/10000
> se <- sqrt(.3*.7/10000)
> CI <- c(phat-qnorm(.975)*se,phat+qnorm(.975)*se)
> CI
[1] 0.2910183 0.3089817
```

7.5 모평균 차에 대한 구간추정

7.5.1 독립표본

한국인과 일본인의 평균키를 비교하거나 두 회사 철강제품의 강도를 비교하는 경우와 같이 두 개의 독립된 모집단이 있을 때 그 평균을 비교하고자 할 때가 있다. 평균 μ_X, 분산 σ_X^2인 하나의 정규모집단에서 얻어진 표본을 $X_1, X_2, \cdots, X_n$이라 하고 평균 μ_Y, 분산 σ_Y^2인 나머지 하나의 정규모집단에서 얻어진 표본을 $Y_1, Y_2, \cdots, Y_m$이라고 하자. 그러면 $\overline{X}$의 평균과 분산은 각각 μ_X, σ_X^2/n이고 $\overline{Y}$의 평균과 분산은 각각 μ_Y, σ_Y^2/m이므로

$$E(\overline{X}-\overline{Y})=E(\overline{X})-E(\overline{Y})=\mu_X-\mu_Y \tag{7.24}$$

$$V(\overline{X}-\overline{Y})=V(\overline{X})+V(\overline{Y})=\frac{\sigma_X^2}{n}+\frac{\sigma_Y^2}{m} \tag{7.25}$$

이 된다. 따라서 $\overline{X}-\overline{Y}$를 표준화하면 표준정규분포를 따르게 될 것이다. 즉,

$$Z=\frac{(\overline{X}-\overline{Y})-(\mu_X-\mu_Y)}{\sqrt{\dfrac{\sigma_X^2}{n}+\dfrac{\sigma_Y^2}{m}}}\sim N(0,1) \tag{7.26}$$

이 된다. 이제

$$\frac{(\overline{X}-\overline{Y})-(\mu_X-\mu_Y)}{\sqrt{\frac{\sigma_X^2}{n}+\frac{\sigma_Y^2}{m}}}=\pm z_{\alpha/2} \tag{7.27}$$

를 $(\mu_X-\mu_Y)$에 대해서 정리하여

$$(\mu_X-\mu_Y)=(\overline{X}-\overline{Y})\pm z_{\alpha/2}\sqrt{\frac{\sigma_X^2}{n}+\frac{\sigma_Y^2}{m}} \tag{7.28}$$

를 얻는다. 따라서 만약 두 모집단의 표준편차를 알고 있다고 한다면 식 (7.28)을 토대로 $(\mu_X-\mu_Y)$의 $100(1-\alpha)\%$ 신뢰구간은 다음과 같이 구할 수 있다.

$$\left[(\overline{X}-\overline{Y})-z_{\alpha/2}\sqrt{\frac{\sigma_X^2}{n}+\frac{\sigma_Y^2}{m}},\ (\overline{X}-\overline{Y})+z_{\alpha/2}\sqrt{\frac{\sigma_X^2}{n}+\frac{\sigma_Y^2}{m}}\right] \tag{7.29}$$

예제 7-8

기존 장비로 만든 전구의 수명(X)과 새로 도입한 장비로 만든 전구의 수명(Y)을 비교하고자 한다. 기존 장비로부터 생산된 전구를 15개, 새로운 장비로 생산된 전구를 10개씩 무작위 추출하여 수명 데이터의 평균을 계산한 결과 각각 3,015시간 및 3,527시간이었다. 기존 장비로 만든 전구수명의 분산은 250, 새로운 장비로 만든 전구수명의 분산은 300이라 할 때 $\mu_X-\mu_Y$의 99% 신뢰구간을 구하라.

| 풀이 |

$z_{0.005}=2.576$이므로 $\mu_X-\mu_Y$의 99% 신뢰구간은

$$(\mu_X-\mu_Y)=(3015-3527)\pm 2.576\sqrt{\frac{250}{15}+\frac{300}{10}}=-512\pm 17.6$$

즉, $[-529.6, -494.4]$이다.

| R에 의한 풀이 |

```
> mdif <- (3015-3527)
> se <- sqrt(250/15 + 300/10)
> CI <- c(mdif-qnorm(.995)*se, mdif+qnorm(.995)*se)
> CI
[1] -529.5963 -494.4037
```

앞에서 모분산 혹은 모표준편차가 알려져 있다는 가정하에 모평균 차의 신뢰구간을 구

하는 방법을 알아보았는데 현실적으로는 모분산을 모를 경우가 많다. 모집단의 표준편차를 모른다고 하더라도 표본크기가 30 이상으로 충분히 크다면 모표준편차 대신 표본표준편차를 사용하여 식 (7.29)를 토대로 근사 신뢰구간을 구할 수 있다.

예제 7-9

다음은 남자 50명과 여자 40명이 어떤 다이어트 프로그램을 끝낸 후 체중 감소량을 측정한 결과(단위 : kg)이다. 이 다이어트 프로그램의 남녀 평균 체중 감소량 차의 95% 신뢰구간을 구하라.

체중 감소량	남	여
평균	6.5	5.2
분산	4.3	3.9

| 풀이 |

$z_{0.025} = 1.96$이므로 $\mu_X - \mu_Y$의 95% 신뢰구간은

$$(\mu_X - \mu_Y) = (6.5 - 5.2) \pm 1.96\sqrt{\frac{4.3}{50} + \frac{3.9}{40}} = 1.3 \pm 0.84$$

즉, $[0.46,\ 2.14]$이다.

| R에 의한 풀이 |

```
> mdif <- (6.5-5.2)
> se <- sqrt(4.3/50 + 3.9/40)
> CI <- c(mdif-qnorm(.975)*se, mdif+qnorm(.975)*se)
> CI
[1] 0.4604122 2.1395878
```

다음으로 모분산 혹은 모표준편차를 모르고 있고 표본크기가 작을 경우에는 모평균 차의 신뢰구간을 어떻게 구할까? 모분산을 모른다고 할 때 두 모집단의 분산이 같을 경우와 다를 경우로 나누어 생각할 수 있는데 여기서는 전자에 대해서만 설명하고 후자는 본 책의 수준을 벗어나므로 설명을 생략하기로 한다. 두 모집단의 모분산이 같고 구체적인 값은 모른다고 할 경우 먼저 공통의 모분산을 추정해야 한다. 모분산의 추정량 S_p^2은 두 표본분산 S_X^2과 S_Y^2를 자유도에 비례하도록 가중평균하여 다음 식으로 구한다.

$$S_p^2 = \frac{(n-1)S_X^2 + (m-1)S_Y^2}{n+m-2} \tag{7.30}$$

이제 S_p^2을 식 (7.26)의 $\sigma_X^2 = \sigma_Y^2 = \sigma^2$ 대신 사용하면 표준정규분포는 다음과 같이 t분포로 바뀌게 된다.

$$T = \frac{(\overline{X} - \overline{Y}) - (\mu_X - \mu_Y)}{S_p\sqrt{\frac{1}{n} + \frac{1}{m}}} \sim t(n+m-2) \tag{7.31}$$

따라서

$$\frac{(\overline{X} - \overline{Y}) - (\mu_X - \mu_Y)}{S_p\sqrt{\frac{1}{n} + \frac{1}{m}}} = \pm t_{\alpha/2}(n+m-2)$$

을 $(\mu_X - \mu_Y)$에 대해서 정리하여

$$(\mu_X - \mu_Y) = (\overline{X} - \overline{Y}) \pm t_{\alpha/2}(n+m-2)S_p\sqrt{\frac{1}{n} + \frac{1}{m}} \tag{7.32}$$

를 얻는다. 따라서 $(\mu_X - \mu_Y)$의 $100(1-\alpha)\%$ 신뢰구간은 다음과 같이 얻어진다.

$$\left[(\overline{X} - \overline{Y}) - t_{\alpha/2}(n+m-2)S_p\sqrt{\frac{1}{n} + \frac{1}{m}},\right.$$
$$\left.(\overline{X} - \overline{Y}) + t_{\alpha/2}(n+m-2)S_p\sqrt{\frac{1}{n} + \frac{1}{m}}\right] \tag{7.33}$$

예제 7-10

기존 장비로 만든 전구의 수명(X)과 새로 도입한 장비로 만든 전구의 수명(Y)을 비교하고자 한다. 그런데 기존 장비로 만든 전구수명의 분산과 새로운 장비로 만든 전구수명의 분산은 서로 같다는 사실만 알고 구체적인 값은 모른다. 기존 장비로부터 생산된 전구를 15개, 새로운 장비로 생산된 전구를 10개씩 무작위 추출하여 수명 데이터의 평균과 분산을 계산한 결과 표본평균이 각각 3,015시간 및 3,527시간, 표본분산이 각각 250, 300이었다. $\mu_X - \mu_Y$의 99% 신뢰구간을 구하라.

| 풀이 |

먼저 s_p^2을 계산하면

$$s_p^2 = \frac{(15-1)(250)+(10-1)(300)}{15+10-2} = 269.565, \text{ 즉 } s_p = 16.42$$

이다. 또한 $t_{0.005}(23) = 2.807$이므로 $\mu_X - \mu_Y$의 99% 신뢰구간은

$$(\mu_X - \mu_Y) = (3015-3527) \pm (2.807)(16.42)\sqrt{\frac{1}{15}+\frac{1}{10}} = -512 \pm 18.8$$

즉, $[-530.8, -493.2]$이다.

| R에 의한 풀이 |

```
> mdif <- 3015-3527
> sp <- sqrt(((15-1)*250 +(10-1)*300)/(15+10-2))
> se <- sp*sqrt(1/15+1/10)
> CI <- c(mdif-qt(.995,15+10-2)*se, mdif+qt(.995,15+10-2)*se)
> CI
[1] -530.817 -493.183
```

7.5.2 대응표본

앞 절에서 독립된 두 모집단의 평균을 비교하는 방법에 대해 알아보았다. 그런데 혈압 강하제의 효과를 알아보기 위해 복용 전후의 혈압을 비교한다든가 왼손과 오른손의 악력을 비교한다든가 하는 경우에는 동일인에 대한 데이터를 비교해야만 의미가 있다. 이와 같은 경우에는 모든 데이터가 쌍으로 얻어지며 같은 쌍의 데이터끼리 비교해야 올바른 결론을 도출할 수 있게 된다. 이와 같이 얻어진 데이터를 **대응표본(paired sample)**이라 하는데 $(X_1, Y_1), (X_2, Y_2), \cdots, (X_n, Y_n)$으로 나타내기로 하자. 정규모집단에서 얻어진 대응표본에서 $D_i = X_i - Y_i,\ i = 1, 2, \cdots, n$이라 할 때 $\overline{D} = \frac{1}{n}\sum_{i=1}^{n} D_i$의 분포는 평균 $\mu_D = \mu_X - \mu_Y$, 분산 σ_D^2인 정규분포를 따르게 된다. 따라서 σ_D^2 대신 표본분산 S_D^2를 사용하여 $\overline{D}$를 표준화하면 자유도 $(n-1)$인 t분포를 따르게 된다. 즉,

$$\frac{\overline{D} - \mu_D}{S_D / \sqrt{n}} \sim t(n-1) \tag{7.34}$$

이 된다. 따라서 식 (7.34)를 토대로

$$\frac{\overline{D}-\mu_D}{S_D/\sqrt{n}}=\pm t_{\alpha/2}(n-1) \tag{7.35}$$

을 $\mu_D=\mu_X-\mu_Y$에 대해 정리하면

$$\mu_D=\mu_X-\mu_Y=\overline{D}\pm t_{\alpha/2}(n-1)\frac{S_D}{\sqrt{n}} \tag{7.36}$$

을 얻게 되고 $\mu_D=\mu_X-\mu_Y$의 $100(1-\alpha)\%$ 신뢰구간을 다음과 같이 구할 수 있다.

$$\left[\overline{D}-t_{\alpha/2}(n-1)\frac{S_D}{\sqrt{n}},\ \overline{D}+t_{\alpha/2}\frac{S_D}{\sqrt{n}}\right] \tag{7.37}$$

예제 7-11

식약처에서 새로 개발한 살균법의 효과를 알아보기 위해 12종의 음식물에 대해 시험해 본 결과 박테리아 서식률이 다음과 같이 나타났다. 살균처리 후 박테리아 서식률이 어느 정도 감소하는지 95% 신뢰구간을 구하여 알아보라.

식품	1	2	3	4	5	6	7	8	9	10	11	12
살균처리 전	6.98	7.08	8.34	5.30	6.26	6.77	7.03	5.56	5.97	6.64	7.03	7.69
살균처리 후	6.95	6.94	7.17	5.15	6.28	6.81	6.59	5.34	5.98	6.51	6.84	6.99

| 풀이 |

먼저 $\overline{d}$와 s_D를 계산하면 각각 $\overline{d}=0.258$, $s_D=0.357$이고 $t_{0.025}(11)=2.201$이므로 박테리아 서식률 감소량 $\mu_D=\mu_X-\mu_Y$의 95% 신뢰구간은

$$\mu_D=\mu_X-\mu_Y=0.258\pm(2.201)\frac{0.357}{\sqrt{12}}=0.258\pm 0.227$$

즉, $[0.031, 0.485]$이다.

| R에 의한 풀이 |

```
> x <- c(6.98,7.08,8.34,5.30,6.26,6.77,7.03,5.56,5.97,6.64,7.03,7.69)
> y <- c(6.95,6.94,7.17,5.15,6.28,6.81,6.59,5.34,5.98,6.51,6.84,6.99)
> d <- x-y
> se <- sd(d)/sqrt(12)
> dbar <- mean(d)
> CI <- c(dbar-qt(.975,11)*se, dbar+qt(.975,11)*se)
```

```
> CI
[1] 0.03181173 0.48485493
```

7.5.3 모비율 차

두 이항모집단의 모비율 차 p_1-p_2에 대한 신뢰구간도 표본크기가 충분히 크면 중심극한정리를 사용하여 모평균 차의 신뢰구간과 비슷한 방법으로 구할 수 있다. 성공확률이 p_1, p_2인 베르누이실험을 각각 n, m회 시행할 때 성공횟수 X와 Y는 서로 독립이고 각각 이항분포를 따르게 된다. 따라서 표본비율 $\widehat{p_1}=X/n$와 $\widehat{p_2}=Y/m$의 기댓값은 각각 p_1, p_2이고 분산은 각각 $p_1(1-p_1)/n$, $p_2(1-p_2)/m$이 됨을 쉽게 보일 수 있다. 따라서 $\widehat{p_1}-\widehat{p_2}$의 기댓값은 p_1-p_2, 분산은 $p_1(1-p_1)/n+p_2(1-p_2)/m$이 될 것이므로 이를 표준화하면 근사적으로 표준정규분포를 따르게 된다. 즉,

$$\frac{(\widehat{p_1}-\widehat{p_2})-(p_1-p_2)}{\sqrt{\dfrac{p_1(1-p_1)}{n}+\dfrac{p_2(1-p_2)}{m}}}\sim N(0,\ 1) \qquad (7.38)$$

이다. 따라서

$$\frac{(\widehat{p_1}-\widehat{p_2})-(p_1-p_2)}{\sqrt{\dfrac{p_1(1-p_1)}{n}+\dfrac{p_2(1-p_2)}{m}}}=\pm z_{\alpha/2} \qquad (7.39)$$

를 p_1-p_2에 대해 정리하면 $100(1-\alpha)\%$ 신뢰구간을 구할 수 있다. 다만, $\widehat{p_1}-\widehat{p_2}$의 표준편차에 포함된 p_1, p_2는 각각의 추정값인 $\widehat{p_1}=X/n$와 $\widehat{p_2}=Y/m$를 대신 사용한다. 즉,

$$(p_1-p_2)=(\widehat{p_1}-\widehat{p_2})\pm z_{\alpha/2}\sqrt{\frac{\widehat{p_1}(1-\widehat{p_1})}{n}+\frac{\widehat{p_2}(1-\widehat{p_2})}{m}} \qquad (7.40)$$

과 같이 계산할 수 있고 이를 구간형식으로 나타내면 다음과 같다.

$$\left[(\hat{p_1} - \hat{p_2}) - z_{\alpha/2} \sqrt{\frac{\hat{p_1}(1-\hat{p_1})}{n} + \frac{\hat{p_2}(1-\hat{p_2})}{m}}, \right.$$

$$\left. (\hat{p_1} - \hat{p_2}) + z_{\alpha/2} \sqrt{\frac{\hat{p_1}(1-\hat{p_1})}{n} + \frac{\hat{p_2}(1-\hat{p_2})}{m}} \right] \quad (7.41)$$

예제 7-12

어느 대학에서 교수 150명 중 48명이 담배를 피우고, 학생 300명 중 114명이 담배를 피우는 것으로 조사되었다. p_1을 학생의 흡연율이라 하고, p_2를 교수의 흡연율이라 할 때 흡연율의 차 $p_1 - p_2$에 대한 95% 양측 신뢰구간을 구하라.

| 풀이 |

$\hat{p_1} = 114/300 = 0.38$, $\hat{p_2} = 48/150 = 0.32$이고 $\alpha = 0.05$이므로 $z_{\alpha/2} = z_{0.025} = 1.96$이다. 따라서 식 (7.40)을 이용하여 $p_1 - p_2$의 95% 양측 신뢰구간을 구하면

$$p_1 - p_2 = (0.38 - 0.32) \pm 1.96 \sqrt{\frac{0.38 \times 0.62}{300} + \frac{0.32 \times 0.68}{150}} = 0.060 \pm 0.093$$

즉, $[-0.033, 0.153]$이 된다.

| R에 의한 풀이 |

```
> p1 <- 114/300
> p2 <- 48/150
> pd <- p1-p2
> se <- sqrt(p1*(1-p1)/300 + p2*(1-p2)/150)
> CI <- c(pd-qnorm(0.975)*se, pd+qnorm(0.975)*se)
> CI
[1] -0.03267957  0.15267957
```

7.6 표본크기의 결정

모수값을 추정하기 위해 신뢰구간을 구할 경우 구간의 폭이 지나치게 크면 정보로서의 가치가 없게 되거나 현저하게 떨어지게 된다. 예를 들어, 어느 대학교에 책상을 납품하는 사업자가 책상 높이를 정하기 위해 그 대학교 재학생의 평균키를 조사한다고 하자. 만약 평균키의 신뢰구간이 [100cm, 200cm]로 얻어졌다면 이것은 책상 설계에 전혀 도움이 되지 않는 정보이다. 그러나 만약 신뢰구간이 [170cm, 180cm]로 얻어졌다면 대체로 키 175cm인 학생을 기준으로 책상을 설계하여 제작하면 무난할 것이라는 판단을 할 수 있게 된다. 이와 같이 구간추정을 할 경우에는 신뢰구간의 폭이 모수의 추정 목적을 달성할 수 있을 정도로 충분히 좁게 나와야 한다. 그런데 지금까지의 학습내용으로부터 알 수 있듯이 신뢰구간의 폭은 표본크기가 커지면 좁아지게 된다. 따라서 본 절에서는 원하는 신뢰구간의 폭을 얻기 위해서는 어느 정도의 데이터를 확보해야 하는가에 대한 문제, 즉 표본크기 결정 문제를 살펴보기로 한다.

7.6.1 모평균추정의 표본크기

모평균의 신뢰구간은 식 (7.10)으로 구하는데 여기서 신뢰구간의 폭은 $z_{\alpha/2}\dfrac{\sigma}{\sqrt{n}}$에 의해 결정됨을 알 수 있다. 따라서 신뢰구간의 폭을 원하는 크기 이내로 한다는 것은 $z_{\alpha/2}\dfrac{\sigma}{\sqrt{n}}$의 값이 원하는 어떤 값 d 이하가 되도록 한다는 것과 동일하다. 여기서 α는 신뢰수준을 어느 정도로 할 것인가에 따라 사용 목적에 비추어 주관적으로 정하는 값이다. 그러므로 여기서는 α는 주어져 있다는 전제하에 $z_{\alpha/2}\dfrac{\sigma}{\sqrt{n}} \le d$를 만족하는 표본크기 n을 구하면 다음과 같다.

$$n \ge \left(\frac{z_{\alpha/2}\sigma}{d}\right)^2 \tag{7.42}$$

예제 7-13

어떤 조립작업에 걸리는 평균시간을 알아보기 위해 작업자를 무작위로 뽑아 라인에 배치하여 조립시간을 기록하기로 하였다. 조립시간의 표준편차는 3분으로 알려져 있다고 한다. 표본평균으로 모평균(평균조립시간)을 추정하려고 하는데 추정오차가 2분 이내일 확률을 0.99로 하고자 한다면 몇 명의 작업자를 선정해야 하는가?

| 풀이 |

신뢰수준 99%로 $\alpha = 0.01$ 이므로 $z_{\alpha/2} = z_{0.005} = 2.576$ 이다. 따라서 식 (7.42)에 의하여

$$n \geq \left(\frac{z_{\alpha/2}\sigma}{d}\right)^2 = \left(\frac{2.576 \times 3}{2}\right)^2 = 14.9$$

이므로 작업자를 15명 선정해야 한다.

| R에 의한 풀이 |

```
> s <- 3
> d <- 2
> n <- (qnorm(.995)*s/d)^2
> n
[1] 14.92852
```

표준편차를 모르는 경우에는 적절한 표본크기가 어느 정도인지 구할 수가 없다. 그러나 표준편차가 취할 수 있는 값의 예상범위를 추측할 수 있다면 보수적인 입장에서 표본크기를 정해 줄 수는 있다. 즉, 예상되는 표준편차의 가장 큰 값을 적용하여 식 (7.42)를 풀면 된다.

7.6.2 모비율추정의 표본크기

모비율의 신뢰구간은 식 (7.22)로부터 얻어지므로 신뢰구간의 폭은 $z_{\alpha/2}\frac{\sqrt{\hat{p}(1-\hat{p})}}{\sqrt{n}}$ 에 의해 결정된다. 따라서 신뢰구간의 폭을 원하는 크기 이내로 한다는 것은 $z_{\alpha/2}\frac{\sqrt{\hat{p}(1-\hat{p})}}{\sqrt{n}}$ 의 값이 원하는 어떤 값 d 이하가 되도록 한다는 것과 동일하다. 그런데 $\hat{p}(1-\hat{p}) \leq 1/4$ 이므로 표본크기를 보수적으로 구한다면 다음과 같다.

$$n \geq \frac{1}{4}\left(\frac{z_{\alpha/2}}{d}\right)^2 \tag{7.43}$$

예제 7-14

어떤 주제에 대한 전국적인 여론조사에서 찬성비율을 추정하고자 한다. 추정오차가 3% 이내일 확률이 0.95가 되도록 하려면 표본으로 몇 명을 뽑아야 하는가?

| 풀이 |

신뢰수준 95%로 $\alpha = 0.05$이므로 $z_{\alpha/2} = z_{0.025} = 1.96$이다. 따라서 식 (7.43)에 의하여

$$n \geq \frac{1}{4}\left(\frac{z_{\alpha/2}}{d}\right)^2 = \frac{1}{4}\left(\frac{1.96}{0.03}\right)^2 = 1067.1$$

로서 1,068명을 뽑아야 한다.

| R에 의한 풀이 |

```
> d <- 0.03
> n <- (qnorm(0.975)/0.03)^2/4
> n
[1] 1067.072
```

통계이야기 ㅇ---- 여론조사와 통계학

요즘 우리는 바야흐로 각종 여론조사의 홍수 속에 살고 있다. 대부분의 사람들은 전화조사에 응답한 경험이 한 번쯤 있을 것이다. 사회의 민주화, 국민의 알 권리에 대한 충족, 반복되는 선거 경험을 통해 이제는 "최근 조사에 따르면"이라는 문구에 익숙한 분위기다.

하지만 여론조사가 민심을 제대로 반영하고 있는가? 선거철에 언론매체를 통해 보도되는 수많은 여론조사들을 보면 여론조사기관에 따라 지지율이 널뛰기 하는 현상을 쉽게 목격할 수 있다. 이에 따라 여론조사결과의 신뢰도에 대한 우려가 주변에서 많이 나오고 있다.

통계학적 관점에서 후보에 대한 민심이 모집단이라면 여론조사는 표본조사를 통해 민심이라는 모집단을 간접적으로 파악하고자 하는 시도이다. 여론조사는 표본조사로 행해지므로 불가피하게 통계적인 표본오차(sampling error)가 발생한다. 여론조사결과를 읽을 때 특히 유의해야 할 항목인 오차범위(혹은 표본오차)는 모집단을 전수조사하는 대신 표본을 조사함에 따라 발생하는 불가피한 통계적 오차이다.

여론조사에서 특정 후보에 대해 어떤 시점에서 실제 지지율을 추정해 발표할 때 보통 "95% 신뢰수준에서 오차범위는 몇 %이고, 표본의 크기는 얼마이다"라고 발표하는 것을 볼 수 있다. 여기서 오차범위를 표본오차 혹은 오차한계라고도 부른다. 예를 들어, 한 후보의 "지지율 추정치는 30.5%이고, 95% 신뢰수준에서 표본오차는 3.1%"라 하자. 이 의미는 여론조사가 행해진 시점에서 이 특정 후보의 실제 지지율은 구간 (30.5±3.1%), 즉 (27.4~33.6%) 안에 있고 실제 지지율이 이 신뢰구간에 포함되어 있을 확률이 95%라는 것이다.

두 후보 간의 지지율 신뢰구간이 서로 겹치면 "통계적으로 유의한 차이가 없다" 혹은 "오차범위 안에 있다"라고 흔히 말한다. 따라서 표본의 크기가 1,000명인 경우에는 두 후보 간에 6.2% 이상 지지율 차이가 나면 신뢰구간이 서로 겹치지 않으며 이 경우에는 "통계적으로 유의한 차이가 있다" 혹은 "오차범위 밖에 있다"라고 말한다. 여기서 3.1%라는 표본오차의 크기는 표본크기의 제곱근에 역비례하므로 표본의 크기를 크게 할수록 오차범위는 줄어들 것이다.

그렇다면 왜 여론조사기관에 따라 지지율에 큰 차이가 발생하는 것일까? 이는 통계적인 표본오차 외에도 여론조사를 기획하거나 실시하는 과정에서 발생하는 비표본오차(non-sampling)가 발생해 여론조사의 신뢰성을 떨어뜨리기 때문이다. 비표본오차들의 대표적인 유형으로는 다음과 같은 것들이 있다.

① 표본 추출방식이나 조사방식에서 오는 차이 : 조사방식(사람을 통한 면접, 자동응답), 조사매체(무선전화, 유선전화) 등의 선택에 따라 이에 호응하는 표본집단의 차이가 발생하며, 이는 편향된 여론조사결과를 초래할 수 있다.

② 질문지 작성의 편향성 : 질문지는 객관적으로 작성되어야 한다. 특정 집단에 유리한 주관적 표현을 질문지에 넣음으로써 답변을 유도하는 경우 편향된 조사결과를 초래한다.

③ 표본의 대표성 미흡, 혹은 무응답 무시에서 오는 차이 : 여론조사에서 응답자 분포가 모집단과 차이가 많이 나면 표본의 대표성이 미흡하다고 본다. 보통 여론조사 응답비율이 10% 정도이므로 응답자 1,000명을 얻기 위해서는 초기 표본을 1만 명 이상 구해야 하는

데, 응답자 분포가 당초의 표본설계와 맞지 않다면 가중치를 사용하여 보정하거나, 무응답자에 대한 성향을 별도로 조사하여 반영해야 한다.

④ 조사단위의 누락이나 조사원의 부족한 자질과 정치적 편향성 : 여론조사기관이 시간에 쫓기다 보니 늘 대답을 잘 해주는 '일부 응답자'들에게만 질문하는 경우이다. 이런 경우는 일부 응답자가 편향되어 있다면 당연히 결과도 잘못된다.

여론조사는 국민의 여론을 읽는 중요한 방법이므로 여론조사의 신뢰성과 공정성을 제고할 수 있도록 국민이 깊은 관심을 가지고 들여다봐야 할 것이다.

출처: 박성현(서울대학교 통계학과 명예교수), "[데이터로 보는 세상] 여론조사, 왜 기관마다 다른가," 미래한국 weekly, 2021.04.20.

연 | 습 | 문 | 제

1. 어느 대학의 남학생들의 키는 평균이 μ이고 표준편차가 5인 정규분포를 따른다고 한다. 이 대학의 남학생 중 무작위로 10명을 뽑아 키를 측정한 결과가 다음과 같다.

172.3, 169.8, 176.4, 170.5, 174.0, 173.6, 168.7, 172.2, 173.5, 170.0

(1) μ에 대한 95% 신뢰구간을 구하라.

(2) 만약 표준편차를 모른다고 하면 μ에 대한 95% 신뢰구간은 어떻게 되는가?

2. 고속도로의 보수공사에 쓰이는 시멘트 혼합물이 굳을 때까지의 평균시간을 추정하고자 한다. 100군데의 보수공사의 기록으로부터 평균과 표준편차가 각각 32분과 4분으로 나타났다면 평균시간에 대한 99% 신뢰구간은 얼마가 되는가?

3. 어떤 공장에서 생산된 베어링 15개를 뽑아 그 내부직경을 측정한 결과 표본평균과 표준편차가 각각 $\overline{x} = 82.54$와 $s = 0.32$이었다. 베어링 내경의 평균 μ와 표준편차 σ에 대한 95% 신뢰구간을 구하라.

4. 일조량이 다른 두 지역 A와 B에서 재배한 방울토마토의 당도(단위 : brix°)에 차이가 있는지를 알아보고자 각 지역에서 26개씩을 표본으로 뽑아 검사해 보았다. A지역에서 얻은 표본에서는 평균 8.1, 표준편차 1.21을 얻었고, B지역에서 얻은 표본에서는 평균 7.3, 표준편차 0.88을 얻었다. 이를 바탕으로 A지역과 B지역의 방울토마토의 당도의 차이에 대한 95% 양측 신뢰구간을 구하라. 두 모집단의 분산은 동일하다.

5. 음주운전의 영향을 알아보기 위해 8명의 자가 운전자에게 음주 전과 일정량의 음주 후 운전 중 상황변동에 대한 각각의 반응시간(단위 : 초)을 측정하여 다음의 자료를 얻었다. 음주 후의 반응시간이 어느 정도 더 느려지는지 반응시간 차에 대한 95% 신뢰구간을 구하여 확인하라.

운전자	1	2	3	4	5	6	7	8
음주 전	3.4	1.8	1.6	1.1	0.9	2.8	2.7	0.4
음주 후	4.3	2.9	1.4	3.7	2.7	4.3	1.6	1.8

6. 성별에 따라서 자극에 대한 반응시간에 차이가 있는지를 시험하였다. 남녀 각 36명에게 독립적으로 실험을 실시하여 각각 평균 2.5초와 2.7초, 분산 0.14와 0.12를 얻었다. 남녀 간 반응시간 차이의 95% 신뢰구간을 구하라.

7. 어떤 공정에서 생산되는 베어링의 내경은 표준편차가 $\sigma = 0.30$(mm)인 정규분포를 따른다고 알려져 있다. 베어링 내경의 모평균을 신뢰율 95%로 추정오차가 0.1 이내가 되도록 추정하고자 한다면 표본크기는 얼마나 되어야 하는가?

8. 어느 회사의 냉장고는 보증기간이 1년이다. 무작위로 뽑은 50대의 냉장고 중 6대가 보증기간이 끝나기 전에 고장이 났다. 보증기간 동안의 고장비율 p에 대한 95% 양측 신뢰구간을 구하라. 또 추정오차를 1% 이내가 되도록 하려면 몇 대의 냉장고를 추가로 조사해야 하는가?

9. 어느 양계장에서 닭 100마리 중 50마리에게는 사료 A를 주고, 나머지는 사료 B를 주었다. 사료 A를 먹인 닭의 무게는 평균이 1.4kg, 표준편차가 0.15kg이었고, 사료 B를 먹인 닭의 무게는 평균이 1.5kg, 표준편차가 0.25kg이었다. 두 사료로 인한 평균무게의 차이에 대한 95% 신뢰구간을 구하라.

10. 직종별 세금탈루 정도를 알아보기 위해 A직종 종사자 200명과 B직종 종사자 100명을 무작위로 뽑아 정밀 세무조사를 하였더니, 각각 46명과 18명이 세금을 탈루한 것으로 나타났다. A직종과 B직종에 종사하는 사람들의 세금탈루비율의 차에 대한 90% 양측 신뢰구간을 구하라.

11. 플라스틱 부품의 인장강도를 알아보기 위해 부품 10개를 추출하여 측정한 결과 평균은 47.2kg/mm^{2}이고 분산은 3.4이었다. 모분산에 대한 95% 신뢰구간을 구하라.

12. 매일 버스를 타고 학교에 오는 A군은 정류장에 도착하여 기다리는 시간을 측정해 보았다. 15대의 버스를 관찰한 결과는 아래와 같았다. 모집단이 정규분포를 따른다고 가정할 때, 평균도착시간의 95% 신뢰구간을 구하라.

14 5 18 10 11 8 15 8 3 18 4 20 12 6 14

13. 어떤 대선 후보에 대한 선호도를 파악하기 위해 500명을 조사하였더니 지지하겠다는 응답자가 98명이었다. 이 후보를 지지하는 사람들의 모집단비율에 대한 95% 신뢰구간을 구하라.

14. 한방검진을 받은 사람들 중 500명을 임의로 추출하여 체질을 조사하였더니 소양인이 175명으로 나타났다. 소양인의 모집단비율에 대한 95% 신뢰구간을 구하라.

15. 통계학 개론 교과목 수강생들의 성적을 추정하기 위해 95%의 신뢰수준에서 모평균의 신뢰구간 폭을 모평균을 중심으로 ±3점 이내로 하려고 한다. 과거의 경험으로 보아 통계학 개론 수강생들의 성적의 분산은 64점이라고 할 때 필요로 하는 최소의 표본크기를 구하라.

CHAPTER 8

통계적 가설검정

8.1 기본개념과 용어

8.2 단일모집단에 대한 가설검정

8.3 두 모집단에 대한 가설검정

8.4 근사적인 가설검정

08 Chapter 통계적 가설검정

8.1 기본개념과 용어

모집단에 대한 추론은 미지의 사실에 대해 추측하고자 하는 경우와 짐작하고 있는 사실의 진위 여부를 가려내고자 하는 경우로 구분할 수 있을 것이다. 전자는 제7장에서 학습한 추정 문제에 해당되고, 후자는 본 장에서 학습할 내용으로 통계적 가설검정 문제에 관련된다. 통계적 가설검정에서는 상황을 두 가지로 나누어 둘 중 하나는 참이 될 수밖에 없도록 가설을 설정하여 어느 것이 참인지 판정하는 접근방법을 취하고 있다. 예를 들어, 선거기간 동안에 어느 후보가 새로운 공약을 내놓았을 때 지지율의 변화가 있었는지 여부를 판단해 보기 위해 통계적 가설검정을 실시해 볼 수 있을 것이다. 이때 하나의 가설은 지지율에 변화가 없다는 것이 될 것이고 나머지 한 가설은 지지율에 변화가 있다가 될 것이다. 이 두 가설 중 하나는 분명히 참이 될 수밖에 없다. 이와 같이 두 가설 중 어느 것이 참인지 밝히기 위해 전체 모집단을 다 조사하는 것은 현실적으로 불가능한 경우가 많다. 따라서 모집단으로부터 추출된 표본, 즉 일부 정보만을 사용하여 모집단에 대한 가설검정을 실시하게 되므로 판정오류가 필연적으로 수반된다. 통계적 가설검정에서는 이와 같은 오류를 인정하되 합리적으로 판정할 수 있는 방법을 제공한다.

본 장에서는 통계적 가설검정의 기본개념과 함께 사용되는 용어를 설명하고 모집단이 정규분포를 따른다는 가정하에 모평균 및 모분산에 대한 가설검정 방법을 학습한다. 모집단은 단일 및 복수 모집단으로 구분하여 접근하며, 정규 모집단이라는 가정을 할 수 없는 경우에는 중심극한정리에 근거하여 가설검정을 수행하는 근사적인 방법을 소개한다.

8.1.1 귀무가설과 대립가설

가설검정을 하기 위해서는 보통 현상이나 사실에 대해 서로 상반되는 두 가지 관점을 가설로 설정하고 주어진 데이터에 입각하여 둘 중 어느 것이 참인지 판정한다. 여기서 두 개의 가설 중 종전에 사실로 받아들여져 왔던 관점에 관련된 가설을 귀무가설(null hypothesis)로 두고 데이터에 입각하여 입증하고자 하는 새로운 관점의 가설을 대립가설(alternative hypothesis)로 두게 된다. 일반적으로 귀무가설을 기호로 표기할 때 H_0로 나타내고 대립가설은 H_1 혹은 H_a로 나타낸다. 실제 가설검정을 실시할 경우 각 가설을 수식으로 나타내게 되는데, 이때 등호를 포함하는 가설은 귀무가설이 되고 부등호로 기술되는 가설은 대립가설이 된다.

예제 8-1

전구를 생산하는 어느 회사의 백열전구의 평균사용시간은 1,500시간이라고 알려져 있다. 그런데 지난 6개월간 백열전구의 수명을 개선하기 위해 활동을 해온 결과 평균사용시간이 증가했을 것으로 기대하고 있다. 사실 확인을 위해 적절한 가설을 설정하라.

| 풀이 |

종전에 받아들여지던 관점은 "백열전구의 평균사용시간이 1,500시간이다"라는 것이고 데이터를 확보하여 확인함으로써 입증하고자 하는 관점은 "백열전구의 평균사용시간이 1,500시간보다 증가했다"라는 것이다. 따라서 전자는 귀무가설, 후자는 대립가설로 두게 된다. 평균사용시간을 μ라고 표기하고 두 가설을 기호와 수식으로 나타내면 귀무가설은 $H_0 : \mu = 1500$, 대립가설은 $H_1 : \mu > 1500$과 같다.

이렇게 설정된 가설을 데이터에 입각하여 확인한 결과 귀무가설이 참이라고 생각하여 받아들이는 것을 "귀무가설을 채택한다(accept H_0)"라고 하며, 거짓이라고 판단하는 것을 "귀무가설을 기각한다(reject H_0)"라고 한다. 그런데 귀무가설과 대립가설은 서로 상반되는 가설로 어느 한쪽이 참이면 다른 한쪽은 자연스럽게 거짓이 된다. 따라서 "귀무가설을 채택한다(accept H_0)"는 것은 "대립가설을 기각한다(reject H_1)"와 같은 말이며 "귀무가설을 기각한다(reject H_0)"는 것은 "대립가설을 채택한다(accept H_1)"와 동일한 말이다. 그러므로 실제로 가설검정을 실시할 때는 번거로움을 피하기 위해 귀무가설을 기준으로 하여 채택 혹은 기각 여부를 기술한다. 이것은 새로운 이론이나 주장(대립가설)을 뒷받침할 만한 뚜렷한 증거가 나타나지 않으면 기존의 이론이나 주장(귀무가설)이 그대로 통용되는 사회적 관례가 반영된 결과로 볼 수 있다.

8.1.2 제1종 오류와 제2종 오류

우리가 설정한 가설은 모집단에 관련된 어떤 사실에 대해 기술한 것이다. 그러나 가설의 진위 여부는 모집단으로부터 추출된 일부 표본을 측정하여 얻어진 데이터를 토대로 판정하게 된다. 따라서 [표 8-1]에서 보는 바와 같이 나타날 수 있는 경우의 수는 모두 네 가지로서 사실과 판정결과가 반드시 일치하는 것은 아니다. 귀무가설을 기준으로 사실과 판정결과가 다른 경우를 정리해 보면 귀무가설이 참인데도 불구하고 이를 기각하는 경우와 귀무가설이 거짓임에도 불구하고 이를 채택하는 경우의 두 가지가 있다. 전자를 **제1종 오류(type Ⅰ error)**, 후자를 **제2종 오류(type Ⅱ error)**라 한다.

표 8-1 제1종 오류와 제2종 오류

경우		참	
		귀무가설	대립가설
판정	귀무가설 채택	○	제2종 오류
	귀무가설 기각 (대립가설 채택)	제1종 오류	○

예제 8-2

[예제 8-1]에서 지난 6개월간의 수명개선 활동으로 실제로 백열전구의 평균사용시간이 증가했다고 하자. 그런데 데이터를 수집하여 가설검정을 실시한 결과 귀무가설이 채택되었다면 어떤 오류에 해당되는가? 반대로 만약 실제로는 수명개선 활동의 효과가 없었는데 가설검정 결과 귀무가설이 기각되어 수명이 증가한 것으로 판정했다면 어떤 오류에 해당되는가?

| 풀이 |

전자는 제2종 오류, 후자는 제1종 오류에 해당된다.

8.1.3 유의수준과 기각역 및 검정통계량

가설검정을 실시할 때 제1종 오류와 제2종 오류가 발생하지 않는 것이 이상적인 상황일 것이다. 그러나 모집단에 관련된 가설을 표본의 정보만으로 판정하게 되므로 이와 같은 이상적인 상황은 불가능한 것이 현실이다. 더욱 좋지 않은 사실은 제1종 오류를 감소하고자 하면 제2종 오류가 증가하게 되고 그 반대의 경우도 성립하여 제1종 오류와 제2종 오류의 크기는 서로 상반되는 방향으로 움직인다는 것이다.

예를 들어, 두 가설 $H_0 : \mu = \mu_0$와 $H_1 : \mu = \mu_1 (\mu_0 < \mu_1)$을 검정한다고 하자. 실제로 귀무가설 H_0가 옳다면 개별 데이터가 대부분 μ_0 주변의 어떤 값을 가지게 될 것이고 대립가설이 옳다면 많은 데이터들이 μ_0보다 상당히 큰 값으로 μ_1에 가깝게 나타날 것이다. 따라서 합리적인 가설검정으로 표본평균 $\overline{X}$의 관측값이 어떤 판정기준값 c 이하이면 귀무가설을 채택하고 c보다 크면 귀무가설을 기각하는 방법을 생각할 수 있다. 여기서 판정기준이 되는 값 c를 기각치(critical value)라 한다.

이와 같은 가설검정 방법에서 제1종 오류와 제2종 오류를 도시하면 [그림 8-1]과 같다. 그림으로부터 제1종 오류를 범할 확률 α를 줄이고자 한다면 기각치 c를 되도록 크게 하면 될 것이다. 그런데 c를 크게 하면 제2종 오류를 범할 확률 β가 증가하게 된다는 것을 알 수 있다. 반대로 제2종 오류를 범할 확률 β를 줄이고자 c를 작게 하면 이번에는 제1종 오류를 범할 확률 α가 다시 증가하게 된다.

그림 8-1 | 제1종 오류와 제2종 오류의 관계

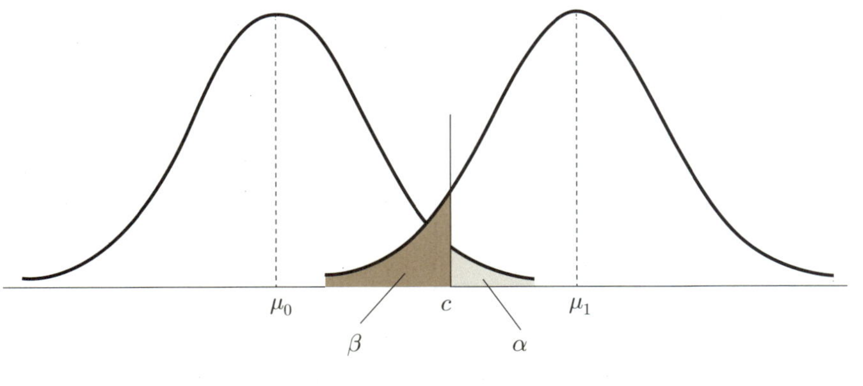

예제 8-3

[예제 8-1]의 백열전구의 평균사용시간과 관련하여 두 가설 $H_0 : \mu = 1500$ 및 $H_1 : \mu = 1600$을 검정하기 위해 16개의 표본을 취하여 구한 표본평균 $\overline{X}$의 관측값이 1550 이하이면 귀무가설을 채택하고 1550보다 크면 귀무가설을 기각하고 대립가설을 채택한다고 하자. 백열전구의 수명은 표준편차 200인 정규분포를 따른다고 하고 제1종 오류와 제2종 오류를 범할 확률은 각각 얼마인가? 기각치를 1530 및 1570으로 했을 때는 어떻게 되는가?

| 풀이 |

제1종 오류를 범할 확률은

$$\alpha = P(\overline{X} > c \mid \mu = 1500) = P\left(\frac{\overline{X} - 1500}{200/\sqrt{16}} > \frac{c - 1500}{200/\sqrt{16}}\right) = P\left(Z > \frac{c-1500}{50}\right)$$
$$= 1 - P\left(Z \le \frac{c-1500}{50}\right)$$

이다. 또한 제2종 오류를 범할 확률은

$$\beta = P(\overline{X} \le c \mid \mu = 1600) = P\left(\frac{\overline{X} - 1600}{200/\sqrt{16}} \le \frac{c - 1600}{200/\sqrt{16}}\right) = P\left(Z \le \frac{c-1600}{50}\right)$$
$$= 1 - P\left(Z \le \frac{1600 - c}{50}\right)$$

이다. 따라서 주어진 c값을 대입하여 제1종 및 제2종 오류를 구하여 표로 정리하면 다음과 같다. 표로부터 제1종 오류 α와 제2종 오류 β의 상반된 변화를 알 수 있다.

c	$\frac{c-1500}{50}$	α	$\frac{1600-c}{50}$	β
1530	0.6	0.2743	1.4	0.0808
1550	1.0	0.1587	1.0	0.1587
1570	1.4	0.0808	0.6	0.2743

| R에 의한 풀이 |

```
> mu0 <- 1500
> mu1 <- 1600
> sd <- 200
> n <- 16
> cv <- c(1530,1550,1570)
> alpha <- 1-pnorm((cv-mu0)/(sd/sqrt(n)))
> alpha
[1] 0.27425312 0.15865525 0.08075666
> beta <- 1-pnorm((mu1-cv)/(sd/sqrt(n)))
> beta
[1] 0.08075666 0.15865525 0.27425312
```

이와 같이 제1종 오류와 제2종 오류의 크기가 상반된 방향으로 움직이는 상황에서 가장 합리적인 의사결정을 하는 방법으로 통계학에서는 제1종 오류를 범할 확률의 상한값을 어떤 값 이하가 되도록 제한하고 그런 조건을 만족하는 범위 내에서 제2종 오류가 최소화될 수 있는 절차를 제시하고 있다. 여기서 제1종 오류를 범할 확률의 최대 허용한계치를 **유의수준(significance level)**이라 한다. 또 귀무가설을 기각하게 되는 데이터의 관측영역을 **기각역(critical region)**이라 하는데, 유의수준 α인 기각역은 제1종 오류를 범할 확률이 α 이하가 되도록 하면서 제2종 오류를 범할 확률이 최소화되도록 설정된다. [예제 8-3]에서 $\left\{(x_1, \cdots, x_{16}) : \bar{x} > 1570\right\}$은 유의수준 $\alpha = 0.0808$인 기각역이 된다.

[예제 8-3]에서 귀무가설의 기각 여부를 결정하기 위해서 $\overline{X}$ 혹은 귀무가설이 사실이라는 전제하에 $\overline{X}$를 표준화한 통계량 $Z_0 = (\overline{X} - 1500)/(200/\sqrt{16})$의 관측값을 사용하는데 이와 같이 가설검정에 사용되는 통계량을 **검정통계량(test statistic)**이라 한다. 또 검정통계량과 대응하여 기존 기각치 c를 변환한 $(c - 1500)/(200/\sqrt{16})$을 또 다른 기각치라고 한다.

즉, $\overline{X}$를 검정통계량으로 할 경우의 기각치는 c이고 $Z_0 = (\overline{X} - 1500)/(200/\sqrt{16})$을 검정통계량으로 할 경우의 기각치는 $(c - 1500)/(200/\sqrt{16})$인 셈이다. 일반적으로 표준화되거나 변환된 검정통계량의 분포가 잘 알려져 있고 유의수준이 정해지면 검정통계량에 대응하여 변환된 기각치의 값도 변환된 검정통계량의 분포로부터 쉽게 알 수 있다. 따라서 보통의 가설검정에서 검정통계량이라 하면 변환된 것을 지칭하고 기각역도 마찬가지이다.

8.1.4 p값과 검정력

일반적으로 데이터를 토대로 입증하고자 하는 가설을 대립가설로 설정한다는 것은 앞서 설명한 바 있다. 그렇다면 주어진 데이터에 입각하여 무조건 귀무가설을 기각하고 대립가설을 채택한다고 할 경우 범하게 되는 제1종 오류의 크기가 얼마나 될까가 관심사일 수도 있다. 입증하고자 하는 가설이 대립가설인 만큼 오류를 범할 확률이 크지 않다면 귀무가설을 기각하고 싶을 것이다. 이와 같이 주어진 데이터를 토대로 귀무가설을 기각할 때 제1종 오류를 범할 확률을 **유의확률(significance probability)** 혹은 **p값(p-value)**이라고 한다. 만약 제1종 오류의 최대 허용한계치, 즉 유의수준이 정해져 있다면 유의확률이 정해진 허용범위 내에 들어오는 한 귀무가설을 기각하게 될 것이다. 즉, 주어진 데이터를 토대로 p값을 계산하여 유의수준보다 크지 않으면 귀무가설을 기각하게 된다.

예제 8-4

[예제 8-1]에서 두 가설 $H_0: \mu = 1500$ 및 $H_1: \mu > 1500$을 검정하기 위해 16개의 표본을 취하여 구한 표본평균 $\overline{X}$의 관측값이 1600이었다고 하자. 유의수준이 5%로 정해져 있다고 할 때 가설검정결과는 어떻게 되겠는가?

| 풀이 |

대립가설의 형태로 볼 때 $\overline{X}$의 관측값 1600에 근거하여 귀무가설이 기각된다면 표본평균 $\overline{X}$가 1600보다 큰 모든 값에 대해 귀무가설이 기각되고 대립가설이 채택될 것이다. 유의확률은 귀무가설이 사실임에도 기각될 확률이므로

$$p\text{값} = P(\overline{X} \geq 1600 \mid \mu = 1500) = P\left(Z \geq \frac{1600 - 1500}{200/\sqrt{16}}\right) = P(Z \geq 2) = 0.0228$$

이 된다. 따라서 p값이 유의수준 $\alpha = 0.05$보다 작으므로 귀무가설을 기각하게 될 것이다.

| R에 의한 p값 풀이 |

앞의 예제 풀이에 연속하여

```
> xbar <- 1600
> pvalue <- 1-pnorm((xbar-mu0)/(sd/sqrt(n)))
> pvalue
[1] 0.02275013
```

p값은 검정통계량의 관측값을 포함하는 최소영역의 기각역을 설정하고 귀무가설이 참일 때 검정통계량이 기각역에 속할 확률로 계산된다. [예제 8-4]에서 대립가설의 형태로 보아 기각역은 $\{(x_1, \cdots, x_{16}) : \overline{x} > c\}$의 형태로 정해질 것인데 $\overline{x} = 1600$이 이 기각역에 속하려면 c의 값이 1600보다 작은 어떤 값이 되어야 한다. 따라서 기각역은 $\{(x_1, \cdots, x_{16}) : \overline{x} > 1600 - \varepsilon$, 단 ε은 임의의 양의 실수$\} = \{(x_1, \cdots, x_{16}) : \overline{x} \geq 1600\}$이 된다. 그러므로 [예제 8-4]의 p값은 귀무가설이 참일 때 검정통계량 $\overline{X}$가 이 기각역에 속할 확률로 계산된 것이다.

한편, 가설검정에서 귀무가설을 기각하려면 p값이 유의수준보다 작아야 한다. 이것을

다른 관점에서 정리하면 귀무가설을 기각하기 위해서는 유의수준이 최소한 p값보다 작지 않아야 된다는 말이 된다. 그래서 p값은 귀무가설을 기각하기 위한 최소 유의수준으로 이해할 수도 있다.

가설검정을 할 때 제1종 오류에 대해서는 그 크기가 유의수준보다 작도록 제한하고 있지만 제2종 오류에 대해서는 아무런 제약이 없다. 예를 들어, 유의수준을 5%로 정해두고 가설검정을 실시한다면 검정결과 제1종 오류를 범하게 될 확률은 기껏해야 5%를 넘지 못하게 된다. 그러나 제2종 오류를 범하게 될 확률은 구체적으로 얼마 이내라고 장담할 수 없고 상황에 따라서는 50% 이상이 될 수도 있다. 따라서 가설검정을 실시한 결과 귀무가설이 기각되었다면 기껏해야 유의수준 정도의 과오를 감수하고 '대립가설이 참'이라는 결론을 내릴 수 있다. 그러나 귀무가설이 채택되었다면 '귀무가설이 참'이라는 결론을 쉽게 내릴 수 없게 된다. 귀무가설이 채택되었더라도 실제로는 거짓이 거의 확실할 경우도 배제할 수 없기 때문이다. 따라서 귀무가설이 채택될 경우에는 해석할 때보다 조심스럽게 "귀무가설이 틀렸다고 할 수 없다"는 식의 모호한 표현을 사용하게 된다. 그런데 상황에 따라서는 실제 대립가설이 참이라고 할 때 귀무가설이 채택될 확률이 어느 정도 되는가? 즉, 제2종 오류의 크기가 어느 정도 되는가를 알아야 할 경우도 있다. 이 경우에는 제2종 오류의 크기보다는 제대로 판정할 확률로 나타내는 것이 일반적이다. 즉, 대립가설이 참일 때 귀무가설을 기각하고 대립가설을 채택할 확률로써 가설검정이 바르게 결정할 능력을 판단하게 되는데 이를 검정력(power of the test)이라고 한다. 대립가설이 참일 경우 제2종 오류와 검정력을 합치면 1이 된다.

그런데 대부분의 경우 대립가설은 모수가 취할 수 있는 값이 하나가 아닌 범위의 형태로 설정된다. 따라서 검정력은 하나의 수치로 된 확률값이 아니라 모수가 취할 수 있는 수많은 값들에 대응하는 함수의 형태로 주어진다. 모수에 대한 함수 형태로 나타낸 검정력 함수(power function)를 그림으로 도시한 것을 검정력 곡선이라 한다. 여기서 모수가 취할 수 있는 값의 범위를 귀무가설이 참인 영역까지 확대하여 검정력 함수를 정의해 보자. 귀무가설이 참일 경우 검정력 함수는 대립가설을 채택할 확률이므로 제1종 오류를 범할 확률과 같게 된다는 점에 유의해야 한다.

예제 8-5

[예제 8-1]의 백열전구의 평균사용시간과 관련하여 두 가설 $H_0 : \mu = 1500$ 및 $H_1 : \mu > 1500$을 검정하기 위해 16개의 표본을 취하여 구한 표본평균 $\overline{X}$의 관측값이 1580보다 크면 귀무가설을 기각한다고 하자. 이 가설검정의 검정력 함수를 구하고 검정력 곡선을 그려보라.

| 풀이 |

검정력 함수를 $\gamma(\mu)$로 표기하기로 한다면 백열전구의 평균사용시간이 μ일 때, $\overline{X}$가 1580보다 크게 될 확률이므로

$$\gamma(\mu) = P(\overline{X} > 1580 \mid \mu) = P\left(Z > \frac{1580-\mu}{200/\sqrt{16}}\right) = P\left(Z > \frac{1580-\mu}{50}\right)$$
$$= 1 - \Phi\left(\frac{1580-\mu}{50}\right)$$

이 된다. 단, 여기서 $\Phi(.)$은 표준정규분포의 분포함수를 나타낸다. μ의 변화에 따른 검정력 함수 $\gamma(\mu)$의 변화를 도시하면 [그림 8-2]와 같다.

그림 8-2 | 검정력 함수

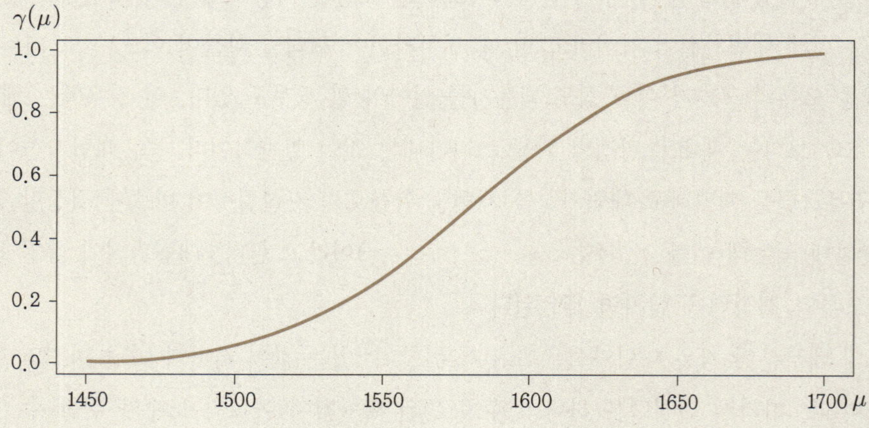

| R을 이용한 검정력 곡선 그리기 |

앞의 예제 풀이에 연속하여 아래와 같은 명령어를 실행하면 [그림 8-2]가 얻어진다.

```
> mu <- seq(1450,1700,10)
> cv <- 1580
> testpower <- 1-pnorm((cv-mu)/(sd/sqrt(n)))
> plot(mu,testpower,"l")
```

8.2 단일모집단에 대한 가설검정

8.2.1 모평균에 대한 가설검정

한 세대 전 우리나라 20대 청년들의 평균키가 170cm였다고 하자. 그런데 최근 생활수준의 향상으로 영양상태가 좋아짐에 따라 현재 세대는 이보다 더 클 것으로 생각된다면 이를 객관적으로 확인하기 위해 통계적 가설검정을 해볼 수 있다. 즉, 현 세대 20대 청년들의 평균키가 과거와 동일하다는 귀무가설($H_0 : \mu = 170$)과 과거보다 클 것이라는 대립가설($H_1 : \mu > 170$)을 설정하고 이를 통계적으로 검증하는 것이다. 여기서 모집단은 우리나라 20대 청년들 전체 집합이고 관심을 가지고 있는 특성은 키이다. 모집단의 전체적인 특성을 결정하는 것에는 키의 전체 평균이나 산포 등이 있겠지만 여기서는 표본자료가 얻어져 있다는 전제하에 평균에 대해 가설검정을 하는 방법을 알아본다.

일반적으로 귀무가설은 항상 등호를 포함하여 상황에 따라 '=', '≤' 혹은 '≥'를 사용하여 나타낼 수 있다. 그러나 대립가설을 보면 어느 쪽 부등호를 포함하는지 명료하게 알 수 있으므로 여기서는 그냥 등호('=')를 사용하여 나타내기로 한다. 즉, 단일모집단의 평균에 대한 가설검정에서 귀무가설은 항상

$$H_0 : \mu = \mu_0 \tag{8.1}$$

과 같이 표기한다. 대립가설은 입증하고자 하는 것이 무엇인가에 따라 $H_1 : \mu > \mu_0$, $H_1 : \mu < \mu_0$ 혹은 $H_1 : \mu \neq \mu_0$ 중 하나로 표기된다.

본 절에서는 모집단의 분포가 평균 μ, 분산 σ^2인 정규분포를 따른다고 가정한다. 모평균 μ에 대한 가설검정을 할 때, 모분산 σ^2을 알고 있는지 여부에 따라 사용되는 검정통계량과 그 분포 및 기각역이 다르게 된다. 따라서 여기서도 모분산 σ^2을 알고 있을 경우와 모르고 있을 경우로 나누어 설명한다. 먼저 모분산 σ^2을 알고 있을 경우 검정통계량은 앞장의 식 (7.7)에서 μ 대신 귀무가설로 설정된 $\mu = \mu_0$를 대입하여

$$Z_0 = \frac{\overline{X} - \mu_0}{\sigma / \sqrt{n}} \tag{8.2}$$

로 주어진다. 또한 기각역은 대립가설의 형태와 유의수준에 따라 달리 정해지게 된다. 여기서는 유의수준이 α로 정해져 있다고 하고 대립가설에 따른 기각역을 표로 정리하면 [표 8-2]와 같다.

표 8-2 모분산 σ^2을 알고 있을 경우의 귀무가설 $H_0 : \mu = \mu_0$에 대한 기각역

대립가설(H_1)	기각역
$\mu > \mu_0$	$\{z_0 : z_0 > z_\alpha\}$
$\mu < \mu_0$	$\{z_0 : z_0 < -z_\alpha\}$
$\mu \neq \mu_0$	$\{z_0 : \lvert z_0 \rvert > z_{\alpha/2}\}$

예제 8-6

전구를 생산하는 어느 회사의 백열전구의 평균사용시간은 1,500시간이라고 알려져 있다. 그런데 지난 6개월간 백열전구의 수명을 개선하기 위해 활동을 해온 결과 평균사용시간이 증가했을 것으로 기대하고 있다. 사실 확인을 위해 16개의 표본을 취하여 구한 표본평균 $\overline{X}$의 관측값이 1,600이었다고 하자. 유의수준이 5%로 정해져 있다고 할 때 가설검정을 실시하라. 단, 백열전구의 수명은 표준편차 200인 정규분포를 따른다고 한다.

| 풀이 |

① 가설 : 백열전구의 수명이 개선되었음을 입증하고자 하므로 가설은 다음과 같이 설정된다.

$H_0 : \mu = 1500 \quad H_1 : \mu > 1500$

② 검정통계량의 관측값 : 식 (8.2)를 사용하여 계산된다.

$$z_0 = \frac{\overline{x} - \mu_0}{\sigma / \sqrt{n}} = \frac{1600 - 1500}{200 / \sqrt{16}} = 2.00$$

③ 기각역 : [표 8-2]에서 대립가설의 형태에 맞는 기각역을 구한다.

$\{z_0 : z_0 > z_{0.05}\} = \{z_0 : z_0 > 1.645\}$

④ 판정 : $z_0 = 2.00 > 1.645$로서 검정통계량의 관측값이 기각역에 속하므로 귀무가설을 기각한다. 즉, 백열전구의 평균수명이 개선되었다고 할 수 있다.

| R을 이용한 검정 |

원 데이터가 없어서 표본평균 $\overline{X}$의 관측값 1600으로부터 p값을 계산하면 0.02275로서 0.05보다 작으므로 귀무가설을 기각한다.

```
> mu0 <- 1500
> sd <- 200
> n <- 16
```

```
> xbar <- 1600
> pvalue <- 1-pnorm((xbar-mu0)/(sd/sqrt(n)))
> pvalue
[1] 0.02275013
```

다음으로 모분산 σ^2을 모르고 있을 경우 검정통계량은 앞 장의 식 (7.12)에서 μ 대신 귀무가설로 설정된 $\mu=\mu_0$를 대입하여

$$T_0 = \frac{\overline{X}-\mu_0}{S/\sqrt{n}} \tag{8.3}$$

로 주어진다. 앞에서와 마찬가지로 기각역은 대립가설의 형태와 유의수준에 따라 달리 정해지게 된다. 여기서는 유의수준이 α로 정해져 있다고 하고 대립가설에 따른 기각역을 표로 정리하면 [표 8-3]과 같다.

표 8-3 | 모분산 σ^2을 모르고 있을 경우의 귀무가설 $H_0 : \mu=\mu_0$에 대한 기각역

대립가설(H_1)	기각역
$\mu > \mu_0$	$\{t_0 : t_0 > t_\alpha(n-1)\}$
$\mu < \mu_0$	$\{t_0 : t_0 < -t_\alpha(n-1)\}$
$\mu \neq \mu_0$	$\{t_0 : \lvert t_0 \rvert > t_{\alpha/2}(n-1)\}$

예제 8-7

전구를 생산하는 어느 회사의 백열전구의 평균사용시간은 1,500시간이라고 알려져 있다. 그런데 지난 6개월간 백열전구의 수명을 개선하기 위해 활동을 해온 결과 평균사용시간이 증가했을 것으로 기대하고 있다. 사실 확인을 위해 16개의 표본을 취하여 구한 표본평균과 표본표준편차를 계산한 결과 각각 1,600, 200이었다고 하자. 유의수준이 5%로 정해져 있다고 할 때 가설검정을 실시하여라. 단, 백열전구의 수명은 정규분포를 따른다고 한다.

| 풀이 |

① 가설 : 백열전구의 수명이 개선되었음을 입증하고자 하므로 가설은 다음과 같이 설정된다.

$H_0 : \mu = 1500 \quad H_1 : \mu > 1500$

② 검정통계량의 관측값 : 식 (8.3)을 사용하여 계산된다.

$$t_0 = \frac{\overline{x} - \mu_0}{s/\sqrt{n}} = \frac{1600 - 1500}{200/\sqrt{16}} = 2.00$$

③ 기각역 : [표 8-3]에서 대립가설의 형태에 맞는 기각역을 구한다.

$\{t_0 : t_0 > t_{0.05}(15)\} = \{t_0 : t_0 > 1.753\}$

④ 판정 : $t_0 = 2.00 > 1.753$ 으로서 검정통계량의 관측값이 기각역에 속하므로 귀무가설을 기각한다. 즉, 백열전구의 평균수명이 개선되었다고 할 수 있다.

| R을 이용한 검정 |

원 데이터가 없어서 표본평균 $\overline{X}$의 관측값 1600 및 표본표준편차 S의 관측값 200으로부터 p값을 계산하면 0.03197로서 0.05보다 작으므로 귀무가설을 기각한다.

```
> mu0 <- 1500
> sd <- 200
> n <- 16
> xbar <- 1600
> pvalue <- 1-pt((xbar-mu0)/(sd/sqrt(n)),n-1)
> pvalue
[1] 0.0319725
```

8.2.2 모분산에 대한 가설검정

모집단에 대한 일차적인 관심사는 모평균일 경우가 많지만 경우에 따라서는 산포가 얼마나 작은지 확인하고자 할 경우도 있을 것이다. 예를 들어, 사격능력을 비교하고자 할 경우 탄착점들이 과녁의 정중앙으로부터 평균적으로 어느 정도 떨어져 있는가보다는 탄착점들이 어느 정도 밀집되어 있는가가 훨씬 중요하다. 이와 같이 모집단의 산포에 관심이 있을 경우 모분산 혹은 표준편차가 요구되는 기준을 충족하는지 가설검정을 통해 확인할 수 있다. 분산과 표준편차는 서로 대응이 되므로 둘 중 하나만 살펴보면 나머지 다른 하나는 따로 살펴보지 않아도 똑같은 결과를 가지게 된다. 따라서 여기서는 분산에 대해서만 설명하기로 한다. 평균에 대한 가설검정에서와 마찬가지로 분산에 대한 가설검정에서 귀무가설은 단순하게

$$H_0 : \sigma^2 = \sigma_0^2 \tag{8.4}$$

로 두기로 한다. 이에 대한 대립가설은 상황에 따라 $H_1 : \sigma^2 > \sigma_0^2$, $H_1 : \sigma^2 < \sigma_0^2$ 혹은

$H_1 : \sigma^2 \neq \sigma_0^2$ 중 하나가 된다.

다음으로 검정통계량은 앞 장의 식 (7.16)에 $\sigma^2 = \sigma_0^2$을 대입하여 식 (8.5)와 같이 얻어지며, 귀무가설이 사실이면 자유도 $n-1$인 카이제곱(χ^2)분포를 따르게 된다.

$$\chi_0^2 = \frac{(n-1)S^2}{\sigma_0^2} \tag{8.5}$$

또 유의수준을 α라고 할 때 기각역은 대립가설의 형태에 따라 [표 8-4]와 같이 얻어진다.

표 8-4 | 모분산에 대한 가설검정의 귀무가설 $H_0 : \sigma^2 = \sigma_0^2$에 대한 기각역

대립가설(H_1)	기각역
$\sigma^2 > \sigma_0^2$	$\{\chi_0^2 : \chi_0^2 > \chi_\alpha^2(n-1)\}$
$\sigma^2 < \sigma_0^2$	$\{\chi_0^2 : \chi_0^2 < \chi_{1-\alpha}^2(n-1)\}$
$\sigma^2 \neq \sigma_0^2$	$\{\chi_0^2 : \chi_0^2 < \chi_{1-\alpha/2}^2(n-1)$ 혹은 $\chi_0^2 > \chi_{\alpha/2}^2(n-1)\}$

예제 8-8

어느 기계부품의 가공치수의 분산은 0.3mm^2 이하가 되어야 한다. 가공된 부품 8개를 무작위로 추출하여 표본분산을 계산했더니 0.48mm^2였다. 요건을 충족한다고 할 수 있는지 유의수준 5%로 검정하라.

| 풀이 |

① 가설

$H_0 : \sigma^2 = 0.30\text{mm}^2 \quad H_1 : \sigma^2 > 0.30\text{mm}^2$

② 검정통계량

$$\chi_0^2 = \frac{(8-1)s^2}{\sigma_0^2} = \frac{(7)(0.48)}{0.30} = 11.20$$

③ 기각역

$\{\chi_0^2 : \chi_0^2 > \chi_{0.05}^2(8-1) = 14.067\}$

④ 판정

$\chi_0^2 = 11.20 < 14.067$로서 검정통계량의 관측값이 기각역에 속하지 않는다. 따라서 귀무가설이 채택되고 가공치수의 분산이 0.30mm^2보다 크다고 할 수 없다.

| R을 이용한 검정 |

원 데이터가 없어서 표본분산 S^2의 관측값 0.48로부터 p값을 계산하면 0.13013으로서 0.05보다 크므로 귀무가설을 채택한다.

```
> v0 <- 0.3
> sv <- 0.48
> n <- 8
> pvalue <- 1-pchisq((n-1)*sv/v0,n-1)
> pvalue
[1] 0.1301299
```

8.3 두 모집단에 대한 가설검정

8.3.1 독립표본

두 지역의 소득수준, 두 반의 성적 등 두 개의 모집단을 비교하고자 할 때가 있다. 이와 같은 상황에서는 많은 경우 두 모집단의 평균 혹은 분산이 같은지 여부에 관심을 가지게 된다. 두 모집단이 모두 정규분포를 따른다고 하고 모평균을 비교하기 위한 가설검정부터 살펴보자. 단일 모집단일 경우와 비슷하게 모평균의 비교는 모분산의 값이 알려져 있는지 여부에 따라 사용되는 검정통계량이 다르게 된다. 검정통계량의 분포를 고려하여 가능한 상황을 열거해 보면 두 모집단의 모분산이 모두 알려져 있는 경우, 두 모집단의 분산이 서로 같다는 사실만 알고 있을 뿐 그 구체적인 값은 모를 경우, 분산에 대한 정보가 아무것도 없을 경우로 나눌 수 있다. 여기서는 첫 번째와 두 번째 경우만 살펴보고 세 번째 경우는 본 책의 수준을 벗어나므로 생략한다. 다만 표본크기가 30 이상으로 상당히 클 때에는 세 번째 경우를 첫 번째 경우에 준해서 풀이할 수 있다.

두 모집단의 평균을 각각 μ_X, μ_Y라 하고 분산을 각각 σ_X^2, σ_Y^2이라 하자. 두 평균이 같은지 확인하기 위한 귀무가설은

$$H_0 : \mu_X = \mu_Y \tag{8.6}$$

이다. 이에 대한 대립가설은 입증하고자 하는 내용이 무엇인가에 따라 $H_1 : \mu_X > \mu_Y$, $H_1 : \mu_X < \mu_Y$ 혹은 $H_1 : \mu_X \neq \mu_Y$ 중 하나로 표기된다.

이와 같은 가설을 검정하기 위하여 모분산 σ_X^2, σ_Y^2을 모두 알고 있을 경우부터 살펴보자. 가설검정을 위해 두 모집단으로부터 각각 n, m개의 표본이 얻어졌다고 하면 검정통계량은 앞 장의 식 (7.26)에 귀무가설에서 설정한 $\mu_X = \mu_Y$을 대입하여

$$Z_0 = \frac{(\overline{X} - \overline{Y})}{\sqrt{\dfrac{\sigma_X^2}{n} + \dfrac{\sigma_Y^2}{m}}} \tag{8.7}$$

과 같이 얻어진다. 기각역은 대립가설의 형태와 유의수준에 따라 다르지만 본질적으로 단일모집단일 때와 같다. 유의수준이 α로 정해져 있다고 하고 대립가설에 따른 기각역을 정리하면 [표 8-5]와 같다.

표 8-5 모분산 σ_X^2, σ_Y^2을 모두 알고 있을 경우의 귀무가설 $H_0 : \mu_X = \mu_Y$에 대한 기각역

대립가설(H_1)	기각역
$\mu_X > \mu_Y$	$\{z_0 : z_0 > z_\alpha\}$
$\mu_X < \mu_Y$	$\{z_0 : z_0 < -z_\alpha\}$
$\mu_X \neq \mu_Y$	$\{z_0 : \lvert z_0 \rvert > z_{\alpha/2}\}$

예제 8-9

기존 장비로 만든 전구의 수명(X)과 새로 도입한 장비로 만든 전구의 수명(Y)을 비교하고자 한다. 기존 장비로부터 생산된 전구를 15개, 새로운 장비로 생산된 전구를 10개씩 무작위 추출하여 수명 데이터의 평균을 계산한 결과 각각 3,015시간 및 3,527시간이었다. 기존 장비로 만든 전구수명의 분산은 250, 새로운 장비로 만든 전구수명의 분산은 300이라 할 때 새로운 장비로 만든 전구의 수명이 기존 장비로 만든 전구의 수명보다 길다고 할 수 있는지 유의수준 5%로 검정하라.

| 풀이 |

① 가설

$H_0 : \mu_X = \mu_Y \quad H_1 : \mu_X < \mu_Y$

② 검정통계량

$$z_0 = \frac{(\bar{x}-\bar{y})}{\sqrt{\frac{\sigma_X^2}{n}+\frac{\sigma_Y^2}{m}}} = \frac{3015-3527}{\sqrt{\frac{250}{15}+\frac{300}{10}}} = -74.95$$

③ 기각역

$\{z_0 : z_0 < -z_{0.05} = -1.645\}$

④ 판정

$z_0 = -74.95 < -1.645$ 로서 검정통계량의 관측값이 기각역에 속한다. 따라서 귀무가설이 기각되고 대립가설이 채택된다. 즉, 새로운 장비로 만든 전구의 수명이 기존 장비로 만든 전구의 수명보다 길다고 할 수 있다.

| R을 이용한 검정 |

원 데이터가 없어서 표본평균 $\overline{X}$ 및 $\overline{Y}$의 관측값 3015, 3527로부터 p값을 계산하면 0.00000으로서 0.05보다 작으므로 귀무가설을 기각한다.

```
> xbar <- 3015
> ybar <- 3527
> n <- 15
> m <- 10
> vx <- 250
> vy <- 300
> se <- sqrt(vx/n + vy/m)
> pvalue <- pnorm((xbar-ybar)/se)
> pvalue
[1] 0
```

다음으로 모분산 σ_X^2, σ_Y^2을 모두 모르고 있지만 $\sigma_X^2 = \sigma_Y^2 = \sigma^2$ 으로서 두 모분산이 같을 경우를 살펴보자. 가설검정을 위해 두 모집단으로부터 각각 n, m개의 표본이 얻어졌고 표본평균과 분산이 각각 $\overline{X}$, $\overline{Y}$ 및 S_X^2, S_Y^2 라고 하자. 먼저 σ^2에 대한 불편추정량으로서 앞 장의 식 (7.30)의 S_p^2, 즉 $S_p^2 = \dfrac{(n-1)S_X^2+(m-1)S_Y^2}{n+m-2}$ 을 사용한다. 이제 이 추정량을 모분산 σ_X^2, σ_Y^2 대신 사용하여 식 (8.7)에 대입하면 다음과 같이 검정통계량이 얻어진다.

$$T_0 = \frac{(\overline{X}-\overline{Y})}{S_p\sqrt{\frac{1}{n}+\frac{1}{m}}} \tag{8.8}$$

식 (8.8)의 검정통계량은 귀무가설이 사실일 때 자유도 $n+m-2$인 t분포를 따르게 되므로 유의수준이 α인 기각역은 [표 8-3]과 유사한 형태로서 [표 8-6]과 같다.

표 8-6 $\sigma_X^2 = \sigma_Y^2 = \sigma^2$이고 값은 알지 못할 경우의 귀무가설 $H_0 : \mu_X = \mu_Y$에 대한 기각역

대립가설(H_1)	기각역
$\mu_X > \mu_Y$	$\{t_0 : t_0 > t_\alpha(n+m-2)\}$
$\mu_X < \mu_Y$	$\{t_0 : t_0 < -t_\alpha(n+m-2)\}$
$\mu_X \neq \mu_Y$	$\{t_0 : \|t_0\| > t_{\alpha/2}(n+m-2)\}$

예제 8-10

기존 장비로 만든 전구의 수명(X)과 새로 도입한 장비로 만든 전구의 수명(Y)을 비교하고자 한다. 기존 장비로부터 생산된 전구를 15개, 새로운 장비로 생산된 전구를 10개씩 무작위 추출하여 수명 데이터의 평균과 분산을 계산한 결과 평균은 각각 3,015시간 및 3,527시간, 분산은 각각 250 및 300이었다. 새로운 장비로 만든 전구수명의 분산은 기존 장비로 만든 전구수명의 분산과 같다고 할 때 새로운 장비로 만든 전구의 수명이 기존 장비로 만든 전구의 수명보다 길다고 할 수 있는지 유의수준 5%로 검정하라.

| 풀이 |

① 가설

$H_0 : \mu_X = \mu_Y \quad H_1 : \mu_X < \mu_Y$

② 검정통계량

먼저 $s_p^2 = \dfrac{(15-1)(250)+(10-1)(300)}{15+10-2} = 269.565$이므로 $s_p = 16.418$이다. 따라서 검정통계량의 관측값은 다음과 같다.

$$t_0 = \frac{(\bar{x}-\bar{y})}{s_p\sqrt{\frac{1}{n}+\frac{1}{m}}} = \frac{3015-3527}{16.418\sqrt{\frac{1}{15}+\frac{1}{10}}} = -76.39$$

③ 기각역

$\{t_0 : t_0 < -t_{0.05}(23) = -1.714\}$

④ 판정

$t_0 = -76.39 < -1.714$로서 검정통계량의 관측값이 기각역에 속한다. 따라서 귀무가설이 기각되고 대립가설이 채택된다. 즉, 새로운 장비로 만든 전구의 수명이 기존 장비로 만든 전구의 수명보다 길다고 할 수 있다.

| R을 이용한 검정 |

원 데이터가 없어서 표본평균 $\overline{X}$ 및 $\overline{Y}$의 관측값 3015, 3527과 표본분산 S_X^2 및 S_Y^2의 관측값 250, 300으로부터 p값을 계산하면 1.766×10^{-29}으로서 0.05보다 작으므로 귀무가설을 기각한다.

```
> xbar <- 3015
> ybar <- 3527
> sx <- 250
> sy <- 300
> sp <- sqrt(((n-1)*sx + (m-1)*sy)/(n+m-2))
> se <- sp*sqrt(1/n + 1/m)
> pvalue <- pt((xbar-ybar)/se, n+m-2)
> pvalue
[1] 1.766121e-29
```

마지막으로 모분산 σ_X^2, σ_Y^2에 대한 정보가 전혀 없을 경우는 본 책의 수준을 벗어나므로 구체적인 설명을 생략한다. 다만 두 모집단으로부터 얻어진 표본크기가 모두 30 이상으로서 대표본일 경우는 식 (8.7)의 검정통계량에 모분산 대신 표본분산을 대입하고 모분산이 알려진 경우에 준해서 풀 수 있다.

예제 8-11

기존 장비로 만든 전구의 수명(X)과 새로 도입한 장비로 만든 전구의 수명(Y)을 비교하고자 한다. 기존 장비로부터 생산된 전구를 40개, 새로운 장비로 생산된 전구를 30개씩 무작위 추출하여 수명 데이터의 평균과 분산을 계산한 결과 표본평균은 각각 3,015시간 및 3,527시간이고 표본분산은 각각 250시간 및 300시간이었다. 새로운 장비로 만든 전구의 수명이 기존 장비로 만든 전구의 수명보다 길다고 할 수 있는지 유의수준 5%로 검정하라.

| 풀이 |

① 가설

$H_0 : \mu_X = \mu_Y \quad H_1 : \mu_X < \mu_Y.$

② 검정통계량

$$z_0 = \frac{(\overline{x} - \overline{y})}{\sqrt{\dfrac{s_X^2}{n} + \dfrac{s_Y^2}{m}}} = \frac{3015 - 3527}{\sqrt{\dfrac{250}{40} + \dfrac{300}{30}}} = -127.01$$

③ 기각역

$\{z_0 : z_0 < -z_{0.05} = -1.645\}$

④ 판정

$z_0 = -127.01 < -1.645$로서 검정통계량의 관측값이 기각역에 속한다. 따라서 귀무가설이 기각되고 대립가설이 채택된다. 즉, 새로운 장비로 만든 전구의 수명이 기존 장비로 만든 전구의 수명보다 길다고 할 수 있다.

| R을 이용한 검정 |

원 데이터가 없어서 표본평균 $\overline{X}$ 및 $\overline{Y}$의 관측값 3015, 3527과 표본분산 S_X^2 및 S_Y^2의 관측값 250, 300 그리고 n=40, m=30으로부터 p값을 계산하면 0.00000으로서 0.05보다 작으므로 귀무가설을 기각한다.

```
> xbar <- 3015
> ybar <- 3527
> n <- 40
> m <- 30
> vx <- 250
> vy <- 300
> se <- sqrt(vx/n + vy/m)
> pvalue <- pnorm((xbar-ybar)/se)
> pvalue
[1] 0
```

두 모집단의 분산을 비교하는 목적은 분산 그 자체에 관심이 있기 때문일 수도 있고 모평균을 비교하기 전에 두 모분산이 같다고 보아도 되는지 확인하기 위함일 수도 있다. 분산이 같은지 확인하고자 할 때의 귀무가설은

$$H_0 : \sigma_X^2 = \sigma_Y^2 \tag{8.9}$$

와 같이 설정된다. 이에 대한 대립가설은 $H_1 : \sigma_X^2 < \sigma_Y^2$, $H_1 : \sigma_X^2 > \sigma_Y^2$ 혹은 $H_1 : \sigma_X^2 \neq \sigma_Y^2$ 중 하나가 될 것이다.

그런데 모분산에 대한 가설검정은 F분포에 근거하므로 이에 대한 이해가 선행되어야 한다. 두 모집단의 분산과 표본분산의 비와 관련하여 식 (8.10)과 같이 정의된 확률변수

$$F = \frac{S_X^2/\sigma_X^2}{S_Y^2/\sigma_Y^2} \sim F(n-1,\ m-1) \tag{8.10}$$

는 분자 자유도 $n-1$, 분모 자유도 $m-1$인 F분포를 따르게 된다. 만약 식 (8.9)로 설정된 귀무가설이 사실이라면 식 (8.10)으로부터 얻어진 검정통계량

$$F_0 = \frac{S_X^2}{S_Y^2} \tag{8.11}$$

은 분자 자유도 $n-1$, 분모 자유도 $m-1$인 F분포, 즉 $F(n-1,\ m-1)$을 따르게 된다. 그러므로 식 (8.9)의 가설을 검정하기 위한 유의수준 α인 기각역은 [표 8-7]과 같이 얻을 수 있다.

표 8-7 두 모분산을 비교하기 위한 귀무가설 $H_0 : \sigma_X^2 = \sigma_Y^2$에 대한 기각역

대립가설(H_1)	기각역
$\sigma_X^2 > \sigma_Y^2$	$\{f_0 : f_0 > F_\alpha(n-1,\ m-1)\}$
$\sigma_X^2 < \sigma_Y^2$	$\left\{f_0 : f_0 < F_{1-\alpha}(n-1,\ m-1) = \dfrac{1}{F_\alpha(m-1,\ n-1)}\right\}$
$\sigma_X^2 \neq \sigma_Y^2$	$\left\{\begin{array}{l} f_0 : f_0 > F_{\alpha/2}(n-1,\ m-1) \text{ 혹은} \\ f_0 < F_{1-\alpha/2}(n-1,\ m-1) = \dfrac{1}{F_{\alpha/2}(m-1,\ n-1)} \end{array}\right\}$

F분포의 경우 분모분자를 뒤바꾸어도 똑같이 F분포를 따르게 되고 다만 분모분자의 자유도만 바뀌게 되므로

$$F_{1-\alpha}(n-1,\ m-1) = \frac{1}{F_\alpha(m-1,\ n-1)} \tag{8.12}$$

이 성립한다는 것에 주의해야 한다.

예제 8-12

기존 장비로 만든 전구의 수명(X)과 새로 도입한 장비로 만든 전구의 수명(Y)을 비교하고자 한다. 기존 장비로부터 생산된 전구를 15개, 새로운 장비로 생산된 전구를 10개씩 무작위 추출하여 수명 데이터의 평균과 분산을 계산한 결과 표본평균은 각각 3,015시간 및 3,527시간이고 표본분산은 각각 250시간 및 300시간이었다. 두 전구 수명의 분산이 같다고 할 수 있는지 유의수준 5%로 검정하라.

| 풀이 |

① 가설

$$H_0 : \sigma_X^2 = \sigma_Y^2 \quad H_1 : \sigma_X^2 \neq \sigma_Y^2$$

② 검정통계량

$$f_0 = \frac{s_X^2}{s_Y^2} = \frac{250}{300} = 0.833$$

③ 기각역

$$\left\{ f_0 : f_0 > F_{0.025}(14,9) = 3.798 \text{ 혹은 } f_0 < F_{0.975}(14,9) = \frac{1}{F_{0.025}(9,14)} = \frac{1}{3.209} = 0.312 \right\}$$

④ 판정

$0.312 < f_0 = 0.833 < 3.798$로서 검정통계량의 관측값이 기각역에 속하지 않는다. 따라서 귀무가설을 채택하고 두 모집단의 분산을 같은 것으로 간주한다.

| R을 이용한 검정 |

원 데이터가 없어서 표본분산 S_X^2 및 S_Y^2의 관측값 250, 300으로부터 p값을 계산하면 0.73296으로서 0.05보다 크므로 귀무가설을 채택한다. 여기서는 양쪽검정이므로 R의 F분포 누적분포함수값을 계산해 주는 pf함수에 표본분산이 작은 쪽을 분자로, 큰 쪽을 분모로 넣고 자유도도 그에 맞추어 입력하여 실행시킨 다음 결과값을 두 배로 해주어야 한다는 점에 주의해야 한다.

```
> sx <- 250
> sy <- 300
> n <- 15
> m <- 10
> pvalue <- 2*pf(sx/sy,n-1,m-1)
> pvalue
[1] 0.7329641
```

8.3.2 대응표본

식이요법의 효과를 판단하기 위해 n명의 식이요법 참여자에 대해 시행 전후의 체중을 조사하여 데이터가 $(X_1,\ Y_1), (X_2,\ Y_2), \cdots, (X_n,\ Y_n)$와 같이 쌍으로 얻어졌다고 하자. 만약 $D_i = X_i - Y_i,\ i = 1, 2, \cdots, n$이라 둔다면 이들은 평균 $\mu_D = \mu_X - \mu_Y$, 분산 σ_D^2인 모집단으로부터 얻어진 표본으로 생각할 수 있다. 여기서 우리의 관심사는 식이요법의 효과가 있을 것인지($\mu_D > 0$) 여부일 것이다. 이 경우 객관적인 결론을 이끌어내기 위해 가설검정을 실시해 볼 수 있다. 일반적으로 대응표본을 대상으로 하는 가설검정에서 귀무가설은 $\mu_D = \mu_X - \mu_Y = 0$, 즉

$$H_0 : \mu_D = \mu_X - \mu_Y = 0 \text{ 혹은 } \mu_X = \mu_Y \tag{8.13}$$

으로 설정되고 대립가설은 상황에 따라 $H_1 : \mu_X > \mu_Y\,(\mu_D > 0)$, $H_1 : \mu_X < \mu_Y\,(\mu_D < 0)$ 혹은 $H_1 : \mu_X \neq \mu_Y(\mu_D \neq 0)$ 중 하나가 된다. 검정통계량은 앞 장의 식 (7.34)에 귀무가설에서 설정한 $\mu_D = \mu_X - \mu_Y = 0$을 대입하여

$$T_0 = \frac{\overline{D}}{S_D \,/\, \sqrt{n}} \tag{8.14}$$

로 얻어진다. 또한 유의수준 α일 때 기각역은 [표 8-8]과 같이 주어진다.

표 8-8 대응 비교에서의 귀무가설 $H_0 : \mu_D = \mu_X - \mu_Y = 0$(혹은 $\mu_X = \mu_Y$)에 대한 기각역

대립가설(H_1)	기각역
$\mu_D > 0$	$\{t_0 : t_0 > t_\alpha(n-1)\}$
$\mu_D < 0$	$\{t_0 : t_0 < -t_\alpha(n-1)\}$
$\mu_D \neq 0$	$\{t_0 : \lvert t_0 \rvert > t_{\alpha/2}(n-1)\}$

예제 8-13

식약처에서 새로 개발한 살균법의 효과를 알아보기 위해 12종의 음식물에 대해 시험해 본 결과 박테리아 서식률이 다음과 같이 나타났다. 살균처리 후 박테리아 서식률이 감소한다고 할 수 있는지 유의수준 5%로 검정하라.

식품	1	2	3	4	5	6	7	8	9	10	11	12
살균처리 전	6.98	7.08	8.34	5.30	6.26	6.77	7.03	5.56	5.97	6.64	7.03	7.69
살균처리 후	6.95	6.94	7.17	5.15	6.28	6.81	6.59	5.34	5.98	6.51	6.84	6.99

| 풀이 |

① 가설

$H_0 : \mu_D = \mu_X - \mu_Y = 0 \qquad H_1 : \mu_D = \mu_X - \mu_Y > 0$

② 검정통계량

먼저 $\bar{d}$와 s_D를 계산하면 각각 $\bar{d}=0.258$, $s_D=0.357$이므로

$$t_0=\frac{\bar{d}}{s_D/\sqrt{n}}=\frac{0.258}{0.357/\sqrt{12}}=2.503$$

③ 기각역

$\{t_0 : t_0 > t_{0.05}(11)=1.796\}$

④ 판정

$t_0=2.503>1.796$으로서 검정통계량의 관측값이 기각역에 속한다. 따라서 귀무가설을 기각하고 살균법의 효과가 있다고 판정한다.

| R을 이용한 검정 |

원 데이터가 있을 경우는 명령어 하나로 결과를 바로 보여주므로 간단하다. 아래 실행내용에서 처음 두 행은 데이터를 입력하기 위한 것이다. 결과 검정통계량의 관측값은 $t=2.5101$이고 p값은 0.02898로서 유의수준 0.05보다 작으므로 귀무가설을 기각하게 된다. 검정통계량의 관측값이 앞의 풀이결과와 다소 차이가 나는 것은 반올림에 의한 것이다.

```
> before <- c(6.98,7.08,8.34,5.30,6.26,6.77,7.03,5.56,5.97,6.64,7.03,7.69)
> after <- c(6.95,6.94,7.17,5.15,6.28,6.81,6.59,5.34,5.98,6.51,6.84,6.99)
> t.test(before,after,paired=T)

        Paired t-test

data:  before and after
t=2.5101, df=11, p-value=0.02898
alternative hypothesis: true difference in means is not equal to 0
95 percent confidence interval:
 0.03181173 0.48485493
sample estimates:
mean of the differences
        0.2583333
```

8.4 근사적인 가설검정

8.4.1 모비율에 대한 검정

우리나라 대통령 선거에서 지지율 40% 이상이 되면 당선이 거의 확실시된다고 하자. 어느 후보가 선거를 3개월 앞두고 지지율을 조사하여 40% 이상의 지지율을 확보하고 있다고 판단되면 표를 굳히기 위해 이미 발표한 공약에 대한 구체적인 실천방안을 마련하여 홍보하고, 그렇지 않으면 새로운 공약을 개발하여 부동표를 끌어오려고 한다. 이와 같은 상황에서 선거전략을 마련하려면 지지율에 대한 객관적인 판단이 선행되어야 할 것이다. 지지율, 부적합품률, 합격률 등 비율에 대한 객관적인 판단을 하고자 가설검정을 할 경우의 귀무가설은

$$H_0 : p = p_0 \tag{8.15}$$

와 같이 설정한다. 이에 대한 대립가설은 문제의 상황에 따라 $H_1 : p > p_0$, $H_1 : p < p_0$ 혹은 $H_1 : p \neq p_0$과 같이 설정한다.

모비율에 대한 가설검정은 중심극한정리에 근거하여 앞 장의 식 (7.20)을 이용한다. 검정통계량은 설정된 귀무가설 $H_0 : p = p_0$이 사실이라는 전제하에 도출된

$$Z_0 = \frac{\hat{p} - p_0}{\sqrt{\dfrac{p_0(1-p_0)}{n}}} \tag{8.16}$$

을 사용한다. 또한 유의수준 α인 기각역은 [표 8-9]와 같이 주어진다.

표 8-9 모비율 검정에서의 귀무가설 $H_0 : p = p_0$에 대한 기각역

대립가설(H_1)	기각역
$p > p_0$	$\{z_0 : z_0 > z_\alpha\}$
$p < p_0$	$\{z_0 : z_0 < -z_\alpha\}$
$p \neq p_0$	$\{z_0 : \lvert z_0 \rvert > z_{\alpha/2}\}$

예제 8-14

대선 후보로 출마한 모 후보의 지지율을 파악하기 위하여 10,000명의 유권자를 무작위 추출하여 조사한 결과 4,100명이 지지의사를 밝혔다. 이 후보에 대한 지지율이 40%를 넘는다고 할 수 있는지 유의수준 1%로 검정하라. 단, 지지 여부에 대한 조사결과는 정확하다고 한다.

| 풀이 |

① 가설

$H_0 : p = 0.4 \qquad H_1 : p > 0.4$

② 검정통계량

표본비율 $\hat{p} = 0.41$이므로 검정통계량의 관측값은

$$z_0 = \frac{\hat{p} - p_0}{\sqrt{\frac{p_0(1-p_0)}{n}}} = \frac{0.41 - 0.4}{\sqrt{\frac{(0.4)(1-0.4)}{10000}}} = 2.04$$

③ 기각역

$\{z_0 : z_0 > z_{0.01} = 2.326\}$

④ 판정

$z_0 = 2.04 < 2.326$으로서 검정통계량의 관측값이 기각역에 속하지 않으므로 귀무가설을 채택한다. 따라서 유의수준 1%로 할 경우 지지율이 40%를 넘는다고 볼 수 없다.

| R을 이용한 검정 |

R에서는 명령어 한 줄로 비율에 대한 검정을 정규분포에 의한 근사적인 검정이 아니라 이항분포를 사용하여 정확한 p값을 계산해 준다. 아래 결과에서 p값은 0.02123으로서 유의수준 0.01보다 크므로 귀무가설이 채택된다.

```
> binom.test(4100,10000,p=0.4,alternative=c("greater"))

            Exact binomial test

data:  4100 and 10000
number of successes = 4100, number of trials = 10000, p-value = 0.02123
alternative hypothesis: true probability of success is greater than 0.4
95 percent confidence interval:
 0.4018802 1.0000000
sample estimates:
probability of success
                  0.41
```

8.4.2 모비율 차에 대한 검정

대통령 선거에서 가장 주목받고 있는 두 후보의 지지율을 비교하고자 할 경우와 같이 두 비율의 대소관계를 파악하고자 가설검정을 활용한다면 귀무가설은 일반적으로 다음과 같이 설정된다.

$$H_0 : p_1 = p_2 \tag{8.17}$$

이에 대한 대립가설은 상황에 따라 $H_1 : p_1 > p_2$, $H_1 : p_1 < p_2$ 혹은 $H_1 : p_1 \neq p_2$ 중 하나로 설정될 것이다. 검정통계량은 앞 장의 식 (7.38)로부터 유도되지만 주의해야 할 사항이 있다. 즉, 귀무가설을 사실로 받아들인다고 하더라도 p_1과 p_2의 값을 구체적으로 알게 되는 것은 아니므로 이에 대한 추정값을 사용해야 한다는 것이다. 이제 각각 n, m개의 표본을 뽑아 표본비율 $\widehat{p_1} = X/n$와 $\widehat{p_2} = Y/m$를 얻었다고 하자. 이제 귀무가설이 사실이라면 앞 장의 식 (7.38)의 분자에 있는 $p_1 - p_2$는 0이 되어 소거될 것이다. 그러나 분모에 있는 p_1과 p_2는 그 값을 알지 못하므로 $p_1 = p_2 = p$의 추정값을 다음과 같이 계산하여 대입한다.

$$\hat{p} = \frac{X+Y}{n+m} \tag{8.18}$$

따라서 식 (8.17)로 설정된 귀무가설을 검정하기 위한 검정통계량은 다음 식으로 주어지게 된다.

$$Z_0 = \frac{(\widehat{p_1} - \widehat{p_2})}{\sqrt{\left(\frac{1}{n} + \frac{1}{m}\right)\hat{p}(1-\hat{p})}} \tag{8.19}$$

유의수준 α인 기각역을 정리하면 [표 8-10]과 같다.

표 8-10 두 모비율 비교를 위한 귀무가설 $H_0 : p_1 = p_2$에 대한 기각역

대립가설(H_1)	기각역
$p_1 > p_2$	$\{z_0 : z_0 > z_\alpha\}$
$p_1 < p_2$	$\{z_0 : z_0 < -z_\alpha\}$
$p_1 \neq p_2$	$\{z_0 : \lvert z_0 \rvert > z_{\alpha/2}\}$

예제 8-15

어느 대학에서 교수 150명 중 48명이 담배를 피우고, 학생 300명 중 114명이 담배를 피우는 것으로 조사되었다. p_1을 학생의 흡연율이라 하고, p_2를 교수의 흡연율이라 할 때 교수와 학생의 흡연율이 같은지 유의수준 5%로 검정하라.

| 풀이 |

① 가설

$H_0: p_1 = p_2 \qquad H_1: p_1 \neq p_2$

② 검정통계량

$\hat{p_1} = 114/300 = 0.38$, $\hat{p_2} = 48/150 = 0.32$이고 $\hat{p} = \dfrac{114+48}{300+150} = 0.36$이므로 검정통계량의 관측값은

$$z_0 = \frac{(\hat{p_1} - \hat{p_2})}{\sqrt{\left(\frac{1}{n} + \frac{1}{m}\right)\hat{p}(1-\hat{p})}} = \frac{0.38 - 0.32}{\sqrt{\left(\frac{1}{300} + \frac{1}{150}\right)(0.36)(1-0.36)}} = 1.25$$

③ 기각역

$\{z_0 : |z_0| > z_{0.025} = 1.96\}$

④ 판정

$|z_0| = |1.25| = 1.25 < 1.96$으로서 검정통계량의 관측값이 기각역에 속하지 않으므로 귀무가설을 채택한다. 따라서 교수와 학생의 흡연율이 다르다고 할 수 없다.

| R을 이용한 검정 |

R에서는 두 비율에 대한 비교검정은 카이제곱분포에 의한 근사검정을 실시한다. 아래 결과에서 p값은 0.2519로서 유의수준 0.05보다 크므로 귀무가설이 채택된다.

```
> prop.test(c(48,114),c(150,300))

        2-sample test for equality of proportions with continuity correction

data:  c(48, 114) out of c(150, 300)
X-squared = 1.3129, df = 1, p-value = 0.2519
alternative hypothesis: two.sided
95 percent confidence interval:
  -0.15767957  0.03767957
sample estimates:
prop 1 prop 2
   0.32   0.38
```

통계이야기 통계적 유의성

사회과학, 실험심리학, 뇌과학 분야 등에서 권위를 인정받는 국제저널 '*Nature Human Behaviour*'에 2017년 "통계적 유의성을 재정의하라(Redefine Statistical Significance)"라는 제목의 논문이 게재되었다. 해당 논문은 2021년 기준 1,600여 회에 달하는 연구들로부터 피인용되었을 만큼 과학 분야에서 큰 영향을 끼쳤다. 사실, 이 논문은 특정 주제에 대해 기존에 밝혀지지 않은 또는 기존에 받아들여지고 있는 가설과는 다른 새로운 연구가설을 세우고, 실험결과를 통계적으로 분석하고 고찰·논의하여 해당 가설을 검정하는 형태의 일반적인 논문이 아닌 해당 분야의 유력 연구자들이 합심하여 일치된 의견을 게재한 일종의 성명문의 성격을 띤 기고문(comment)이다. 그런데 왜 이렇게 많은 연구들에 영향을 미치게 된 것일까?

해당 논문에서는 최근 발표된 연구들이 밝힌 '통계적으로 유의미한(statistically significant)' 발견에 기반한 새로운 주장들이 연구의 재현성 부족으로 인해 그 신뢰성이 떨어진다는 우려를 내비치고 있다. 연구의 재현성이란 A라는 연구자가 발표한 연구가 있을 때, B라는 연구자가 A가 밝힌 연구방법과 분석방법을 동일하게 수행했을 때 A와 동일한 연구결과를 얻을 수 있는가에 대한 것으로, 특정 연구결과가 과학적인 가치를 얻기 위해 반드시 확보되어야 하는 성질을 의미한다.

연구의 재현성을 결여시키는 원인들에는 다수의 가설에 대해 동시에 검정을 진행하는 다중검정(multiple testing), 실험 전 수립된 가설을 데이터 분석을 통해 검정하는 것이 아닌 데이터 분석결과에 따라 가설을 새로이 수립·검정하는 p-해킹(p-hacking), 유의한 결과만을 보고하는 출판 편향(publication bias) 등이 있다.

해당 논문에서는 많은 연구자들은 이러한 원인을 제거하는 데 많은 노력을 기울여 왔으나 아직까지 연구의 재현성을 결여시키는 주요 원인이 완벽하게 해결되지 않다고 생각하고 있으며, 이는 많은 분야에서 새로운 발견을 주장하기 위한 증거의 통계적 기준(유의수준, level of significance)이 너무 낮다는 데 있다고 주장하였다. 유의수준을 0.05 설정한 연구들의 경우 실험절차나 분석 및 보고과정에 문제가 없는 경우에도 높은 비율의 긍정 오류(false positive)가 나타날 수 있음을 지적한 것이다. 이는 2005년 스탠퍼드 대학의 연구팀에서 p-value가 0.05일 때 연구가설(대립가설)이 참일 확률이 귀무가설이 참일 확률의 2.5~3.4배임에 따라 연구가설이 거짓일 확률이 25%가량이 될 수 있음을 보고했던 것과 일맥상통한다. 이에 따라 이들은 새로운 발견에 대한 통계적 유의성을 정의하는 임계값인 유의수준을 0.05에서 0.005로 변경할 경우, 많은 분야에서 연구의 재현성을 즉시 향상시킬 것이라고 주장하였다. 또한 유의확률이 0.005~0.05 사이의 값을 가질 경우, 유의하다(significant)는 표현 대신 시사한다(suggestive)는 표현으로 쓰여야 한다고 주장하였다.

이러한 대응은 연구의 재현성에 대한 기준을 보다 엄격히 함으로써 게재된 논문의 신뢰성을 확보하는 데 확실히 도움이 될 것이다. 하지만 이에 따라 발생하는 문제점들에 대해서도 생각해 보아야 할 것이다. p-value를 낮추는 데 가장 직접적이고 효과적인 방법은 표본수를 늘리는 것이다. 그런데 이는 곧 시간적, 경제적 연구비용을 높여 연구자의 부담을 가중시킬 것이다. 또한 어떠한 연구 문제에 있어서는 많은 표본을 모집하기 어려운 경우도 있을 것이다. 이로 인해 연구활동이 침체되는 현상이 나타날 수 있을 것이다. 이뿐만 아니라 연구가설이 참임에도 불구하고, 데이터 분석결과 귀무가설의 유의수준이 0.005보다 높아 연구가설을 참으로 받아들이지 못하는 문제가 발생할 수도 있다는 것을 간과해서는 안 될 것이다.

이러한 논문이 발표된 이후에도 여전히 대다수의 저명한 국내외 저널에서는 0.05의 유의수준을 기준으로 가설의 통계적 유의성을 판단한 논문들이 받아들여지고 있다. 이러한 논문들에서 발표한 연구결과들에 대한 이해 및 해석은 독자가 판단해야 할 것이다. 양적 연구 성과의 경쟁이 심화됨에 따라 수많은 연구결과들이 쏟아지고 있는 현재, 유의수준에 대한 논란은 재점화될 것으로 예상된다.

연 | 습 | 문 | 제

1. 어느 과일 통조림의 상품표시에 통조림 1개당 탄수화물 함량이 50그램이 넘는다고 적혀 있다. 탄수화물 함량의 표준편차는 4그램이라고 한다. 무작위로 뽑은 25개 통조림의 탄수화물의 함량의 평균이 52.3그램이었다. 이 자료가 통조림에 표시된 내용과 부합하는지를 유의수준 5%로 검정하라.

2. 어느 농약회사에서 자사의 진딧물용 농약은 비가 온 후에도 잔류율이 85% 이상 된다고 광고하고 있다. 소비자단체에서는 이 회사의 주장이 사실인지를 확인하고자 한다.
   (1) 유사한 농약에 대한 과거의 실험으로부터 진딧물용 농약의 잔류율은 근사적으로 표준편차 13.2인 정규분포를 따른다고 한다. 이 회사의 진딧물용 농약의 잔류율에 대한 검정을 하기 위한 가설을 세우고, 유의수준 5%인 검정의 기각역을 구하라.
   (2) 자료가 81, 91, 88, 69, 75, 83, 82, 85로 주어진 경우에 유의수준 5%로 가설을 검정하라.

3. 어느 스키 선수가 활강코스를 10번 달렸더니 걸린 시간이 평균 12.3분이고, 표준편차가 1.2분이었다. 이 자료로 이 스키 선수가 그 코스를 활강하는 데 걸리는 시간의 모평균이 13분이라고 할 수 있는지 유의수준 5%로 검정하라.

4. 새로 개발한 포탄용 화약의 품질을 알아보기 위해 포탄 8개를 발사하여 그 발사속도(단위 : m/초)를 측정한 결과가 다음과 같다.
   1,002 995 1,001 1,005 1,004 1,008 998 1,005
   발사속도가 정규분포를 따른다고 할 때 새로운 화약이 장착된 포탄의 평균 발사속도가 1,000m/초를 넘는다는 주장이 맞다고 할 수 있는지 유의수준 10%로 검정하라.

5. 어떤 자극에 대한 반응시간(단위 : 초)을 정상인 8명과 음주자 6명에 대하여 측정한 결과 다음과 같은 수치를 얻었다.
   정상인 : 3.0 2.0 1.0 2.5 1.5 4.0 1.0 2.0
   음주자 : 5.0 3.0 4.0 4.5 2.0 2.5
   음주자의 반응이 정상인보다 늦다고 할 수 있는지 유의수준 5%로 검정하라.

6. 담배 A와 B의 한 개비당 니코틴 함량(단위 : mg)을 비교하기 위해 A에서 크기 10인 표본을, B에서 크기 12인 표본을 뽑아 니코틴 함량을 측정하여 다음과 같은 결과를 얻었다. 두

담배의 니코틴 함량에 차이가 있다고 할 수 있는지 유의수준 5%로 검정하라.

구분	A	B
평균 분산	15.4 2.7	17.5 3.2

7. 어떤 정책을 지지하는 사람 중에서 10명과 반대하는 사람 중에서 12명을 각각 무작위로 뽑아 나이를 조사하여 다음과 같은 결과를 얻었다. 지지자의 평균연령이 반대자의 평균연령과 차이가 난다고 할 수 있는지 유의수준 10%로 검정하라. 단, 두 모집단의 표준편차는 동일하다.

구분	나이											
지지자	28	33	27	31	29	25	50	30	25	41		
반대자	31	43	49	32	40	41	48	30	28	39	42	36

8. 콘크리트의 강도는 주로 건조방법에 영향을 받는다. A방법으로 건조한 콘크리트 조각 10개의 강도(단위 : kg/cm^2)를 측정했더니 평균이 232, 표준편차가 13이었고, B방법으로 건조한 콘크리트 조각 8개의 강도를 측정했더니 평균이 223, 표준편차가 11이었다. 두 건조방법에 차이가 있다고 할 수 있는지 유의수준 5%로 검정하라.

9. 중소기업 협동조합은 회원사들을 위한 종업원 안전교육 프로그램을 개발하였는데, 이 프로그램이 효과적인지를 알아보기 위해 8개의 회원사 종업원들에게 이 안전교육을 실시한 결과 교육 실시 전과 실시 후 사고로 인한 손실에 관하여 다음과 같은 결과를 얻었다.
(38, 31), (64, 58), (42, 43), (70, 65), (58, 52), (30, 29), (35, 37), (49, 45)
수치는 1년간 사고로 인한 월평균 인-시(man-hour) 손실로 앞의 것은 교육 실시 전, 뒤의 것은 교육 실시 후를 나타낸다. 이 안전교육 프로그램이 사고로 인한 인-시 손실을 줄이는 데 효과가 있는지 유의수준 5%로 검정하라.

10. 두 대의 컴퓨터를 비교하기 위해 6개의 CPU 검사 프로그램을 각 컴퓨터에서 실행시킨 시간(단위 : 분)이 다음과 같다. 프로그램을 수행하는 컴퓨터의 CPU 시간에 차이가 있는지 유의수준 1%로 검정하라.

구분	CPU 검사 프로그램					
컴퓨터	1	2	3	4	5	6
1	1.12	1.73	1.04	1.86	1.47	2.10
2	1.15	1.72	1.10	1.87	1.46	2.15

11. 회사직원들의 안전의식을 0점에서 100점까지의 점수로 나타낼 때 생산 1부, 생산 2부, 관리부 직원들의 안전의식 점수는 평균이 각각 μ_1, μ_2, μ_3이고 분산이 같은 σ^2인 정규분포를 따른다고 한다. 각 부서로부터 10명씩을 뽑아 시험을 치른 결과 다음과 같은 자료를 얻었다. 생산 1, 2부 직원들의 안전의식에 차이가 있다고 할 수 있는지 유의수준 5%로 검정하라.

구분	생산 1부	생산 2부	관리부
평균	70	60	50
분산	126	117	108

12. 어느 시계회사에서 새로 시판하는 특정 모델 시계의 오차(단위 : 초/월)는 표준편차가 0.10 이하라고 광고하고 있다. 이를 확인하기 위해 이 모델 시계 9개를 무작위로 뽑아 동시에 작동시켜 한 달 후의 시각을 표준시계와 비교하여 그 차이를 조사한 결과 표준편차가 0.16으로 나타났다. 이와 같은 실험결과에 비추어 이 회사의 광고가 근거가 있다고 할 수 있는지 유의수준 1%로 검정하라.

13. 주·야 2교대로 작업이 이루어지는 공장에서 작업시간에 따라 제품 품질의 산포가 달라지는지를 알아보고자 한다. 주간 작업조에서 생산된 제품 중에서 10개를 뽑아 표본분산 8.75를 얻고, 야간 작업조에서 생산된 제품 중에서 13개를 뽑아 표본분산 16.48을 얻었다. 야간 작업조에서 생산된 제품의 분산이 주간 작업조에서 생산된 제품의 분산보다 크다고 할 수 있는지 유의수준 5%로 검정하라.

14. A신문사에서는 대학생 86명을 무작위로 뽑아 기여입학제도에 관한 의견을 물었다. 그 결과 그중 45명이 기여입학제도를 반대하였고 나머지는 찬성하였다. A신문사는 이 자료로 우리나라 대학생 중 기여입학제도를 반대하는 비율이 50%를 초과한다고 할 수 있는지 판단하고자 한다. 적절한 가설을 세우고 유의수준 5%로 검정하라.

15. A와 B 두 회사에서 생산되는 에어컨의 보증기간은 1년이다. 비슷한 용량의 A회사 제품 50대 중 4대가 1년 내에 고장이 났고, B회사 제품 50대 중 3대가 1년 내에 고장이 났을 때, 두 회사 제품의 고장비율의 차이가 있다고 할 수 있는지 유의수준 5%로 검정하라.

CHAPTER 9

회귀분석

통계학개론
Introduction to Statistics

9.1 기본개념

9.2 단순선형회귀모형

9.3 최소제곱추정

9.4 회귀모형의 유의성 분석

9.5 회귀모형의 적합성 검토

09 Chapter 회귀분석

9.1 기본개념

많은 생산현장에서 데이터를 수집하는 근본적인 이유는 공정현황을 모니터링하고 문제점이 발견되면 그 원인을 찾아내고 해결방안을 도출함으로써 향후 동일한 문제의 재발을 방지함으로써 공정개선을 도모하는 데 있다. 따라서 중요한 품질특성에 대해 문제점이 발견되면 해당 품질특성의 성능에 영향을 미치는 원인변수를 찾아내는 것은 중요하다. 예를 들어, 인장강도(tensile strength)는 건설현장에서 사용되는 철근의 가장 중요한 특성 중 하나이며, 따라서 건설용 철근을 생산하는 회사에서 인장강도에 대해 파악하는 것은 중요하다. 앞서 제7장에서 학습한 내용을 바탕으로 철근공정에서 생산되는 제품의 일부를 표본으로 취하여 인장강도의 평균이나 분산이 어느 정도인지를 추정할 수 있다.

만약 인장강도의 평균이나 분산에 대한 추정치가 정해진 기준치에 미치지 못하거나 만족스럽지 않은 경우에는 어떻게 할 것인가? 이 물음에 답하기 위해서는 철근을 생산하는 공정에서 어떤 변수가 인장강도에 영향을 미치는지 파악하여야 한다. 예를 들어, 일반적으로 많은 철근제품에서는 탄소함유량이 증가함에 따라 인장강도가 증가한다고 알려져 있다. 다른 모든 조건이 동일한 공정에서 생산된 제품이라 하더라도 개별 제품마다 탄소함유량에는 미세한 차이가 있을 수 있으며, 이러한 차이로 인하여 제품마다 인장강도가 달리 관찰될 수 있다. 또한 동일한 탄소함유량을 지닌 제품이라 하더라도 기타 공정조건의 차이로 인하여 인장강도가 다르게 관찰될 수도 있다. 따라서 서로 다른 인장강도를 지닌 여러 제품을 표본으로 취하여 해당 공정에서 생산되는 제품의 평균 인장강도에 대해 추론할 수 있다. 만약 철근제품의 평균 인장강도가 고객이 요구하는 수준에 미치지 못하는 것으로 나타난다면 평균 인장강도를 높이기 위한 방안이 강구되어야 할 것이며, 그 방법의 하나로 용융공정에서 탄소함유량을 늘리는 것을 고려할 수 있다.

그렇다면 평균 인장강도를 고객의 요구수준까지 향상시키기 위하여 탄소함유량은 얼마나 늘릴 것인가? 이 물음에 답하기 위해서는 인장강도와 탄소함유량 사이의 대략적인 함수관계를 파악하는 것은 유용할 것이다. 예를 들어, 탄소함유량과 인장강도를 각각 x, Y 라고 할 때 다음과 같은 함수관계를 생각할 수 있다.

$$Y = f(x) + \varepsilon \tag{9.1}$$

여기서 ε은 동일한 탄소함유량을 지닌 제품이라도 기타 공정조건의 차이로 인장강도가 다르게 나타날 수 있음을 반영하기 위한 확률적 오차(random error)를 의미한다. 확률적 오차의 영향력이 지배적으로 나타나지 않는다면 이와 같은 함수관계로부터 요구수준의 인장강도를 갖춘 제품을 생산하기 위해 어느 정도의 탄소함유량이 필요한지 파악할 수 있을 것이다. 위와 같은 함수관계에서 영향을 미치는 변수 x를 설명변수(explanatory variable) 또는 독립변수(independent variable), 관심대상이 되는 변수 Y를 반응변수(response variable) 또는 종속변수(dependent variable)라고 한다. 우리 주변에는 자연과학, 공학, 경영경제학 및 사회과학 등 많은 분야에서 독립변수와 종속변수 사이의 함수관계를 알면 도움이 되는 문제들이 많이 있으며, 이러한 관계를 실험이나 조사를 통해 얻은 자료들을 분석하여 어느 정도 규명할 수 있다면 귀중한 정보로 이용할 수 있다. 이처럼 변수 간의 관계를 모형화하고 조사하는 통계적 방법을 회귀분석(regression analysis)이라고 부른다.

위의 함수관계에서는 반응변수인 인장강도에 영향을 미치는 변수로 하나의 설명변수만을 고려하였다. 이와 같이 독립변수가 하나인 모형을 단순회귀모형이라고 하며, 반대로 독립변수가 여러 개인 경우에는 다중회귀모형이라고 한다. 또한 회귀모형은 반응변수와 설명변수의 함수관계가 선형인 경우와 비선형인 경우로 크게 나누어 볼 수 있는데, 여기서는 선형모형에 대해서만 다루기로 한다. 다음 장에서는 회귀모형 중 가장 단순한 형태인 단순선형회귀모형(simple linear regression model)을 중심으로 소개한다. 또한 이들의 통계적 성질과 모수에 대한 추론 및 모형의 적합성을 평가하기 위한 방법 등을 소개하기로 한다.

9.2 단순선형회귀모형

일반적으로 여러 변수 간의 관계는 확정적(deterministic) 관계와 확률적(probabilistic) 관계로 나눌 수 있다. 먼저 두 변수 사이에 확정적 관계가 존재한다는 것은 두 변수 사이에 수학적 공식 $y=f(x)$이 성립한다는 것이다. 이때 함수 f의 형태를 모를 수도 있으나, x값이 정해지면 y값은 x값에 따라 확정된다는 것을 알 수 있다. 자연과학이나 공학의 여러 분야에서 x값이 정해지면 이에 따른 반응변수의 값은 아주 작은 오차로 예측할 수 있다는 가정하에 두 변수 간의 관계를 확정적인 함수관계로 취급하는 경우가 많다. 그러나 현실에서는 여러 가지 원인으로 오차가 존재하여 확정적인 관계로 묘사되지 않는 경우가 많다. 예를 들면, 화학공정의 수율은 같은 양의 촉매를 사용하더라도 당시의 온도나 습도 등의 변화에 영향을 받을 수 있기 때문이다. 이런 경우에는 두 변수 간의 관계를 확정적 관계보다는 확률적 관계로 묘사하는 것이 더 바람직하다.

두 변수 사이에 확률적 관계가 있다는 것은 x의 일정한 값에 대해 관측되는 Y값이 일정하게 나타나지는 않지만 평균적으로 일정한 경향을 보인다는 것을 뜻한다. 즉, 식 (9.1)과 같이 설명변수 x값에 대한 반응변수 Y값은 확정적 부분인 $f(x)$와 확률적 부분인 ε의 합으로 표현된다. 여기서 반응변수 Y는 확률변수이나 설명변수 x는 확률변수가 아님을 유의해야 하며 반응변수를 대문자로, 설명변수를 소문자로 나타내는 것도 이러한 이유 때문이다. 변수 간의 확률적 관계를 상정한 뒤에는 회귀분석을 통해 관측된 값으로부터 함수 $f(\cdot)$의 형태를 결정하고 그 적합성을 평가하게 된다. 설명변수와 반응변수의 관측된 값으로부터 산점도를 그려봄으로써 대략적인 함수 형태가 선형인지 비선형인지를 판단할 수 있다. 예를 들어, 철근의 탄소함유량과 인장강도에 대해 관측한 값을 산점도로 나타냈을 때 [그림 9-1] (a)와 같이 나타난다면 둘 사이에는 어떤 관계식이 존재할 수 있음을 의미한다. 이 그림의 형태로 볼 때, 두 변수 사이의 관계는 일종의 선형관계로 추측되며 [그림 9-1] (b)는 이러한 선형관계를 산점도 위에 나타낸 것이다. 이러한 선형관계를 식으로 나타내면 다음과 같다.

$$Y=\alpha+\beta x+\varepsilon,\ \ \varepsilon\sim iidN(0,\ \sigma_\epsilon^2) \tag{9.2}$$

그림 9-1 | 탄소함유량과 인장강도 사이의 산점도

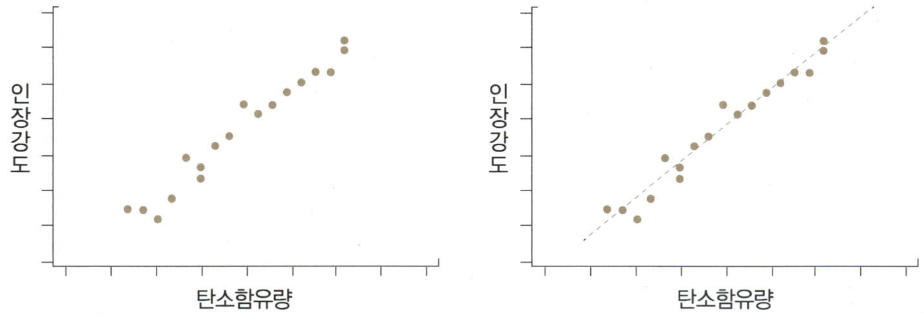

(a) 산점도 (b) 선형회귀모형

여기서 α, β는 각각 직선의 절편과 기울기를 나타내는 회귀계수(regression coefficient)로서 설명변수와 반응변수에 대해 관측된 값을 바탕으로 추정하여야 하는 회귀모형의 모수들이다. 모든 관측치가 직선 위에 위치하지 않는 것은 확률적 오차 ε 때문이며, 이러한 오차는 모형에 반영되지 않은 기타 변수의 영향 또는 측정오류 등에 기인한다. 여기서 확률적 오차는 항상 일정한 값으로 나타나는 것은 아니며 회귀직선보다 큰 값과 작은 값이 고르게 관찰될 것이다. 나아가 확률적 오차는 상호 독립인 정규분포를 따르는 것으로 가정하는 것이 일반적이다.

식 (9.2)의 양변에 평균을 취하면 다음과 같이 Y에 대한 기댓값을 나타낼 수 있다.

$$E[Y] = \alpha + \beta x$$

식 (9.2)를 일반화하여 k개의 설명변수 $x_1, x_2, \cdots, x_k$가 존재하는 경우로 확장하면 다중선형회귀모형(multiple linear regression model)이 된다. 여기서 선형이라 함은 식 (9.2)와 같이 종속변수 Y가 독립변수 X의 선형함수로 나타남을 의미한다.

회귀모형을 설정할 때에는 다음과 같은 사항이 고려되어야 한다.

① 얼마나 많은 수의 설명변수를 선정할 것인가?

② 설명변수의 변화에 따라 반응변수의 분포는 어떻게 변화하는가?

③ 회귀모형이 성립되는 설명변수의 영역은 어느 정도인가?

따라서 회귀분석을 실시하기 위해서는 먼저 적절한 수의 설명변수로 회귀모형을 설정하고 회귀모형의 모수들을 추정해야 한다. 또한 회귀분석을 실시하여 모수를 추정한 후 실제로 회귀모형을 사용하기 전에 반드시 모형이 적절한지를 검증하여야 하는데 이에 대해서는 후속 절에서 설명하도록 한다.

만약 모형이 적절하지 않아 수정해야 한다면, 설명변수를 추가 또는 제거하거나 선형이 아닌 함수관계를 설정하는 등을 통해 새로운 회귀모형을 설정하고 추정의 단계를 다시 거쳐야 할 것이다. 따라서 회귀분석은 한 번만에 끝나는 과정이 아니라 반복적으로 이루어지는 과정이라 할 수 있다. 마지막으로 회귀분석을 적용할 때 유의할 사항으로 회귀모형은 변수 간의 인과관계를 의미하는 것은 아니라는 것이다. 비록 두 개 혹은 그 이상의 변수 간에 실험적으로 뚜렷한 관계를 보인다고 하더라도, 이러한 관계가 원인에 의한 결과로 반응변수가 나타나게 된다는 증거가 될 수는 없다. 인과관계로 설명하고자 할 때에는 회귀모형을 추정하기 위한 자료 외에도 분석대상 시스템의 특성으로부터 얻어지는 이론적인 근거가 필요하다. 회귀분석은 이러한 이론적 바탕을 토대로 인과관계를 뒷받침할 수 있을 뿐이다.

9.3 최소제곱추정

회귀모형을 실제로 사용하기 위해서는 먼저 회귀모수 α, β에 대한 추정이 선행되어야 한다. 여기서는 회귀모수의 추정법 중에서 가장 널리 사용되는 **최소제곱추정법(least squares estimation)**에 대해서만 알아본다.

실험이나 조사를 통하여 설명변수 x의 여러 값 $x_1, x_2, \cdots, x_n$에 대응하는 반응변수 y의 관측치 $y_1, y_2, \cdots, y_n$을 얻었을 때, 이를 이용하여 반응변수와 설명변수의 관계를 식 (9.2)와 같은 단순선형회귀모형으로 분석하는 경우를 생각해 보자. 반응변수와 설명변수 간에 단순선형회귀모형을 가정하면 회귀계수 α와 β를 추정해야 한다. 실제로 설명변수와 반응변수의 관측치를 대표할 수 있는 선형함수는 무수히 많을 수 있다. 예를 들어, 인장강도와 탄소함유량에 대한 관측치를 이용하여 단순선형회귀모형을 추정할 때 [그림 9-2]의 직선 (A)와 같은 선형함수를 생각해 볼 수 있다. 또한 직선 (B)도 주어진 관측치를 표현하는 데 무리가 없어 보인다. 이외에도 서로 다른 기울기와 절편을 가진 무수히 많은 선형함수를 고려할 수 있는데, 과연 어떤 직선식이 주어진 데이터를 가장 잘 표현하는지를 결정하여야 한다.

그림 9-2 | 단순선형회귀모형의 선형함수

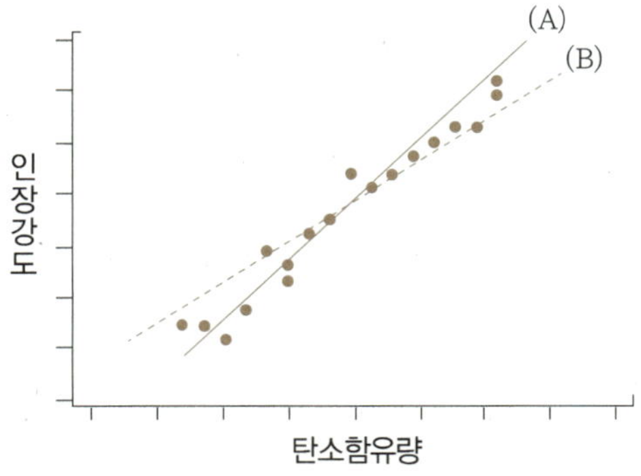

회귀계수를 추정하는 방법에는 여러 가지가 있으나 직관적인 판단으로는 선형식에 의한 **반응변수의 기댓값과 반응변수의 실제 관측치의 차이**(즉, 확률적 오차)를 최소화하는 것이 바람직할 것이다. [그림 9-3]에서 ε_i는 확률적 오차를 나타내며, 이는 회귀직선과 실제 관측치의 거리(즉, $\varepsilon_i = y_i - (\alpha + \beta x_i)$로 표현할 수 있음)로서 선형회귀모형의 확률적 오차 ε에 대한 관찰값으로 볼 수 있다.

그림 9-3 | 반응변수의 기댓값과 실제 관측치의 차이

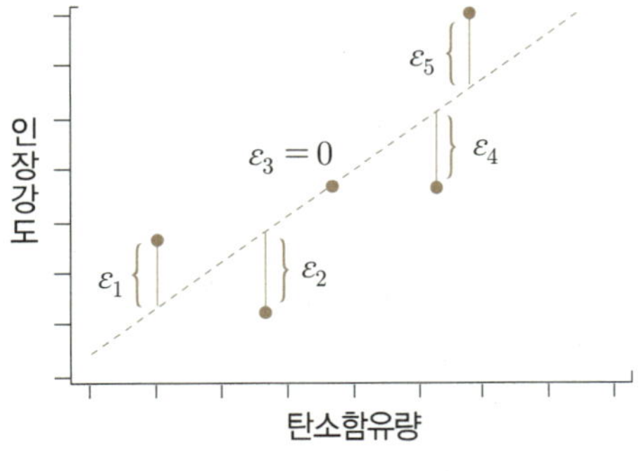

단순히 오차의 합이 최소가 되도록 회귀계수를 정하면 양의 오차와 음의 오차가 서로 상쇄되어 데이터를 적절히 표현하는 회귀직선을 얻을 수 없다. 그래서 오차의 제곱합이

최소가 되도록 α와 β을 찾는 방법을 생각할 수 있으며, 이를 **최소제곱추정법**이라고 한다.

$$Q(\alpha,\beta) \equiv \sum_{i=1}^{n}\varepsilon_i^2 = \sum_{i=1}^{n}\left[y_i-(\alpha+\beta x_i)\right]^2 \tag{9.3}$$

위의 식 (9.3)은 회귀계수 α와 β의 함수이며, 설명변수와 반응변수 사이에 실제로 선형함수관계가 성립한다고 가정하면 회귀계수의 참값을 알지 못하므로 이들을 추정하여야 한다. 회귀계수 α와 β의 추정치를 각각 a와 b라고 하면, $Q(\alpha, \beta)$가 최소가 되도록 하는 추정치를 구할 수 있다. 즉, $Q(\alpha, \beta)$를 α와 β로 미분하여 0으로 놓은 식을 연립으로 풀어서 구한다.

$$\left.\frac{\partial Q(\alpha,\beta)}{\partial\alpha}\right|_{a,b} = -2\sum_{i=1}^{n}(y_i-a-bx_i)=0$$

$$\left.\frac{\partial Q(\alpha,\beta)}{\partial\beta}\right|_{a,b} = -2\sum_{i=1}^{n}(y_i-a-bx_i)x_i=0$$

을 만족하는 a와 b가 최소제곱추정값이 된다. 위의 두 식을 정리하면

$$na+b\sum_{i=1}^{n}x_i=\sum_{i=1}^{n}y_i \tag{9.4a}$$

$$a\sum_{i=1}^{n}x_i+b\sum_{i=1}^{n}x_i^2=\sum_{i=1}^{n}x_iy_i \tag{9.4b}$$

이 되는데, 식 (9.4)를 **정규방정식(normal equations)**이라 한다. 이 정규방정식을 a와 b로 나타내면 다음과 같은 결과를 얻을 수 있다.

회귀계수 α와 β의 최소제곱추정값

단순선형회귀모형에서 회귀계수 α와 β의 최소제곱추정값은 다음과 같이 정의된다.

$$b=\frac{\sum_{i=1}^{n}(x_i-\bar{x})(y_i-\bar{y})}{\sum_{i=1}^{n}(x_i-\bar{x})^2} \tag{9.5a}$$

$$a=\bar{y}-b\bar{x} \tag{9.5b}$$

단, $\bar{x}=\frac{1}{n}\sum_{i=1}^{n}x_i$, $\bar{y}=\frac{1}{n}\sum_{i=1}^{n}y_i$이다.

식 (9.5)에서와 같이 $\sum(x_i-\overline{x})^2$, $\sum(y_i-\overline{y})^2$, $\sum(x_i-\overline{x})(y_i-\overline{y})$ 등의 표현을 자주 쓰는데, 편의상 이들을 각각 S_{xx}, S_{yy}, S_{xy}로 정의하여 사용하기로 한다. 이들의 값은 식 (9.6)의 오른쪽 계산식을 이용하여 구하는 것이 편리하다.

$$S_{xx} \equiv \sum_{i=1}^{n}(x_i-\overline{x})^2 = \sum_{i=1}^{n}x_i^2 - \left(\sum_{i=1}^{n}x_i\right)^2/n \tag{9.6a}$$

$$S_{yy} \equiv \sum_{i=1}^{n}(y_i-\overline{y})^2 = \sum_{i=1}^{n}y_i^2 - \left(\sum_{i=1}^{n}y_i\right)^2/n \tag{9.6b}$$

$$S_{xy} \equiv \sum_{i=1}^{n}(x_i-\overline{x})(y_i-\overline{y}) = \sum_{i=1}^{n}x_iy_i - \left(\sum_{i=1}^{n}x_i\right)\left(\sum_{i=1}^{n}y_i\right)/n \tag{9.6c}$$

이 식을 이용하면 β의 최소제곱추정값은 $b=S_{xy}/S_{xx}$로 간단히 표시할 수 있다. 이렇게 구한 회귀계수의 추정치를 이용하여 선형회귀모형을 표현하면 다음과 같다.

$$\hat{y_i}=a+bx_i$$

여기서 $\hat{y}_i$값은 실제 관측치 y_i값과는 차이가 있으며, 이러한 차이는 확률적 오차에 기인하는 부분도 있고 회귀계수의 추정치가 참값과 다르기 때문이기도 하다.

예제 9-1

고가의 기계를 사용하여 제품을 생산하는 어떤 공장에서는 6개월에 한 번씩 기계를 정비한다고 한다. 기계의 사용기간(단위 : 월)과 정비비용(단위 : 만원) 사이에 어떤 관계가 있는지를 알아보기 위해 기계의 사용기간에 따른 정비비용을 조사하였다. 10대의 기계를 조사한 결과 다음과 같은 자료를 얻었다. 사용기간을 설명변수, 정비비용을 반응변수로 하는 단순회귀모형을 추정하라.

관측번호(i)	1	2	3	4	5	6	7	8	9	10
사용기간(x_i)	18	6	30	48	6	36	18	18	30	36
정비비용(y_i)	25	17	48	58	23	40	30	39	40	60

| 풀이 |

사용기간에 따라 정비비용이 어떻게 변화하는지 함수관계를 통해 파악하기 위하여 위 표의 자료를 이용하여 선형회귀모형을 찾고자 한다. 먼저 두 변수 사이의 관계를 시각적으로 파악하기 위하여 산점도(scatter plot)를 그려보면 다음과 같다.

그림 9-4 사용기간과 정비비용 간 산점도

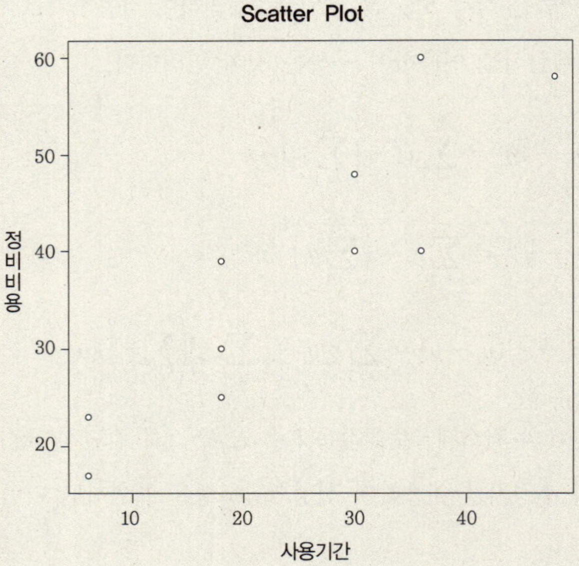

정비비용과 기계의 사용기간 사이의 산점도를 살펴보면, 두 변수 사이에는 개략적으로 선형관계가 있는 것으로 보인다. 따라서 두 변수 간의 관계를 단순회귀모형에 적합시켜 보자. 먼저 S_{xx}와 S_{xy}를 계산해 보면

$$S_{xx} = \sum_{i=1}^{n} x_i^2 - \left(\sum_{i=1}^{n} x_i\right)^2 / n = 7{,}740 - \frac{(246)^2}{10} = 1{,}688.4$$

$$S_{xy} = \sum_{i=1}^{n} x_i y_i - \left(\sum_{i=1}^{n} x_i \sum_{i=1}^{n} y_i\right) / n = 10{,}956 - \frac{(246)(380)}{10} = 1{,}608.0$$

이다. 따라서 회귀계수에 대한 최소제곱추정량은

$$b = \frac{S_{xy}}{S_{xx}} = \frac{1{,}608.0}{1{,}688.4} = 0.9524$$

$$a = \bar{y} - b\bar{x} = 38 - (0.9524)(24.6) = 14.571$$

이고, 추정회귀식은

$$\hat{y} = 14.571 + 0.9524x$$

로서 기계의 사용기간이 1개월 늘어날 때 정비비용은 평균적으로 9,524원만큼 늘어난다는 것을 보여주고 있다. 이러한 선형회귀모형은 R을 이용하여 손쉽게 구할 수 있다.

| R에 의한 풀이 |

```
> 사용기간 <- c(18,6,30,48,6,36,18,18,30,36)
> 정비비용 <- c(25,17,48,58,23,40,30,39,40,60)
> plot(사용기간,정비비용,main="Scatter Plot")
```

```
> 선형회귀식 <- lm(정비비용 ~ 사용기간)
> summary(선형회귀식)
```

그림 9-5 | R을 이용한 선형회귀분석 결과 화면

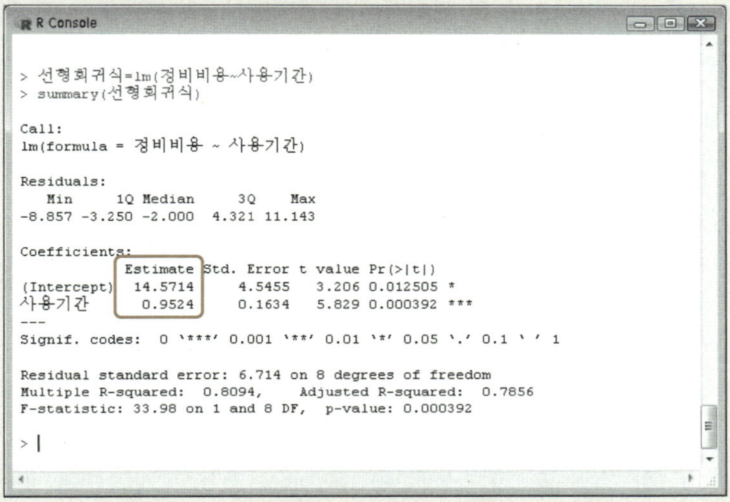

```
R Console
> 선형회귀식=lm(정비비용~사용기간)
> summary(선형회귀식)

Call:
lm(formula = 정비비용 ~ 사용기간)

Residuals:
   Min     1Q Median     3Q    Max
-8.857 -3.250 -2.000  4.321 11.143

Coefficients:
            Estimate Std. Error t value Pr(>|t|)
(Intercept)  14.5714     4.5455   3.206 0.012505 *
사용기간      0.9524     0.1634   5.829 0.000392 ***
---
Signif. codes:  0 '***' 0.001 '**' 0.01 '*' 0.05 '.' 0.1 ' ' 1

Residual standard error: 6.714 on 8 degrees of freedom
Multiple R-squared:  0.8094,    Adjusted R-squared:  0.7856
F-statistic: 33.98 on 1 and 8 DF,  p-value: 0.000392

> |
```

또한 다음의 명령을 입력하면 앞서 구한 산점도에 선형회귀식을 추가할 수 있다.

```
> abline(coef(선형회귀식))
```

그림 9-6 | 산점도에 선형회귀식을 추가한 화면

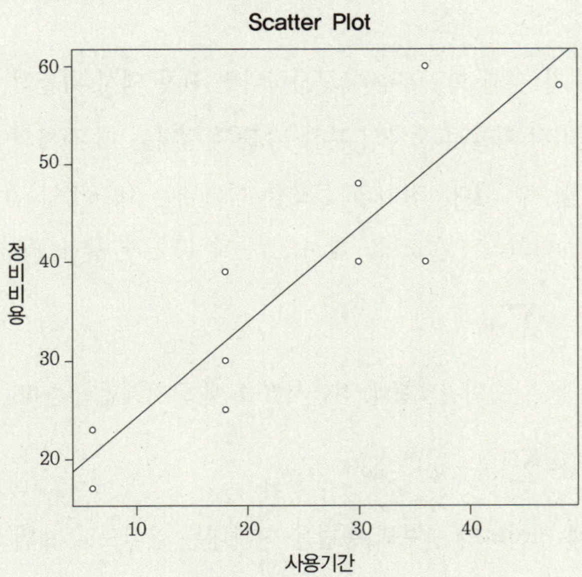

설명변수와 반응변수 사이에 식 (9.2)의 선형적 관계가 성립한다고 가정하더라도 두 변수 사이의 실제 선형함수 관계인 $y_i = \alpha + \beta x_i$를 알지 못할 뿐만 아니라 확률적 오차 ε_i의 영향에 의해 모든 데이터들이 동일 직선상에서 관찰되지 않는다. 또한 관찰된 데이터를 바탕으로 회귀계수의 추정치 a와 b를 구했다고 하더라도 이들이 실제 회귀계수인 α와 β의 참값과 일치한다고 볼 수 없다. 따라서 모형의 타당성이나 오차로 인한 영향의 크기 등을 판단하기 위한 추가적인 분석이 필요하다. 이와 같은 추가분석을 진행하기 위해서는 오차로 인한 영향의 크기를 나타내는 오차분산 σ_ε^2에 대한 추정이 선행되어야 한다.

오차분산 σ_ε^2에 대한 추정은 오차항에 대한 추정값인 **잔차(residual)**를 이용한다. 잔차는 실제 관측값과 추정된 회귀식에 의해 적합된 값의 차이를 말하며, i번째 관측값에 대한 잔차 e_i는

$$e_i = y_i - \hat{y_i} = y_i - (a + bx_i) \tag{9.7}$$

과 같이 표현된다. 즉, 설명변수와 반응변수 사이의 관계는 다음과 같은 식으로 표현된다.

$$\begin{aligned} y_i &= \alpha + \beta x_i + \epsilon_i \\ &= a + bx_i + e_i \end{aligned}$$

만약 추정회귀계수가 실제 회귀계수와 근사하다면 잔차 역시 확률적 오차와 근사하다고 할 수 있으며, 따라서 확률적 오차의 분산 σ_ε^2을 추정하는 데 잔차의 산포를 이용하는 것은 합리적이라고 할 수 있다. 잔차의 산포를 나타내는 대표적인 값으로 **오차제곱합(sum of squares for error : SSE)**을 들 수 있는데 다음과 같이 표현할 수 있다.

$$SSE = \sum e_i^2 = \sum (y_i - \hat{y}_i)^2 \tag{9.8}$$

[예제 9-1]의 자료를 단순회귀모형에 적합시켰을 때 오차제곱합은 360.57로 계산된다.

$$SSE = \sum e_i^2 = \sum (y_i - \hat{y_i})^2 = 360.57$$

오차제곱합은 전체 데이터의 산포의 총합을 나타내는 값이므로 개별 데이터의 평균적인 산포를 알기 위해서는 잔차제곱의 평균인 **평균제곱오차(mean squared error : MSE)**

를 이용하며 다음과 같이 표현된다.

$$MSE = \frac{SSE}{(n-2)} = \frac{\sum(y_i - \hat{y}_i)^2}{(n-2)} \tag{9.9}$$

평균제곱오차는 표본분산(sample variance)의 개념과 동일하나 표본분산을 구할 때 $(n-1)$로 나누는 것과는 달리 잔차제곱합을 $(n-2)$로 나누어 구하는 것에 유의하도록 한다. 이는 자유도(degree of freedom)라는 개념과 관련이 있으며 본 책의 범위를 벗어나므로 자세한 설명은 생략하기로 한다. 요약하자면 확률적 오차의 분산 σ_ε^2는 MSE로 추정하며, 확률적 오차의 표준편차 σ_ε에 대한 추정량으로는 $\sqrt{MSE}$를 사용한다.

예제 9-2

어느 회사에서 판매하는 10종류의 제품에 대해 1년간 투자한 광고비(단위 : 억원)와 매출액(단위 : 억원) 간 관계를 알아보기 위하여 다음의 자료를 수집하였다. 광고비를 설명변수, 매출액을 반응변수로 하는 단순회귀모형을 추정할 때, MSE를 구하라.

품목(i)	1	2	3	4	5	6	7	8	9	10
광고비(x_i)	9	7	10	5	3	12	6	7	15	1
매출액(y_i)	25	30	27	15	8	29	18	25	40	5

| 풀이 |

회귀계수에 대한 최소제곱추정량을 구하기 위해 우선 S_{xx}와 S_{xy}를 계산하면

$$S_{xx} = \sum_{i=1}^{n} x_i^2 - \left(\sum_{i=1}^{n} x_i\right)^2 / n = 719 - \frac{(75)^2}{10} = 156.5$$

$$S_{xy} = \sum_{i=1}^{n} x_i y_i - \left(\sum_{i=1}^{n} x_i \sum_{i=1}^{n} y_i\right) / n = 2{,}040 - \frac{(75)(222)}{10} = 375.0$$

이다. 따라서 회귀계수 α, β에 대한 추정량 a, b 및 추정회귀식은 다음과 같다.

$$b = \frac{S_{xy}}{S_{xx}} = \frac{375.0}{156.5} = 2.3962$$

$$a = \bar{y} - b\bar{x} = 22.2 - (2.3962)(7.5) = 4.2285$$

$$\hat{y} = 4.2285 + 2.3962x$$

추정회귀식을 이용하여 매출액의 추정값 $\hat{y}_i$을 구하면 다음과 같다.

품목(i)	1	2	3	4	5	6	7	8	9	10
광고비(x_i)	9	7	10	5	3	12	6	7	15	1
매출액 추정값($\hat{y_i}$)	25.79	21.00	28.19	16.21	11.42	32.98	18.61	21.00	40.17	6.62

여기서 오차제곱합 SSE와 평균제곱오차 MSE는 다음과 같다.

$$SSE = \sum (y_i - \hat{y}_i)^2 = 131.07$$

$$MSE = \frac{SSE}{(n-2)} = \frac{131.07}{8} = 16.3838$$

| R에 의한 풀이 |

```
> 광고비 <- c(9,7,10,5,3,12,6,7,15,1)
> 매출액 <- c(25,30,27,15,8,29,18,25,40,5)
> 선형회귀식 <- lm(매출액 ~ 광고비)
> anova(선형회귀식)

Analysis of Variance Table

Response: 매출액
          Df  Sum Sq  Mean Sq  F value     Pr(>F)
광고비     1  898.56   898.56   54.858  7.571e-05 ***
Residuals  8  131.04    16.38
---
Signif. codes:  0 '***' 0.001 '**' 0.01 '*' 0.05 '.' 0.1 ' ' 1
```

참고) 소수점 이하에서 차이가 발생하는 이유는 공식에 의한 계산 시 특정 위치의 소수점 이하의 값을 절사하였기 때문이다.

9.4 회귀모형의 유의성 분석

단순선형회귀모형에서는 반응변수와 설명변수 간에 일정한 기울기를 갖는 선형관계가 있다고 가정하였다. 이러한 관계가 의미를 가지기 위해서는 선형회귀모형의 기울기가 0이 아니어야 한다. 따라서 회귀모형의 유의성 여부를 판단하기 위해서는 기울기를 나타내는 회귀계수 β의 참값이 0인지 아닌지를 객관적으로 판단할 수 있어야 한다. 이를 위해서 관찰된 데이터를 바탕으로 최소제곱추정법을 적용하여 얻어진 실제 회귀계수와 근사한 추정치인 b값을 분석하여 통계적 판단을 내리게 된다.

단순히 생각하면 b값이 0에 가까우면 실제 회귀계수도 0에 가까울 것이라고 짐작할 수 있으나, 여기서 문제는 "추정치가 얼마나 0에 가까워야 회귀모형의 기울기가 0이라고 판단"할 것인가 하는 점이다. 이 물음에 답하기 위해서는 먼저 회귀계수의 추정치가 일정한 분포를 따른다는 것을 인식하는 것이 중요하다. 회귀계수의 추정치는 설명변수와 반응변수에 대해 관찰된 일정한 수의 표본을 바탕으로 구한 것이며, 다른 표본을 취하여 관찰한다면 회귀계수의 추정치로 다른 값을 얻게 될 것이다. 만약 표본을 달리하면서 구한 회귀계수의 추정치가 표본에 따라 큰 차이를 보인다면, 관찰된 표본만으로 구한 추정치는 믿을 만한 것이 되지 못할 것이다. 반대로 서로 다른 표본을 이용하여 구한 회귀계수의 추정치들이 거의 동일하다면 추정치는 믿을 만한 것으로 볼 수 있으며 b값이 0에 가까운 값이라고 하더라도 회귀모형은 기울기를 갖는다고 판단할 수 있다. 예를 들어, 반응변수와 설명변수에 대해 10개씩 관찰하였다고 하자. 만약 1회 10개 표본에서 구한 추정치가 0.15, 2회 10개 표본에서 구한 추정치가 −0.1, 3회 10개 표본에서 구한 추정치가 0.1, 4회 10개 표본에서 구한 추정치가 −0.15 등으로 나타난다면 회귀계수의 기울기가 0이 아니라고 확신하기 어려울 것이다. 반대로 1회 표본에서 구한 추정치가 0.102, 2회 표본에서 구한 추정치가 0.098, 3회 표본에서 구한 추정치가 0.101, 4회 표본에서 구한 추정치가 0.099 등으로 나타난다면 실제 회귀모형의 기울기는 약 0.1 정도일 것이라고 판단할 수 있다.

실제 회귀계수에 대한 통계적인 판단을 내릴 때에는 반드시 회귀계수 추정치의 분포를 고려하여야 하며 b는 다음과 같은 분포를 따르는 것으로 알려져 있다.

b의 분포

회귀계수 β의 최소제곱추정량 b는 평균이 β, 분산이 $\sigma_\varepsilon^2/S_{xx}$인 정규분포를 따른다.

$$b \sim N(\beta, \sigma_\varepsilon^2/S_{xx}) \text{ 또는 } z = \frac{b-\beta}{\sqrt{\sigma_\varepsilon^2/S_{xx}}} \sim N(0, 1) \tag{9.10}$$

또한 오차의 분산 σ_ε^2을 모르는 경우에는 평균제곱오차(MSE)를 대신 이용하며, 이때에는 자유도가 $(n-2)$인 t분포를 따른다.

$$t = \frac{b-\beta}{\sqrt{MSE/S_{xx}}} \sim t(n-2) \tag{9.11}$$

식 (9.10)과 (9.11)을 이용하면 β의 $100(1-\alpha)\%$ 신뢰구간은 다음과 같다.

$$b \pm z_{\alpha/2} \cdot \sqrt{\frac{\sigma_\varepsilon^2}{S_{xx}}} \qquad \text{(오차의 분산을 알 때)}$$

$$b \pm t_{\alpha/2}(n-2) \cdot \sqrt{\frac{MSE}{S_{xx}}} \qquad \text{(오차의 분산을 알지 못할 때)}$$

회귀계수 β에 대한 가설검정에 사용되는 검정통계량은 다음과 같다.

$$z_0 = \frac{b-\beta_0}{\sqrt{\sigma_\varepsilon^2/S_{xx}}} \qquad \text{(오차의 분산을 알 때)}$$

$$t_0 = \frac{b-\beta_0}{\sqrt{MSE/S_{xx}}} \qquad \text{(오차의 분산을 알지 못할 때)}$$

위 식에서 β_0는 귀무가설에서의 β값을 나타낸다. 예를 들어, 오차의 분산을 알지 못할 때 β가 0인지 아닌지 검정하기 위한 귀무가설 $H_0 : \beta = 0$, 대립가설 $H_1 : \beta \neq 0$에 대해 (즉, $\beta_0 = 0$) 검정통계량과 기각역은 다음과 같다.

$$\text{검정통계량 : } t_0 = \frac{b-0}{\sqrt{MSE/S_{xx}}}, \text{ 기각역 : } |t_0| > t_{\alpha/2}(n-2)$$

회귀계수에 대한 검정통계량값과 유의확률값은 [그림 9-5]의 R 결과 화면에서 관찰할 수 있다. [예제 9-1]에서 회귀모형의 기울기에 대한 t통계량의 값은 5.829이며, 유의확률은 0.000392임을 확인할 수 있다.

9.5 회귀모형의 적합성 검토

지금까지 반응변수와 설명변수 간에 일정한 선형관계가 존재하고 오차들은 서로 독립이며 정규분포 $N(0, \sigma_\varepsilon^2)$을 따른다고 가정할 때 선형회귀모형의 계수를 추정하거나 유의성을 검정하는 방법에 대해 다루었다. 이러한 모든 작업은 우리가 가정한 모형이 적절하지 못할 경우에는 의미가 없어진다. 따라서 반응변수와 설명변수 간에 선형관계가 존재하는지, 확률적 오차가 정규분포를 따르는지 등 모형의 타당성을 검증하는 절차가 반드시 필요하다. 회귀모수를 추정하고 나면 실제 문제에 적용하기 전에 추정된 모형이 자료를 적절히 설명하고 있는지를 조사하게 된다.

회귀모형의 적합성은 기본적으로 오차로 인한 영향의 크기를 분석하여 검토하게 된다. 만약 설정된 모형이 적합하다면 전체 데이터의 변동 중에서 오차로 인한 영향은 작게 될 것이며 대부분의 변동은 회귀모형에 의해 설명될 수 있을 것이다. 모형이 부적합하다면 모형에 포함되어야 할 오차 이외의 요인으로 인한 영향까지 오차항에 포함되어 나타남으로써 오차의 영향이 실제보다 크게 나타날 것이다. 이와 같은 논리를 토대로 실제 모형의 적합성을 검토할 때 자주 사용되는 방법은 잔차의 분포 형태와 결정계수의 값을 검토하는 방법 외에 통계적인 분석방법도 있으나 여기서는 잔차와 결정계수에 대해서만 살펴본다.

9.5.1 잔차분석

잔차는 회귀모형의 확률적 오차 ε_i가 실제로 구현된 것이라고도 볼 수 있기 때문에 만약 모형이 적합하다면 잔차도 오차항의 기본가정을 만족하게 될 것이다. 식 (9.2)의 회귀모형에서 오차에 대한 가정은 ① 독립성, ② 등분산성, ③ 정규성, ④ 불편성의 네 가지로 정리해 볼 수 있다. 보다 구체적으로 살펴보면 확률적 오차는 서로 독립이고 그 분산은 반응변수값의 크기에 관계없이 동일하며, 정규분포를 따르고 치우침이 없어야 한다. 만약 잔차의 형태가 이러한 가정에 위배되는 결과를 보여준다면 모형은 적합하지 않은 것으로 판단하게 된다. 잔차를 사용하여 이와 같은 사항들을 판단하기 위해서 주로 **잔차도**(residual plot)와 **정규확률도**(normal probability plot)를 이용한다.

(1) 잔차도

적합값 $(\hat{y_i})$ 또는 관측값 (y_i)을 횡축으로 하여 잔차들을 타점한 도표를 **잔차도**라 하며, 이를 관찰함으로써 회귀모형의 적합성을 조사해 볼 수 있다. 만약 회귀분석의 기본적인 가정이 충족된다면 잔차들은 적합값(또는 관측값)의 크기에 관계없이 동일한 분포함수를 따를 것이며, 따라서 잔차도에 타점된 잔차들은 일정한 패턴이 없이 무작위하게 나타날 것이다. 예를 들어, 회귀분석을 통해 추정회귀모형을 구하고 잔차를 계산하여 [그림 9-7]과 같은 잔차도를 얻었다고 하자. 여기서 적합값(또는 관측값)이 커짐에 따라 잔차가 증가하는 것을 관찰할 수 있으며, 적합값의 크기에 따라 잔차의 분산이 증가하는 패턴을 보이고 있다. 따라서 적합값의 크기에 관계없이 동일한 분포함수를 따른다는 가정이 위배되는 경우라고 할 수 있다. 반면, [그림 9-8]은 [예제 9-1]의 결과를 이용하여 얻은 잔차도로서 관측값의 크기에 관계없이 잔차의 크기나 분산이 다르지 않고 잔차들이 일정한 패턴이 없이 무작위하게 분포되어 있으므로 잔차들은 동일한 분포함수를 따르는 것으로 판단한다. R 프로그래밍을 이용하여 잔차도를 얻기 위해 다음 명령을 R Console 창에 입력한다.

```
> residuals(선형회귀식)
> plot(정비비용,residuals(선형회귀식),main="Residual Plot")
```

그림 9-7 | 적합값(또는 관측값)에 따라 분산이 동일하지 않은 경우의 잔차도

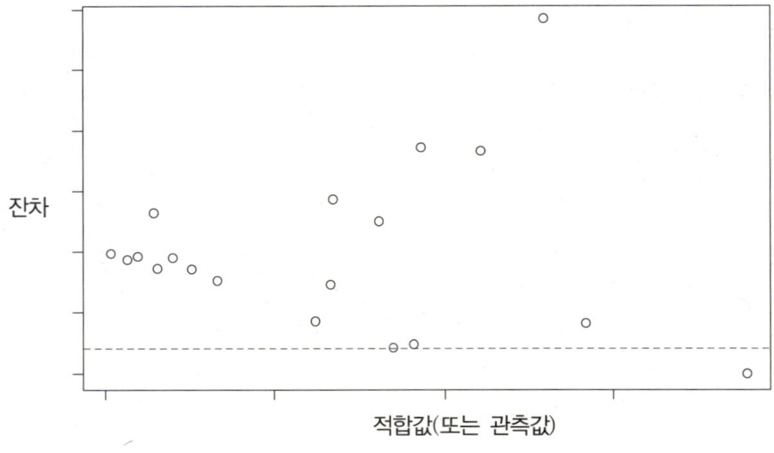

그림 9-8 | R을 이용한 [예제 9-1]의 잔차도

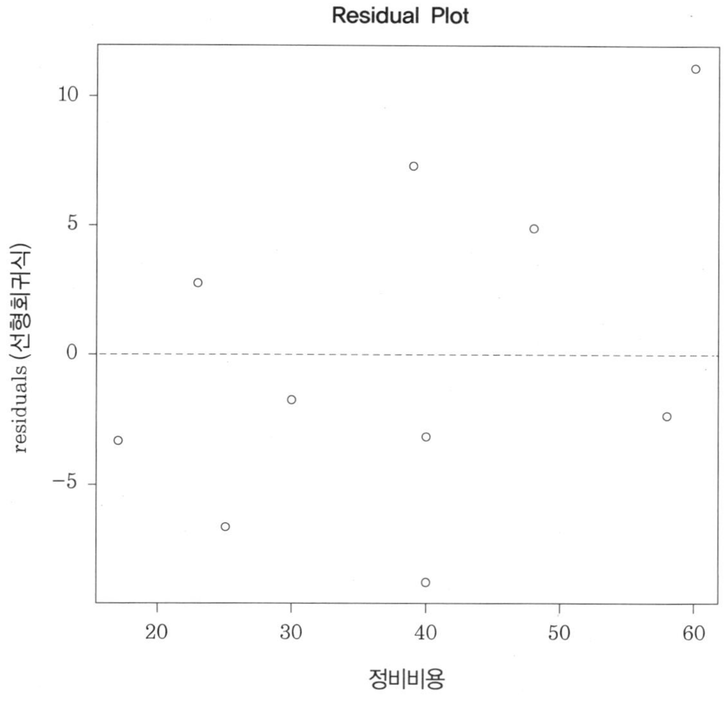

(2) 잔차에 대한 정규확률도

회귀분석에서 확률오차의 분포가 정규분포가 아닌 비대칭분포이거나 꼬리확률이 매우 크다면 모형에 의한 추정이나 신뢰구간은 왜곡된 결과를 나타낼 수 있다. 따라서 잔차가 정규분포를 따르는지 검토할 필요성이 있으며 이를 위해 잔차에 대한 정규확률도를 많이 이용한다. [예제 9-1]의 정규확률도를 얻기 위해 다음 명령을 R Console 창에 입력한다.

```
> qqnorm(residuals(선형회귀식),main="Normal Prob. Plot of Residuals")
> qqline(residuals(선형회귀식))
```

그림 9-9 | R을 이용한 잔차에 대한 정규확률도

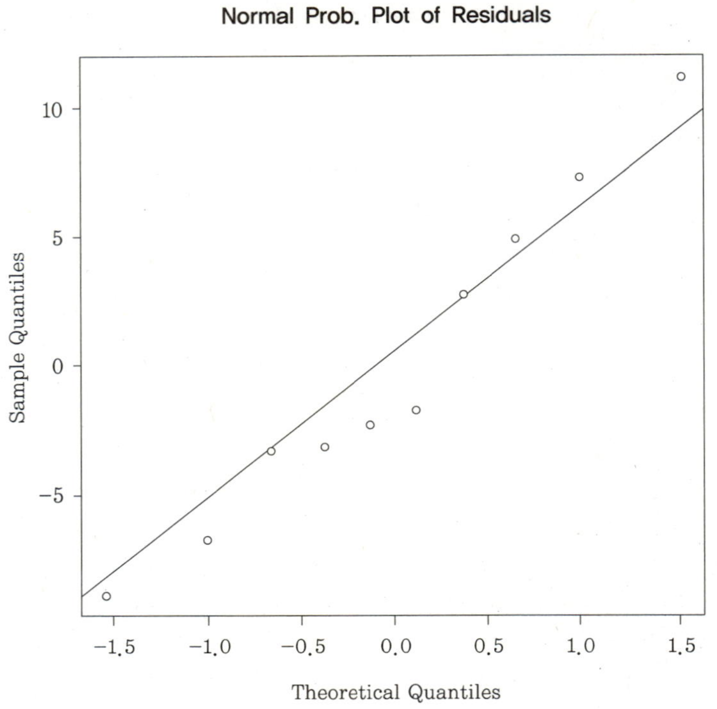

또한 보다 엄밀한 정규성 검토를 위하여 샤피로-윌크(Shapiro-Wilk) 검정, 앤더슨-달링(Anderson-Darling) 검정 등을 이용할 수 있다. [예제 9-1]에서 잔차에 대한 샤피로-윌크 검정을 위해 다음 명령을 입력한다.

```
> shapiro.test(residuals(선형회귀식))
```

R Console 창에 [그림 9-10]과 같은 정규성 검정 결과를 확인할 수 있고, 유의확률값이 0.7408로 상대적으로 크기 때문에 잔차는 정규분포를 따르는 것으로 결론 내릴 수 있다.

그림 9-10 | R을 이용한 샤피로-윌크 정규성 검정 결과

```
        Shapiro-wilk normality test
data: residuals(선형회귀식)
w=0.95612, p-value=0.7408
```

9.5.2 상관계수와 결정계수

회귀분석은 기본적으로 설명변수와 반응변수 사이의 선형적 관련성을 전제로 실시되며, 이러한 선형적 관련성의 강도는 확률오차의 영향을 받는다. 두 변수 사이에 선형관계가 있고 확률오차가 전혀 없는 경우에는 모든 데이터들이 동일한 직선상에 위치할 것이다. 반면 두 변수 사이에 선형관계가 있다고 하더라도 확률오차가 있는 경우에는 데이터들이 직선을 벗어나서 관찰될 것이다. 확률오차의 영향이 클수록 회귀직선으로부터 멀리 떨어져 데이터들이 관찰될 것이다. 이러한 선형관계의 강도는 상관계수(correlation coefficient)를 구하여 판단할 수 있다. 두 변수 사이의 상관계수(ρ)는 $-1 \sim 1$ 사이의 값을 지니며, $\rho = 1$이면 모든 데이터들이 양의 기울기를 갖는 동일 직선상에 위치한다. 한편, $\rho = -1$이면 음의 기울기를 갖는 동일 직선상에 모든 데이터들이 위치한다. 만약 $\rho = 0$이면 두 변수 사이에 선형관계가 없으며 회귀직선은 기울기를 가지지 않는다. 설명변수와 반응변수 사이의 실제 상관계수는 보통 알 수 없으므로, 관찰된 데이터로부터 표본상관계수를 구하여 짐작하며 표본상관계수(r)는 다음과 같이 정의된다.

$$r = \frac{S_{xy}}{\sqrt{S_{xx}S_{yy}}} = \frac{\sqrt{S_{xx}}}{\sqrt{S_{yy}}}b \tag{9.12}$$

R 프로그래밍을 이용하여 설명변수와 반응변수 사이의 상관계수를 쉽게 구할 수 있으며, [예제 9-1]에서 상관계수는 다음 명령을 R Console 창에 입력하여 $r = 0.8997$임을 확인할 수 있다.

```
> cor(사용기간,정비비용)
```

한편, 단순회귀모형의 표본상관계수를 제곱하면 결정계수(coefficient of determination)를 얻게 되는데, 이는 추정회귀모형이 관찰된 데이터를 얼마나 잘 설명하는지를 나타내는 척도로 널리 활용된다. 결정계수는 통상 R^2값이라고 부르며 다음과 같이 정의된다.

$$R^2 = \frac{S_{xy}^2}{S_{xx}S_{yy}} = \frac{\sum(\hat{y}_i - \bar{y})^2}{\sum(y_i - \bar{y})^2} \tag{9.13}$$

결정계수는 표본상관계수를 제곱한 값이므로 $0 \sim 1$ 사이의 값을 가지게 되며, 결정계수가 1에 가까울수록 회귀모형의 설명력은 우수한 것으로 판단한다. [그림 9-5]에서 [예제 9-1]의 결정계수는 0.8094임을 확인할 수 있으며, 이는 상관계수 0.8997을 제곱한 값이다. 또한 식 (9.13)에서 우변항의 분모 $\sum(y_i-\bar{y})^2$는 반응변수의 개별 관측값들이 그 평균으로부터 떨어진 거리를 제곱하여 합한 것으로서 반응변수의 총산포를 나타내며, 이를 **총제곱합(total sum of squares : SST)**이라고 한다. 한편, 분자 $\sum(\hat{y}_i-\bar{y})^2$는 반응변수에 대한 회귀직선의 개별 적합값이 평균으로부터 떨어진 거리를 제곱하여 합한 것으로서 반응변수의 총산포 중에서 회귀직선으로 설명이 가능한 산포를 나타내며, 이를 **회귀제곱합(regression sum of squares : SSR)**이라고 한다. 따라서 우변항은 관찰된 데이터의 총산포 중에서 회귀직선으로 설명이 가능한 산포의 비율을 나타내므로 회귀모형의 설명력을 대표하기에 적절한 지표라고 할 수 있다. 참고로 회귀직선으로부터 개별 관측값까지 떨어진 거리를 제곱하여 합한 것은 식 (9.8)에 정의된 SSE이며, 이는 반응변수의 총산포 중에서 회귀직선으로도 설명이 되지 않는 부분을 나타내는 지표이다. 이들 제곱합 간에는 다음의 관계가 성립한다.

제곱합 간 관계

총제곱합은 회귀제곱합과 오차제곱합의 합과 같다.

$$SST = SSR + SSE \quad \text{또는} \quad \sum_{i=1}^{n}(y_i-\bar{y})^2 = \sum_{i=1}^{n}(\hat{y}_i-\bar{y})^2 + \sum_{i=1}^{n}(y_i-\hat{y}_i)^2$$

따라서 제곱합을 이용하여 결정계수를 간단하게 표현하면 다음과 같다.

$$R^2 = \frac{SSR}{SST}$$

SST는 설명변수를 고려하지 않았을 때 반응변수의 총변동을, SSR은 설명변수가 고려되었을 때 설명변수에 의해(즉, 회귀모형으로) 설명되는 변동을, 그리고 SSE는 설명변수(또는 회귀모형)로도 설명되지 않는 변동을 나타낸다. 이와 같이 결정계수 R^2은 회귀직선이 설명하는 변동이 총변동에서 어느 정도의 비율을 차지하는지를 알 수 있게 해주는 척도로 그 값이 크면 클수록 회귀직선의 적합성이 보장된다고 말할 수 있다. 그러나 이 값만을 기준으로 판단할 수는 없고, 잔차분석을 비롯한 다양한 검정방법을 통해 모형의 적

합성을 종합적으로 판단해야 한다. [예제 9-1]의 자료를 단순회귀모형에 적합시켰을 때 $SST = S_{yy} = 1892.0$, $SSE = 360.57$을 얻었다. 따라서 $SSR = SST - SSE = 1531.43$이고, 결정계수는

$$R^2 = \frac{SSR}{SST} = 0.8094$$

이다. 즉, 반응변수 관측값들의 총산포 중 약 81%를 회귀직선이 설명하고 있다.

예제 9-3

어느 커피전문점에서 기온(일별)이 차가운 음료수 판매량에 미치는 영향을 조사하고자 한다. 10일의 표본을 뽑아 판매된 차가운 음료수 수량과 영업시간 내 평균기온을 기록하여 다음의 자료를 수집하였다. 이 자료를 이용하여 기온을 설명변수, 차가운 음료수 판매량을 반응변수로 하는 단순회귀모형에 적합시키고, 결정계수 R^2을 구하라.

항목(i)	1	2	3	4	5	6	7	8	9	10
기온(x_i)	27	17	25	23	31	21	29	32	15	26
판매량(y_i)	3,578	2,389	3,875	3,785	4,831	2,879	5,125	5,385	2,245	4,358

| 풀이 |

회귀계수에 대한 최소제곱추정량을 구하기 위해 우선 S_{xx}와 S_{xy}를 계산하면

$$S_{xx} = \sum_{i=1}^{n} x_i^2 - \left(\sum_{i=1}^{n} x_i\right)^2 / n = 6340 - \frac{(246)^2}{10} = 288.4$$

$$S_{xy} = \sum_{i=1}^{n} x_i y_i - \left(\sum_{i=1}^{n} x_i \sum_{i=1}^{n} y_i\right) / n = 999{,}297 - \frac{(246)(38{,}450)}{10} = 53{,}427.0$$

이다. 따라서 회귀계수 α, β에 대한 추정량 a, b 및 추정회귀식은 다음과 같다.

$$b = \frac{S_{xy}}{S_{xx}} = \frac{53{,}427.0}{288.4} = 185.25$$

$$a = \bar{y} - b\bar{x} = 3{,}845 - (185.25)(24.6) = -712.23$$

$$\hat{y} = -712.23 + 185.25x$$

추정회귀식을 이용하여 매출액의 추정값 $\hat{y_i}$을 구하면 다음과 같다.

항목(i)	1	2	3	4	5	6	7	8	9	10
기온(x_i)	27	17	25	23	31	21	29	32	15	26
판매량 추정값($\hat{y_i}$)	4,289.52	2,437.02	3,919.02	3,548.52	5,030.52	3,178.02	4,660.02	5,215.77	2,066.52	4,104.27

여기서 SST와 SSE는 다음과 같다.

$$SST = S_{yy} = 10{,}934{,}246$$

$$SSE = \sum (y_i - \hat{y}_i)^2 = 1{,}036{,}727.59$$

따라서 결정계수 R^2은 다음과 같다.

$$R^2 = 1 - \frac{SSE}{SST} = 1 - \frac{1{,}036{,}727.59}{10{,}934{,}246.00} = 0.9052$$

| R에 의한 풀이 |

```
> 기온 <- c(27,17,25,23,31,21,29,32,15,26)
> 판매량 <- c(3578,2389,3875,3785,4831,2879,5125,5385,2245,4358)
> 선형회귀식 <- lm(판매량 ~ 기온)
> summary(선형회귀식)

Call:
lm(formula = 판매량 ~ 기온)

Residuals:
    Min      1Q  Median     3Q    Max
-711.61 -161.73   62.51 221.91 464.89

Coefficients:
            Estimate Std. Error t value Pr(>|t|)
(Intercept)   -712.2      533.8  -1.334    0.219
기온           185.2       21.2   8.739  2.3e-05 ***
---
Signif. codes:  0 '***' 0.001 '**' 0.01 '*' 0.05 '.' 0.1 ' ' 1

Residual standard error: 360 on 8 degrees of freedom
Multiple R-squared:  0.9052,	Adjusted R-squared:  0.8933
F-statistic: 76.38 on 1 and 8 DF,  p-value: 2.299e-05
```

참고) 소수점 이하에서 차이가 발생하는 이유는 공식에 의한 계산 시 특정 위치의 소수점 이하의 값을 절사하였기 때문이다.

통계이야기 ∘ 교육과정 운영 이해를 위한 통계 활용

한국대학교 시스템경영공학부에서는 2학년 학생들에게 통계학에 직접 관련된 교과목으로 '확률 및 분포' 과목과 '통계적 자료분석' 과목을 두 학기에 걸쳐 수강하도록 하고 있다. 학사운영에 관련된 여러 사정으로 선수과목제도는 오래 전에 폐지되었으나 학생들에게는 '확률 및 분포' 과목을 먼저 이수한 후 '통계적 자료분석' 과목을 이수하도록 권장하고 있다. 선 이수의 필요성을 입증하기 위해서는 '확률 및 분포' 과목을 선 이수한 학생들과 그렇지 않은 학생들의 '통계적 자료 분석' 과목 성적을 비교분석해야 한다. 그러나 대부분 학생들이 '확률 및 분포' 과목을 선 이수하였고 그렇지 않은 학생은 '통계적 자료분석' 과목 수강 중에 철회하였으므로 비교를 위한 대조군이 없는 상태이다. 그래서 두 교과목의 성적 간 관계를 분석하여 교육과정 운영에 참고하기로 한다.

과목 성적에 영향을 주는 요소는 선 이수과목의 성적뿐만 아니라 각 클래스의 학습 분위기, 출결 상황, 가정형편을 포함한 학생의 개인적 사정의 변화 등 여러 항목이 있을 수 있다. 그러나 자료수집이 가능한 항목에 대해서만 정리하여 2019학년도 성적을 [표 9-1]로 작성하였다. 2020년도 성적은 코로나19 유행으로 비대면 수업이 진행되었으므로 분석대상 자료로 채택하지 않았다.

먼저 전체 데이터를 대상으로 하여 '확률 및 분포' 성적(x)과 '통계적 자료분석' 성적(y)의 산점도를 R함수 plot(x, y)로 작성하면 [그림 9-11]과 같다. 산점도로부터 두 성적은 양의 상관관계를 가지는 것으로 보이며 상관계수를 R함수 cor(x, y)로 계산하면 0.41이다. 또한 R함수 cor.test(x, y)로 상관 유무에 대한 가설검정을 실시한 결과 p값은 0.005로 유의한 관계가 있다.

표 9-1 2019년도 통계 관련 교과목 성적

학생	분반	확률		통계		학생	분반	확률		통계	
		출석	성적	출석	성적			출석	성적	출석	성적
1	22	9	22	10	77	24	21	10	64	10	54
2	22	10	37	10	45	25	11	9	48	7	28
3	22	10	57	8	62	26	11	10	54	10	54
4	22	10	42	10	86	27	11	10	60	8	57
5	22	10	24	10	43	28	11	10	33	10	59
6	22	10	40	10	47	29	11	10	27	10	51
7	22	10	65	9	62	30	11	10	34	9	44
8	22	10	49	10	69	31	11	10	26	10	54
9	22	8	41	9	56	32	11	8	33	10	52
10	22	9	48	10	47	33	11	10	33	10	53
11	22	7	18	9	47	34	11	10	56	10	66

12	21	10	63	10	66	35	11	9	42	9	55
13	21	9	68	10	62	36	11	9	22	10	57
14	21	10	44	10	77	37	11	10	51	10	73
15	21	10	31	10	59	38	11	8	31	9	42
16	21	9	52	9	76	39	11	10	53	10	68
17	21	9	38	9	52	40	11	8	56	9	61
18	21	9	59	10	99	41	11	9	51	10	77
19	21	10	55	10	57	42	12	10	35	10	49
20	21	10	33	10	49	43	12	10	11	10	50
21	21	7	26	9	47	44	12	10	62	10	65
22	21	10	82	10	74	45	12	10	46	9	55
23	21	10	47	10	54	46	12	9	49	10	47

그림 9-11 ∥ 두 과목 성적의 산점도

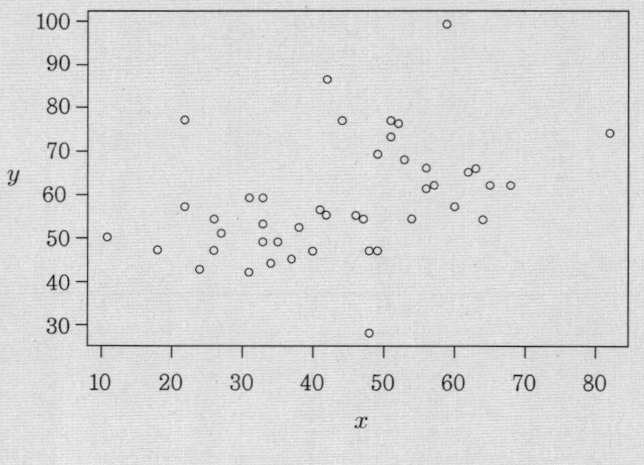

그런데 '통계적 자료분석' 성적에 영향을 미치는 분반별 학습 분위기, 출결 상황 등 다른 조건들이 동일한 상태에서 비교하는 것이 더 정확한 결과를 보여줄 것이다. 먼저 두 과목 성적의 상관관계에 의한 차이를 배제하고 분반별 영향만을 비교하기 위해 '통계적 자료분석'과 '확률 및 분포'의 성적 차이를 구한 후 분반별 상자그림을 작성하면 [그림 9-12]와 같다. 그림에서 시각적으로 판단해 보아도 분반별로 유의한 차이를 보이지 않는다.

그림 9-12 | 분반별 과목 성적 차 비교

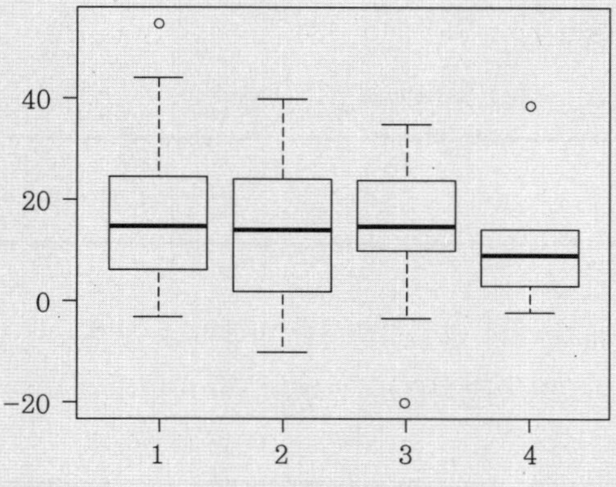

다음으로 개인별 수업참여도의 차이를 없애기 위해 1, 2학기 출석 점수가 같은 학생들만을 대상으로 산점도를 작성하면 [그림 9-13]과 같다. 상관계수를 다시 구하면 0.53으로 출석을 고려하지 않을 경우보다 크고 상관 유무에 대한 가설검정에서도 p값이 0.004로서 더 유의한 관계임을 확인해 준다.

그림 9-13 | 출석점수를 고려한 산점도

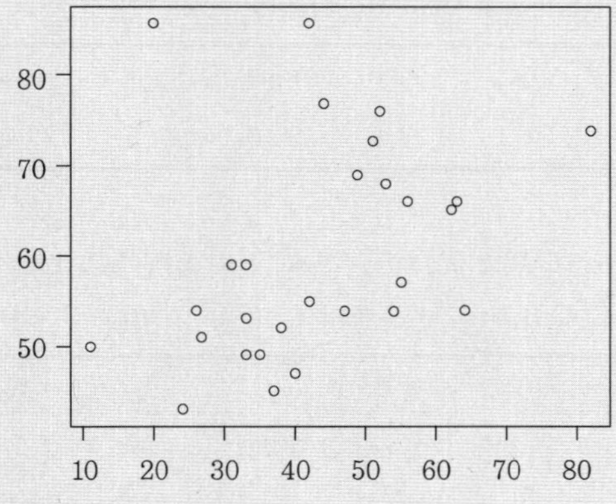

마지막으로 [그림 9-13] 작성에 사용된 정제된 데이터로 회귀식을 구하면 $y = 42.29 + 0.39x$를 얻는다. 이 회귀식에 의해 '확률 및 분포' 과목의 성적을 알면 '통계적 자료분석' 과목의 평균성적을 예측할 수 있다. 여기서 '확률 및 분포' 성적만이 '통계적 자료분석' 성적을 결정하는 것이 아니라 수강자 개개인의 수리적 분석능력과 학습 몰입도 등 앞서 취급되지 않은 중요한 요인들이 따로 고려되지 않았다는 점을 감안하여 해석해야 한다.

연 | 습 | 문 | 제

1. 아래의 자료를 단순회귀모형에 적합시키고, 산점도 위에 추정된 회귀직선을 보여라.

x	−2	−1	0	1	2
y	1	2	2	3	5

2. A회사 전자제품 10종류의 대형 할인점에서의 판매가 x와 인터넷 쇼핑몰에서의 판매가 y를 조사하여 다음의 자료를 얻었다(단위 : 만원). 이 자료를 이용하여 단순회귀식을 추정하라.

품목(i)	1	2	3	4	5	6	7	8	9	10
할인점 판매가(x_i)	10	12	9	27	47	112	36	241	59	167
인터넷 판매가(y_i)	9	14	7	29	45	109	40	238	60	170

3. 어떤 제품의 가격을 매년 조사해 본 결과, 제품의 가격(단위 : 만원)은 해마다 선형적으로 증가하는 듯이 보였다. 그래프를 이용하여 이러한 경향을 확인해 보고, $x=$(연도−1993)를 설명변수로 하여 단순회귀모형에 적합시켜라.

연도(x_i)	1994	1995	1996	1997	1998	1999	2000	2001
가격(y_i)	13.5	16.1	17.3	20.0	21.5	22.0	27.2	28.6

4. 승용차의 엔진 배기량 x(단위 : cc)와 주행 시 연비 y(단위 : km/l)를 조사하여 다음과 같은 결과를 얻었다. 대상차종은 모두 휘발유 사용 차이다.

차종(i)	1	2	3	4	5	6	7	8
배기량(x_i)	796	1,349	1,498	1,761	1,998	2,295	2,799	3,199
연비(y_i)	23.8	16.4	15.5	13.1	10.0	9.6	8.3	6.2

(1) 배기량을 설명변수, 연비를 반응변수로 하여 산점도를 그려라.

(2) 위의 자료를 단순회귀모형에 적합시켜라.

(3) (2)에서 얻어진 결과를 (1)의 결과에 같이 표시하고 이 직선에 제대로 적합될 수 있는지를 시각적으로 판단하라.

5. 다음 자료는 어떤 대학에서 무작위로 남자 신입생 10명을 뽑아 키 x(단위 : cm)와 폐활량 y(단위 : l)를 조사한 것이다. 단순회귀모형에 적합시키고 잔차도의 형태를 분석하라.

학생(i)	1	2	3	4	5	6	7	8	9	10
키(x_i)	180	174	176	175	172	179	183	168	178	176
폐활량(y_i)	5.04	5.07	5.27	4.91	4.85	5.01	5.89	4.79	5.43	5.18

6. 다음 자료는 무작위로 뽑은 20대 후반의 남자의 체중 x(단위 : kg)와 수축혈압 y(단위 : mmHg)를 나타낸 것이다. 체중을 설명변수로 하고 혈압을 반응변수로 하는 단순회귀모형을 추정하고, 모형의 적합성을 검토하라.

체중(x)	70.9	62.7	87.7	69.8	65.2	55.6	64.2	62.3	64.9	57.8	61.5	67.1	53.3
혈압(y)	140	122	155	149	136	115	143	123	139	118	120	140	114
체중(x)	74.6	63.0	71.6	58.9	72.7	68.3	67.1	89.5	80.2	79.1	78.3	63.4	59.3
혈압(y)	138	125	150	123	153	148	146	160	140	141	130	140	118

7. 어느 지역에서 아파트 평수 x(단위 : 평)에 따른 분양가격 y(단위 : 천만원)를 조사하여 다음과 같은 자료를 얻었다. 단순회귀모형에 적합시키고 모형의 적합성을 검토하라.

아파트(i)	1	2	3	4	5	6	7	8	9	10	11	12
평수(x_i)	18	18	20	26	26	26	34	39	48	48	51	57
분양가(y_i)	6.8	7.2	8.9	12.6	11.5	10.9	16.3	18.1	22.9	21.8	24.8	30.1

8. 다음 자료는 1973년부터 1990년까지 우리나라 1인당 국내총생산(GDP) x(단위 : 만원)와 자동차 대수 y(단위 : 만 대)를 나타낸다.

연도	국내총생산(x)	자동차 대수(y)	연도	국내총생산(x)	자동차 대수(y)
1973	16	17	1982	133	65
1974	22	18	1983	155	79
1975	29	19	1984	174	95
1976	39	22	1985	191	111
1977	49	28	1986	221	131
1978	65	38	1987	256	161
1979	82	49	1988	302	204
1980	96	53	1989	335	266
1981	118	57	1990	400	339

(1) 선형회귀모형에 적합시키고, 잔차분석을 실시하여 모형의 적합성을 검토하라.

(2) 표본상관계수와 결정계수를 구하라.

9. 10가구를 대상으로 연간소득과 공연관람 등 문화활동 관련 지출비를 기록한 자료는 다음과 같다(단위 : 만원).

가구(i)	1	2	3	4	5	6	7	8	9	10
연간소득(x_i)	4,120	3,170	4,900	3,460	4,200	5,250	4,420	2,750	4,500	5,080
문화활동 관련 지출비(y_i)	78	48	110	78	71	97	105	54	91	119

(1) 선형회귀모형에 적합시키고, 잔차분석을 실시하여 모형의 적합성을 검토하라.
(2) 표본상관계수와 결정계수를 구하라.

10. 금속으로 된 부품을 전기적인 방법에 의해 도금할 경우 부품이 도금조의 어떤 위치에 담겨지는가에 따라 도금두께에 영향을 받게 된다. 다음은 같은 도금조의 앞부분과 뒷부분에 장착되어 도금된 부품의 두께를 측정한 자료이다.

부품(i)	1	2	3	4	5	6	7	8	9	10
앞부분(x_i)	9.6	9.3	11.4	8.5	13.1	6.6	6.1	6.5	7.8	11.6
뒷부분(y_i)	7.7	16.9	9.1	4.6	9.9	4.0	5.4	7.4	9.6	9.0

(1) 산점도를 작성하여 장착 부위별 도금두께의 관계를 검토하라.
(2) 회귀분석을 실시하고 모형의 유의성을 분석하라.

11. 다음은 어떤 사무실에서 하루 동안 난방용으로 소비된 석유의 양(단위 : l)과 사무실의 평균온도(단위 : ℃)를 측정한 결과이다.

관측 시간(i)	1	2	3	4	5	6	7	8	9	10
석유 양(x_i)	12.98	13.13	14.51	10.40	11.27	10.73	8.36	10.50	9.82	11.14
평균온도(y_i)	17.1	16.9	17.0	17.8	17.9	18.2	18.3	18.4	18.2	17.8
관측 시간(i)	11	12	13	14	15	16	17	18	19	20
석유 양(x_i)	10.24	14.19	13.88	11.57	12.94	11.58	12.09	10.11	8.83	10.88
평균온도(y_i)	17.4	16.9	16.8	17.2	17.4	17.5	17.8	18.2	18.2	18.3
관측 시간(i)	21	22	23	24	25					
석유 양(x_i)	9.68	10.47	10.86	12.36	13.08					
평균온도(y_i)	18.2	17.8	17.4	17.0	16.9					

(1) 산점도를 작성하여 석유 소비량과 온도의 관계를 검토하라.
(2) 만약 두 변수의 관계가 예상과 다르다면 그 원인이 무엇일지 기술하라.
(3) 회귀분석을 실시하고 모형의 유의성을 분석하라.

(4) 이 모형으로 두 변수의 인과관계를 설명할 수 있겠는가?

※ 힌트: 날씨가 추우면 난방용 석유를 더 많이 사용한다.

12. 다음은 어떤 부품을 가공하여 왼쪽과 오른쪽 두께(단위 : mm)를 측정한 결과이다.

부품(i)	1	2	3	4	5	6	7	8	9	10
왼쪽 두께(x_i)	9.33	8.97	8.40	9.00	8.79	9.03	9.30	8.90	8.90	9.00
오른쪽 두께(y_i)	9.37	8.98	9.00	9.05	8.52	8.90	9.40	8.95	9.00	9.15
부품(i)	11	12	13	14	15	16	17	18	19	20
왼쪽 두께(x_i)	9.01	9.20	9.20	9.29	9.27	9.07	9.02	9.03	8.70	9.25
오른쪽 두께(y_i)	9.16	8.90	8.90	9.21	9.14	8.96	9.00	9.00	9.30	9.30

(1) 산점도를 작성하여 두 변수의 관계를 검토하라.

(2) 왼쪽과 오른쪽 두께의 차가 비정상적으로 큰 값이 있는지 상자그림으로 확인하라.

(3) (2)에서 이상치가 있으면 제거하고 회귀분석을 실시한 후 모형의 유의성을 분석하라.

(4) 이 모형으로 두 변수의 인과관계를 설명할 수 있겠는가?

13. 다음은 어느 자동차의 속도(km/h)와 제동거리(m)를 조사한 결과이다.

시험(i)	1	2	3	4	5	6
속도(x_i)	32.8	32.8	48.8	64.8	78.1	92.5
제동거리(y_i)	2.17	2.01	3.21	4.72	5.87	6.59

(1) 산점도를 작성하여 두 변수의 관계를 검토하라.

(2) x와 y 간 상관계수와 x와 $\sqrt{y}$ 간 상관계수를 구하라.

(3) (2)에서 상관계수가 큰 쪽을 선택하여 회귀분석을 실시한 후 모형의 유의성을 분석하라.

(4) 이 자동차로 시속 80km로 달리고 있다면 제동거리는 얼마쯤 되는가?

14. 다음은 2021년 2월 16일까지 우리나라 각 지역별 COVID-19 누적 확진자 수(단위 : 천 명)와 경찰서 수를 조사한 결과이다.

지역	서울	경기	인천	부산	충남	대구	대전	세종
경찰서	31	43	10	15	15	10	6	1
확진자	26.7	21.8	4.2	3.1	2.3	8.5	1.2	0.2

지역	충북	전북	경북	경남	광주	울산	강원	제주
경찰서	12	15	24	23	5	4	17	3
확진자	1.7	1.1	3.1	2.1	2.0	1.0	1.8	0.5

(1) 산점도를 작성하여 경찰서 수와 COVID-19 누적 확진자 수의 상관관계를 검토하라.

(2) (1)에서 관계가 있다면 이를 인과관계로 확대 해석할 수 있겠는가?

(3) COVID-19 확진자 발생 수에 대해 보다 합리적인 설명을 하려면 어떤 통계자료들이 필요할 것인지 기술하라.

(4) (3)에서 필요한 자료를 실제로 조사하여 분석하라.

15. 인쇄 전문업체에서 인쇄물 수와 교정비용의 관계를 적절한 회귀모형을 설정하고 분석하여 의뢰받은 작업에 대한 가격설정에 참고하고자 한다. 과거 자료로 인쇄물 수와 교정비용(단위 : 만원)을 정리한 결과 다음 데이터를 얻었다.

작업(i)	1	2	3	4	5	6	7	8	9	10
인쇄물 수(x_i)	10	12	10	7	14	6	30	25	4	10
교정비용(y_i)	14.4	20.6	23.5	10.3	28.4	7.9	48.3	46.8	11.8	16.6

(1) 인쇄물의 경우 작업량에 비례하여 가격을 매기는 것이 일반적이다. 산점도를 작성하여 이와 같은 방식이 타당한지 판단하라.

(2) 원점을 지나는 회귀모형 $y_i = \beta x_i + \epsilon_i$에서 β의 최소제곱법 추정량과 MSE를 유도하라.

(3) 주어진 데이터를 이용하여 β의 95% 구간을 구하라.

(4) 평균이익률을 교정비용의 5%로 책정하여 95% 이상 보장되도록 하고자 한다. 인쇄물 수가 20일 경우 가격을 얼마로 책정하는 것이 좋겠는가? 단, 교정비 외의 원가발생 요소는 없다고 가정한다.

CHAPTER 10

범주형 자료의 분석

10.1 기본개념

10.2 적합도검정

10.3 분할표

통계학개론
Introduction to Statistics

10 Chapter 범주형 자료의 분석

10.1 기본개념

앞서 소개한 대부분의 분석방법은 무게, 길이, 온도 등과 같이 연속적인 값을 갖는 양적자료(quantitative data)를 분석하는 것을 목적으로 한다. 하지만 통계분석을 위해 수집된 자료들 중에는 이산적인 값을 갖는 질적자료(qualitative data)도 매우 흔하며, 모집단에 속한 개체의 속성이나 구간에 따라 개별 자료를 구분하여 도수로 나타내는 경우가 많다. 예를 들어, 조사대상자의 성별이나 거주지역 등과 같은 질적자료는 앞에서 다룬 분석방법을 적용하기에 적합하지 않은 경우가 많다. 한편 필요에 따라서 양적자료를 질적자료로 변환하여 분석에 사용하는 경우도 있다. 특정 지역 주민들의 소득분포를 알아보기 위하여 연간소득에 따라 고소득층, 저소득층 등 소득계층으로 구분하여 기록하거나, 특정 구간의 교통량을 조사하기 위하여 자동차 종류별 또는 시간대별로 해당 구간을 통과하는 자동차의 수를 기록하거나, 생산된 제품을 품질에 따라 양품, 재가공품, 불량품 등으로 분류하여 공정의 관리상태를 평가하기도 한다. 이처럼 조사대상 집단에 대한 측정결과를 어떤 속성에 따라 분류하여 도수로 요약된 자료를 **범주형 자료(categorical 또는 enumerative 또는 count data)**라고 한다.

영어로 저술된 통계학 교재에서 확률의 개념을 소개할 때 자주 등장하는 주사위나 동전을 던지는 실험의 사례에서 '공정한' 주사위 또는 동전(fair dice or coin)이란 용어가 자주 등장한다. 여기서 'Fair'의 의미는 주사위를 던지는 실험에서 각 눈의 나올 확률이 1/6로 동일함을 의미하고 동전을 던지는 실험에서는 앞면 또는 뒷면이 나올 확률이 같음을 의미한다. 만약 주사위의 모양이 정확한 정육면체가 아니거나 주사위의 무게중심이 한쪽으로 치우친 경우라면 각 눈이 나올 확률이 1/6이 아닐 수도 있기 때문에 '공정한' 주사위라고 명시하는 것이다. 즉, 일반적으로 주사위나 동전을 던지는 실험에 사용되는 주사위나 동전은 모두 공정한 것이라는 가정이 내포되어 있는 것이다. 여기서 실험에 사용된 주사위가 정말로 공정한지 아닌지를 먼저 확인하고자 한다면 주사위를 던지는 실험을 반복하여 각 눈이 나온 도수를 범주형 자료로 정리할 수 있다. 만약 실험에 사용된 주사위가 'Fair'한 것이라면 각 눈이 나올 확률은 1/6로 동일할 것이며, 주사위를 600번 던진다면 각 눈은 100번씩 관찰될 것으로 기대할 수 있다. 하지만 실제로 주사위를 600번 던져서 각 눈이 나온 도수를 기록한 관측도수는 대부분의 경우 기대도수와는 다르게 나타난다. 여기서 관측도수가 기대도수와 다르다고 하여(즉, 각 눈이 정확하게 100번씩 나오지 않는다고 하여) 이 주사위는 공정하지 않다고 결론을 내리는 것이 과연 타당한지 생각해 볼 필요가 있다. 확률실험에 내재된 불확실성으로 인해 공정한 주사위라 하더라도 1의 눈이 다른 눈보다 자주 나올 수도 있고, 5의 눈이 다른 눈보다 적게 나올 수도 있지만 관측도수가 기대도수와 큰 차이를 보이지 않을 것으로 예상할 수는 있다. 따라서 관측도수와 기대도수의 차이를 분석하여 그 차이가 일정한 범위를 벗어나지 않는 경우에는 공정한 주사위로 판정하게 된다.

이제 n개의 자료를 k개의 범주로 분류하여 정리한다고 하자. 각 범주에 속하는 자료수의 비율 p_i가 우리가 알고 있는 이론적인 값 p_{i0}와 같은지 알고자 한다면 이것은 다음과 같은 가설을 검정하는 문제와 같다.

$$H_0 : p_1 = p_{10},\ p_2 = p_{20},\ \cdots,\ p_k = p_{k0} (i = 1,\ 2,\ \cdots,\ k) \tag{10.1}$$

$H_1 : H_0$가 아니다

만약 H_0가 참이라면 i번째 범주에 속하리라고 기대되는 자료의 수(즉, 기대도수)는 $E_i = np_{i0}$이 될 것이다. 위에서 논의한 주사위를 던지는 실험은 $k=6$, $n=600$, $p_{i0} = 1/6$인 경우이므로 $E_i = np_{i0} = 100$이다. 식 (10.1)의 가설을 검정하기 위하여 실제로 n개의 자료를 관측하여 i번째 범주로 관측된 자료의 수(즉, 관측도수)가 O_i였다고 하자. 만약 귀무가설이 옳다면 관측도수 O_i와 기대도수 E_i의 차이가 크지 않을 것이고, 반대로 귀무가설이 틀리다면 그 차이가 클 것이다. 이때 가설검정을 위한 검정통계량으로는

$$Q = \sum_{i=1}^{k} \frac{(O_i - E_i)^2}{E_i} \tag{10.2}$$

을 사용하는데, 이 통계량은 모든 범주에 대해 $E_i \geq 5$이면 근사적으로 자유도가 $(k-1)$인 카이제곱(χ^2)분포를 따르는 것으로 알려져 있다. 따라서 Q통계량의 관측값을 q라 할 때, $q > \chi^2_\alpha(k-1)$이면 유의수준 α로 귀무가설을 기각한다.

예제 10-1

한 야구선수가 한 해 동안 기록한 60개의 안타를 타구의 방향에 따라 좌, 중, 우로 분류한 결과 다음의 자료를 얻었다. 이 자료를 이용하여 이 선수가 친 안타가 전 방향에 고르게 나타나는지를 알아보라.

구분	타구 방향		
	좌	중	우
관측도수	12	26	22
기대도수	20	20	20

| 풀이 |

p_1, p_2, p_3를 각각 이 선수가 친 안타가 좌, 중, 우로 날아갈 확률이라 하면 귀무가설은 타구가 전 방향으로 고르게 나타난다는 것이므로

$$H_0 : p_1 = p_2 = p_3 = \frac{1}{3}$$

이다. H_0가 사실이면 기대도수는 $E_i = 60 \times \frac{1}{3} = 20,\ i = 1, 2, 3$이고, Q의 관측값을 계산하면

$$q = \sum_{i=1}^{3} \frac{(O_i - E_i)^2}{E_i} = \frac{(12-20)^2}{20} + \frac{(26-20)^2}{20} + \frac{(22-20)^2}{20} = 5.20$$

이다. 유의수준이 10%라면 검정통계량 Q는 자유도가 2인 χ^2분포를 따르므로 판정을 위한 임계값은 $\chi^2_{0.1}(2) = 4.605$가 된다. 따라서 검정통계량의 관측값이 임계값보다 크므로(즉, $q = 5.20 > 4.605 = \chi^2_{0.1}(2)$) H_0를 기각하고, 이 선수가 친 안타는 세 방향에 고르게 나타나지 않는다고 판단한다.

| R에 의한 풀이 |

아래 결과에서 p값은 0.07 정도로서 유의수준 0.10에서 보면 이 선수가 친 안타가 세 방향에 고르게 나타난다라는 귀무가설은 기각된다.

```
> freq <- c(12,26,22)
> prob <- c(1,1,1)/3
> chisq.test(freq, p=prob)

Chi-squared test for given probabilities
```

```
data:  freq
X-squared = 5.2, df = 2, p-value = 0.07427
```

참고) > chisq.test(c(12,26,22))만을 이용해서도 동일한 결과를 얻는 검정을 시행할 수 있다. 이는 따로 지정하지 않으면 동일한 확률 p=c(1/3,1/3,1/3) 옵션이 자동적으로 적용되기 때문이다.

10.2 적합도검정

식 (10.2)에 의한 카이제곱검정은 범주형 자료에 대한 해석뿐 아니라 얻어진 자료가 특정분포를 따르는지를 검정하는 **적합도검정(goodness-of-fit test)**에도 사용된다. 확률변수 Y에 대한 관측자료가 특정분포 F로부터 얻어진 것이라는 가설(즉, $H_0 : Y \sim F$)을 검정하는 데 쓰이는 적합도검정을 소개한다. 적합도검정을 위해서는 먼저 관측된 양적자료를 범주별로 $E_i \geq 5$가 되도록 범주형 질적자료로 바꾸어야 한다. 먼저 이산형 분포일 경우부터 예를 통하여 살펴보기로 하자.

예제 10-2

어떤 지역에서 발생하는 일일 화재 건수를 60일 동안 관측하여 다음과 같은 결과를 얻었다.

화재 건수	0	1	2	3	4회 이상
관측도수	27	18	12	3	0

이러한 관측이 독립적이라고 할 때 하루 발생하는 화재 건수가 포아송분포를 따르는지를 유의수준 5%로 검정하라.

| 풀이 |

먼저 화재 건수를 X라 하면 귀무가설은 다음과 같다.

$$H_0 : X \sim Poisson \quad \text{또는} \quad H_0 : p_X(x) = \frac{\lambda^x e^{-\lambda}}{x!} \, (x = 0, 1, 2, \cdots)$$

모수 λ의 값을 모르기 때문에 주어진 자료로부터 표본평균을 구하여 추정치로 사용하면 $\hat{\lambda} = \bar{x} = (0 \times 27 + 1 \times 18 + 2 \times 12 + 3 \times 3)/60 = 0.85$이다.

각 구간의 기대도수 E_i가 5 이상이 되도록 하기 위해 $X=0$, $X=1$, $X\geq 2$와 같이 범주를 나눈다. 그러면 H_0가 참일 때 각 구간에 속할 확률은

$$p_1 = P\{X=0\} = e^{-0.85} = 0.427$$

$$p_2 = P\{X=1\} = 0.85e^{-0.85} = 0.363$$

$$p_3 = P\{X\geq 2\} = 1 - e^{-0.85} - 0.85e^{-0.85} = 0.210$$

이고 기대도수는 다음과 같이 계산된다.

$$E_1 = (60)(0.427) = 25.62$$

$$E_2 = (60)(0.363) = 21.78$$

$$E_3 = (60)(0.210) = 12.60$$

따라서 검정통계량의 값은

$$q = \sum_{i=1}^{3} \frac{(O_i - E_i)^2}{E_i} = \frac{(27-25.62)^2}{25.62} + \frac{(18-21.78)^2}{21.78} + \frac{(15-12.60)^2}{12.60} = 1.188$$

로 계산된다. 이때 검정통계량 Q의 자유도는 추정된 모수의 수 r만큼 감소한다는 점에 주의해야 한다. 여기서는 모집단의 모수인 λ 하나만을 추정하였으므로(즉, $r=1$) 검정통계량 Q는 자유도가 $(k-1-r)=1$인 χ^2분포를 따르고, 검정통계량값이 $q=1.188$로서 기각역의 임계값 $\chi^2_{0.05}(1) = 3.841$보다 작으므로 귀무가설을 기각하지 못한다. 즉, 일일 화재 건수 X가 포아송분포를 따른다는 가설을 배제하기 어렵다.

| R을 이용한 검정 |

```
#모수추정으로 인한 자유도 감소분을 고려 못하므로 참고용으로만 사용할 것

> freq <- rep(0:3, times=c(27,18,12,3))
> table(freq)
freq
 0  1  2  3
27 18 12  3
> lambda <- mean(freq)
> ct.freq <- c(27,18,15)
> prob <- c(dpois(0:1,lambda),1-ppois(1,lambda))
> chisq.test(ct.freq,p=prob)

Chi-squared test for given probabilities

data:  ct.freq
X-squared = 1.2087, df = 2, p-value = 0.5464
```

적합도검정은 이산형 분포뿐만 아니라 연속형 분포에 대해서도 적용할 수 있다. 연속형 질적자료를 범주형 자료로 변환하기 위해서는 먼저 [그림 10-1]과 같이 실수구간을 범주별로 $E_i \geq 5$를 만족할 수 있도록 k 개의 세부구간으로 분할하여야 한다.

$$A_1 = (a_0, a_1),\ A_2 = (a_1, a_2),\ \cdots,\ A_k = (a_{k-1}, a_k)$$

단, $a_0 = -\infty$, $a_k = \infty$ 이며 확률변수가 각 구간에 포함될 확률은 다음과 같이 계산할 수 있다.

$$p_i = P(Y \in A_i) = F(a_i) - F(a_{i-1}) \tag{10.3}$$

그림 10-1 | 정량적 자료의 범주형 변환

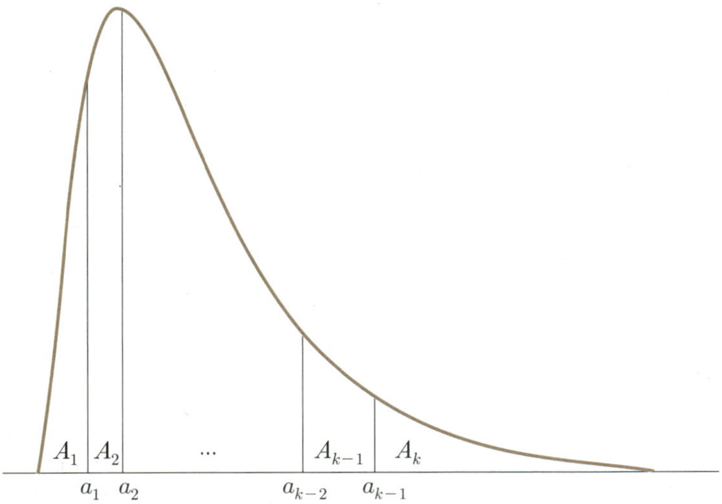

이후의 과정은 이산형일 경우와 대동소이하며 다만 추정된 모수의 수에 따라 자유도를 조정해 주어야 한다는 점에 주의해야 한다. 적합도검정에 쓰이는 χ^2분포의 자유도는 문제의 성격에 따라 다르나 일반적으로 범주의 수에서 관측도수에 부과되는 제약식의 수와 추정해야 될 모수의 수를 뺀 값이 된다. 예로 정규분포의 모수 μ와 σ^2를 알지 못하여 p_i를 직접 구하지 못할 때에는 관측자료로부터 μ와 σ^2를 추정하여 p_i를 계산하고 가설검정 시 자유도를 2만큼 줄여주어야 한다.

예제 10-3

정규분포를 따르는 난수(random number) 발생 컴퓨터 프로그램을 실행하여 얻은 40개의 난수가 다음과 같다. 이 컴퓨터 프로그램이 제대로 작동하는지를 유의수준 5%로 검정하라.

16.93	18.79	14.62	13.98	15.79	12.39	13.20	16.08	13.97	16.16
16.12	17.81	18.74	15.99	13.32	13.63	16.40	13.76	16.58	15.25
18.36	15.04	18.79	18.08	17.32	16.32	17.54	18.05	14.20	18.97
18.04	13.00	13.25	12.43	16.56	14.12	20.55	16.75	13.29	18.23

| 풀이 |

난수를 X라 할 때 검정하고자 하는 귀무가설은 다음과 같다.

H_0 : X는 정규분포를 따른다. 즉, 다음과 같다.

$$H_0 : f_X(x) = \frac{1}{\sqrt{2\pi\sigma^2}} e^{-\frac{(x-\mu)^2}{2\sigma^2}}, \ -\infty < x < \infty$$

귀무가설에서 정규분포의 모수 μ와 σ^2에 대한 언급이 없으므로 주어진 자료로부터 이를 추정해야 한다. 모평균 μ와 모표준편차 σ에 대한 추정값은 표본평균과 표본표준편차로서 주어진 자료로부터 계산하면 $\bar{x} = 15.96$, $s = 2.144$가 된다. 그리고 계산이 간편하고 각 범주에 속할 데이터의 수가 5보다 크게 되도록 범주의 수를 $k = 5$로 하고 각 범주에 속할 확률을 $p_i = \frac{1}{5} = 0.2$이 되도록 구간을 정하기로 하자. 그러면 i번째 구간 (a_{i-1}, a_i)는

$$P(a_{i-1} < X_i < a_i) = 0.2$$

가 되도록 결정된다. 단, $i = 0, 1, \cdots, 5$이고, $a_0 = -\infty$, $a_5 = \infty$이다. 그러면

$$P(X_i < a_i) = \Phi\left(\frac{a_i - \mu}{\sigma}\right) = 0.2i, \ i = 1, 2, 3, 4$$

이므로 $\bar{x} = 15.96$, $s = 2.144$를 이용하여 $a_i = 15.96 + 2.144 z_{1-0.2i}$가 된다. 각 범주의 구간, 관측도수, 기대도수는 다음 표와 같다.

구간	관측도수(O_i)	$\hat{p}_i$	기대도수(E_i)
$-\infty$ ~ 14.155	12	0.2	8
14.155 ~ 15.417	4	0.2	8
15.417 ~ 16.503	7	0.2	8
16.503 ~ 17.765	6	0.2	8
17.765 ~ ∞	11	0.2	8
합계	40	1.0	40

이 표로부터 검정통계량의 값은

$$q=\sum_{i=1}^{k}\frac{(O_i-E_i)^2}{E_i}$$
$$=\frac{(12-8)^2}{8}+\frac{(4-8)^2}{8}+\frac{(7-8)^2}{8}+\frac{(6-8)^2}{8}+\frac{(11-8)^2}{8}=5.750$$

이 된다. 검정통계량 Q의 자유도는 두 개의 모수를 추정하였으므로 $k-1-r=2$가 되고, $q=5.75<5.991=\chi^2_{0.05}(2)$이므로 유의수준 $\alpha=0.05$에서 H_0를 기각할 수 없다. 따라서 이 난수들이 정규분포를 따르지 않는다고 단정할 수 없다.

10.3 분할표

범주형 자료를 분석할 때 흔히 접하는 문제는 모집단을 분류하는 두 방법 간의 독립성 여부에 관한 것이다. 즉, 한 모집단의 각 개체를 특성 A와 특성 B에 따라 각각 여러 개의 범주로 나눌 수 있을 때, 두 특성이 서로 관련성이 있는지를 검정하는 것을 독립성검정(test for independence)이라 한다. 예를 들어, 고교 내신등급과 대학 1학년 성적 간의 관계, 정치성향과 연령 간의 관계, 작업라인별 불량률의 차이 등 두 가지 분류기준이 서로 독립인지 여부를 검증해야 하는 상황은 많이 있다.

실험 또는 관찰의 결과를 특성 A에 따라 r개의 범주 $A_1, \cdots, A_r$로 분류하고, 특성 B에 따라 c개의 범주 $B_1, \cdots, B_c$로 분류한다고 하자. 개별 관측자료(또는 실험자료)가 범주 A_i와 범주 B_j에 동시에 속할 확률을 p_{ij}라 한다면

$$\sum_{i=1}^{r}\sum_{j=1}^{c}p_{ij}=1$$

이 될 것이고 [표 10-1]과 같이 결합확률분포표의 형태로 정리될 수 있다. 여기서 만약 A와 B가 독립이라고 한다면 다음 귀무가설이 성립할 것이다.

$$H_0: \text{모든 } (i, j)\text{에 대해 } p_{ij}=p_{i.}\times p_{.j} \qquad (10.4)$$

여기서,

$$p_{i.} = \sum_{j=1}^{c} p_{ij} = \text{실험결과가 범주 } A_i\text{에 속할 확률}$$

$$p_{.j} = \sum_{i=1}^{r} p_{ij} = \text{실험결과가 범주 } B_j\text{에 속할 확률}$$

이며 귀무가설에 대응되는 대립가설은 다음과 같이 설정될 수 있다.

$$H_1 : p_{ij} \neq p_{i.} \times p_{.j} \text{인 } (i,\ j)\text{가 있다.}$$

표 10-1 결합확률분포표

구분		B				합계
		B_1	B_2		B_c	
A	A_1	p_{11}	p_{12}	$\cdots$	p_{1c}	$p_{1.}$
	A_2	p_{21}	p_{22}	$\cdots$	p_{2c}	$p_{2.}$
	$\vdots$	$\vdots$	$\vdots$	$\cdots$	$\vdots$	$\vdots$
	A_r	p_{r1}	p_{r2}	$\cdots$	p_{rc}	$p_{r.}$
합계		$p_{.1}$	$p_{.2}$	$\cdots$	$p_{.c}$	$p_{..} = 1$

이제 가설검정을 위해 총 T개의 자료를 관측하여 각 범주별로 분류하여 정리한 결과 관측도수를 [표 10-2]와 같이 얻었다고 하자. 범주형 자료는 이와 같은 형태로 정리하면 편리한데 이를 분할표(contingency table)라고 한다. 식 (10.4)의 귀무가설이 참이라고 한다면 각 범주에 속할 자료 수의 기댓값은 $Tp_{i.}p_{.j}$가 될 것이므로 귀무가설을 검정하기 위한 통계량은

$$Q = \sum_{i=1}^{r}\sum_{j=1}^{c} \frac{(O_{ij} - Tp_{i.}p_{.j})^2}{Tp_{i.}p_{.j}} \tag{10.5}$$

이 될 것이다. 그런데 현실적으로는 $p_{i.}$, $p_{.j}$는 알지 못하는 것이 보통이므로 주어진 표본자료로부터 이들의 추정값을 구하면 다음과 같다.

$$\widehat{p_{i.}} = \frac{1}{T}\sum_{j=1}^{c} O_{ij} = \frac{T_{i.}}{T},\ i = 1, \cdots, r$$

$$\widehat{p_{.j}} = \frac{1}{T}\sum_{i=1}^{r} O_{ij} = \frac{T_{.j}}{T},\ j = 1, \cdots, c \tag{10.6}$$

여기서, $T_{i.} = \sum_{j=1}^{c} O_{ij}$, $T_{.j} = \sum_{i=1}^{r} O_{ij}$이다. 따라서 H_0가 참일 때 기대도수의 추정량은

$$E_{ij} = T\widehat{p_{i.}}\widehat{p_{.j}} = \frac{T_{i.} \times T_{.j}}{T} \tag{10.7}$$

이 된다. 이제 식 (10.5)의 통계량에 이 추정량을 대입하면

$$Q = \sum_{i=1}^{r}\sum_{j=1}^{c} \frac{(O_{ij} - E_{ij})^2}{E_{ij}} \tag{10.8}$$

이 되고 이것은 귀무가설이 참일 때 근사적으로 자유도 $(r-1)(c-1)$인 χ^2분포를 따르게 된다. 따라서 검정통계량 Q의 관측값 q를 계산하여 $q > \chi^2_\alpha((r-1)(c-1))$이면 H_0를 기각한다.

표 10-2 $(r \times c)$ 분할표

구분		B				합계
		B_1	B_2		B_c	
A	A_1	O_{11}	O_{12}	$\cdots$	O_{1c}	$T_{1.}$
	A_2	O_{21}	O_{22}	$\cdots$	O_{2c}	$T_{2.}$
	$\vdots$	$\vdots$	$\vdots$	$\cdots$	$\vdots$	$\vdots$
	A_r	O_{r1}	O_{r2}	$\cdots$	O_{rc}	$T_{r.}$
합계		$T_{.1}$	$T_{.2}$	$\cdots$	$T_{.c}$	T

예제 10-4

대통령 선거를 앞두고 한 여론조사회사에서는 결혼한 남녀 264쌍을 대상으로 남편과 아내가 지지하는 정당을 조사하여 아래 표와 같은 결과를 얻었다. 남편과 아내가 지지하는 정당이 서로 독립이라 할 수 있는지 유의수준 1%로 검정하라.

구분		남편			합계
		A	B	C	
아내	A	48(38.18)	29(37.45)	19(20.36)	96
	B	35(44.94)	59(44.09)	19(23.97)	113
	C	22(21.88)	15(21.46)	18(11.67)	55
합계		105	103	56	264

| 풀이 |

먼저 주어진 자료로부터 추정값 $\hat{p}_{i.}$와 $\hat{p}_{.j}$를 구하면 다음과 같다.

$$\hat{p}_{1.} = \frac{96}{264},\ \hat{p}_{2.} = \frac{113}{264},\ \hat{p}_{3.} = \frac{55}{264}$$

마찬가지로

$$\hat{p}_{.1} = \frac{105}{264},\ \hat{p}_{.2} = \frac{103}{264},\ \hat{p}_{.3} = \frac{56}{264}$$

따라서

$$E_{11} = \frac{96 \times 105}{264} = 38.18$$

이 되며, 다른 셀의 추정 기대도수들은 표의 괄호 속에 주어져 있다. 이를 이용하여 통계량 Q의 값을 계산하면 다음과 같다.

$$q = \sum_{i=1}^{3}\sum_{j=1}^{3}\frac{(O_{ij}-E_{ij})^2}{E_{ij}} = 18.173$$

그리고 χ^2분포의 자유도는 $(r-1)(c-1)=(3-1)(3-1)=4$이며, 계산된 통계량의 값이 기각역의 임계값 $\chi^2_{0.01}(4)=13.277$보다 크므로 H_0를 기각한다. 즉, 남편과 아내가 지지하는 정당이 서로 연관이 있다고 판단된다.

| R을 이용한 검정 |

아래 결과에서 p값은 0.001 정도로서 유의수준 0.01에서 보더라도 귀무가설은 기각된다.

```
> party <- c(48,29,19,35,59,19,22,15,18)
> tab <- matrix(party,3,3,byrow=TRUE)
> chisq.test(tab)

Pearson's Chi-squared test

data:  tab
X-squared = 18.182, df = 4, p-value = 0.001137
```

참고) 소수점 이하에서 차이가 발생하는 이유는 공식에 의한 계산 시 특정 위치의 소수점 이하의 값을 절사하였기 때문이다.

분할표는 하나의 모집단을 대상으로 한 두 특성 간의 독립성검정 외에도 여러 개의 모집단을 비교하는 경우에도 사용된다. 예를 들어, 규격이 같은 특정 전자제품의 경쟁사 모델별 연령계층에 따른 소비자 선호도를 조사한다면, 10대, 20대, 30~40대, 50대 이상 등과 같이 연령계층별로 r개의 소비자 모집단 $A_1, A_2, \cdots, A_r$을 구성하고, 집단별 인구 또는 구성비율에 따라 미리 정한 크기 $T_{1.}, T_{2.}, \cdots, T_{r.}$의 표본을 각각 뽑아 c개의 경쟁사 모델 $B_1, B_2, \cdots, B_c$ 중 선호하는 모델을 조사하여 도수 O_{ij}를 관측한다고 하자. 그 관측결과도 [표 10-2]와 같은 $(r \times c)$ 분할표로 표현될 수 있다.

여기서, i번째 모집단 A_i에 속하는 한 실험대상이 범주 $B_1, \cdots, B_c$에 속할 확률을 각각 $p_{i1}, \cdots, p_{ic}$라 하자. 이들 r개의 연령층으로 나눈 소비자집단별로 을제품 모델별 선호도가 동일하다는 귀무가설은 다음과 같이 표현될 수 있을 것이다.

$$H_0: p_{1j} = p_{2j} = \cdots = p_{rj} = p_j, \ j = 1, 2, \cdots, c$$

이에 대응되는 대립가설은

$$H_1: H_0 \text{가 아니다}$$

가 되고, H_0가 참이라면 p_j들은 다음과 같이 추정할 수 있다.

$$\hat{p_j} = \frac{T_{.j}}{T}$$

여기서, $\sum p_j = 1$이므로 $p_1, \cdots, p_c$ 중 $(c-1)$개만 추정하면 된다. 또한 기대도수의 추정값은 다음과 같이 추정할 수 있다.

$$E_{ij} = T_{i.}\hat{p_j} = \frac{T_{i.}\, T_{.j}}{T}$$

이로부터 검정통계량은

$$Q = \sum_{i=1}^{r}\sum_{j=1}^{c}\frac{(O_{ij} - E_{ij})^2}{E_{ij}}$$

와 같이 구해지며 귀무가설이 사실일 경우 근사적으로 $\chi^2_\alpha((r-1)(c-1))$을 따르게 된다. 이와 같이 여러 모집단의 분포가 동일한지를 검정하는 것을 동일성검정(test of homogeneity)이라 한다. 독립성검정과 동일성검정은 개념적으로는 다르지만 실제 사용할 때는 전반적인 분석절차가 동일하다.

예제 10-5

다음 표는 남녀 각각 50명을 대상으로 세 회사에서 시판하고 있는 스포츠 음료 중 제일 좋아하는 것을 고르도록 하여 얻은 것이다. 성별에 따라 좋아하는 제품에 차이가 있는지 유의수준 5%에서 검정하라.

구분	회사			표본크기
	1	2	3	
남성	32 (24)	7 (9.5)	11 (16.5)	50
여성	16 (24)	12 (9.5)	21 (16.5)	50
합계	48	19	33	100

| 풀이 |

남자 중에서 j회사 제품을 좋아하는 비율을 p_{1j}, 여자 중에서 j회사 제품을 좋아하는 비율을 p_{2j}라 하면, 가설은 다음과 같이 된다.

$H_0 : p_{1j} = p_{2j} = p_j,\ j = 1, 2, 3$

$H_1 : H_0$가 아니다.

먼저 H_0가 참일 때 범주별 모비율에 대한 추정값은 다음과 같다.

$$\hat{p}_1 = \frac{48}{100},\ \hat{p}_2 = \frac{19}{100},\ \hat{p}_3 = \frac{33}{100}$$

이 값들을 이용하여 기대도수의 추정값을 계산하여 표의 괄호 안에 표시하였다. 이를 이용하여 통계량 Q의 값을 계산하면

$$q = \sum_{i=1}^{2}\sum_{j=1}^{3}\frac{(O_{ij}-E_{ij})^2}{E_{ij}} = 10.316$$

자유도는 $(r-1)(c-1) = 2$이므로 기각역의 임계값은 $\chi^2_{0.05}(2) = 5.991$이다. 계산된 통계량의 값이 임계값보다 크므로 귀무가설을 기각하고, 성별에 따라 좋아하는 제품에 차이가 있다고 판단된다.

| R을 이용한 검정 |

아래 결과에서 p값은 0.006 정도로서 유의수준 0.01에서 보더라도 귀무가설은 기각된다.

```
> preference <- c(32,7,11,16,12,21)
> tab <- matrix(preference,2,3,byrow=TRUE)
> chisq.test(tab)

Pearson's Chi-squared test

data:  tab

X-squared = 10.316, df = 2, p-value = 0.005754
```

통계이야기 ○---- 세이버메트릭스(Sabermetrics)

2011년 개봉한 할리우드 영화 '머니볼'은 저예산 구단으로 만년 하위권을 벗어나지 못하는 오클랜드 애슬레틱스를 강팀으로 변모시킨 빌리 빈 단장의 이야기를 담고 있다. 팀의 상황은 크게 변한 것이 없었음에도 2000년부터 2003년까지 4년 연속 포스트시즌에 진출하고 2002년에는 20연승이라는 놀라운 기록을 수립하였다. 이렇게 팀을 변화시킬 수 있었던 원동력은 바로 통계에 기반한 데이터 과학의 적극적 활용이었다. 우리가 흔히 타자로부터 기대하는 것은 많은 안타와 홈런이다. 그렇기 때문에 구단들도 안타와 홈런과 같이 화려한 스탯을 기준으로 선수를 영입하기 위한 전략을 구사하게 되고, 그들의 몸값은 자연스럽게 올라갈 수밖에 없었다. 하지만 빈 단장은 당시 저평가되어 있던 출루율과 장타율이 득점을 증가시키는 데 실질적으로 더 도움이 된다는 사실을 파악하고 타율은 낮더라도 출루율과 장타율이 높은 선수를 보다 낮은 비용으로 영입한 후, 출전 기회를 부여함으로써 저예산 구단의 성공신화를 만들어갈 수 있었다.

야구에서 다양한 기록을 수학적 관점에서 바라보고 통계를 활용하여 분석하는 것을 세이버메트릭스(Sabermetrics)라 한다. 이는 통조림공장 경비원으로 일하면서 자신만의 방법으로 경기내용을 기록하고 분석하던 빌 제임스가 창안한 것으로 "야구를 객관적으로 이해하기 위한 노력"이라 설명할 수 있다. 안타와 홈런으로 대표되는 전통적 관점의 야구 이해방식에 정면으로 도전장을 내밀고 야구 통계가 지니는 진정한 의미를 파악할 수 있는 길을 개척하였다는 점에서 혁신적 사고의 전환으로 평가된다. 영화 '머니볼'에서 빈 단장의 반대파 역할을 하는 배우는 "제임스는 야구를 해본 적도 없는 사람"이라는 대사를 내뱉는다. 야구를 온전히 이해하는 데 있어 경험이 갖는 힘을 강조한 것이다. 하지만 세이버메트릭스를 기반으로 하는 데이터 과학의 성공적 안착은 경험만으로는 얻기 힘든 객관적 판단기준을 가질 수 있도록 한다. 미국뿐만 아니라 한국 프로야구팀 역시 데이터 사이언티스트를 꾸준히 영입하고 있다. 통계 그리고 데이터 과학이 스포츠 구단 운영의 흐름을 획기적으로 변모시키고 있다.

연 | 습 | 문 | 제

1. 주사위를 600번 던져 다음과 같은 결과를 얻었을 때, 이 주사위는 'Fair'하다고 할 수 있는지 유의수준 5%로 검정하라.

관측숫자	1	2	3	4	5	6
관측횟수	90	80	110	100	130	90

2. 한 축구선수가 한 해 동안 총 30번의 페널티킥 기회 중, 왼쪽으로 15번, 가운데로 5번, 오른쪽으로 10번을 찼다면, 이 선수의 페널티킥은 전 방향에 고르게 나타난다고 할 수 있는지 유의수준 5%로 검정하라.

3. 디스플레이 패널 제조회사에서는 1일 3교대(데이, 스윙, 지와이)로 작업이 이루어진다. 패널의 품질이 각 작업조에 따라 차이가 있는지를 알아보기 위해 각 작업조에서 제조된 패널 300개씩을 무작위로 뽑아 불량검사를 수행하여 다음과 같은 결과를 얻었다. 패널의 품질이 작업조별로 다르다고 할 수 있는지 유의수준 10%로 검정하라.

작업조	데이	스윙	지와이	합계
불량품의 수	10	5	15	30

4. M&M 1봉지에는 6가지 색상의 초콜릿 캔디가 혼합되어 포장되어 있다. 제조사에서는 갈색 30%, 노란색 20%, 빨간색 20%, 오렌지색 10%, 초록색 10%, 황갈색 10%의 비율로 포장한다고 한다. 제조사의 이와 같은 주장이 맞는지 알아보기 위하여 M&M 1봉지를 뜯어서 초콜릿 캔디 수를 색깔별로 정리하여 다음과 같은 표를 얻었다. 제조사의 주장을 유의수준 5%로 검정하라.

캔디 색	갈색	노란색	빨간색	오렌지색	초록색	황갈색
캔디 수	84	79	75	79	36	47

5. 미국 플로리다주에서는 불규칙적인 홍수와 가뭄의 반복으로 인한 농가의 피해를 줄이기 위해 새로운 관개시스템을 개발하고 있다. A~E 5종류의 관개시스템 중 농작물 수확량을 늘리는 데 가장 효과적인 시스템이 무엇인지 100명의 농학자에게 질문하여 다음과 같은 답을 얻었다.

시스템	A	B	C	D	E
응답자 수	17	27	22	15	19

(1) 시스템 C가 가장 효과적이라고 응답한 전문가의 비율에 대한 90% 신뢰구간은 얼마인지 구하라.
(2) 시스템 A가 가장 효과적이라고 응답한 전문가의 비율과 시스템 D가 가장 효과적이라고 응답한 전문가의 비율의 차이에 대한 90% 신뢰구간은 얼마인지 구하라.
(3) 가장 효과적인 관개시스템에 대한 응답자의 비율이 모두 동일한지를 유의수준 5%로 검정하라.

6. 동전의 앞면이 나올 때까지 동전을 던지는 실험을 하였다. 앞면이 나올 때까지 던진 횟수를 Y라 하고 256회 반복실험을 한 결과는 다음 표와 같다. 관측값의 분포가 모수가 0.5인 기하분포를 따르는지 유의수준 5%로 검정하라.

Y	1	2	3	4	5	6	7	8
도수	136	60	34	12	9	1	3	1

7. 어느 연구소 도서검색시스템의 검색시간(단위 : 초)은 평균이 1인 지수분포를 따른다고 알려져 있다.

0.62	2.18	1.10	0.29	0.59	0.24	1.34	2.77	0.13	0.56
0.93	0.63	1.23	1.48	4.08	0.66	0.20	1.39	3.95	2.37
2.06	2.72	0.23	0.15	0.08	0.98	5.25	1.96	2.10	2.29
0.12	1.62	0.50	3.16	2.69	1.40	0.51	0.74	0.04	1.37

(1) n개의 측정값 $t_1, t_2, \cdots, t_n$을 얻었을 때, 같은 확률을 갖는 구간으로 나누어 도수분포표를 작성하기 위해서는 구간들을 어떻게 설정하여야 하는가?
(2) (1)에서 구한 결과를 이용하여 다음의 자료에 대해 적합도검정을 하라.

8. 성별에 따라 스마트폰 사용시간에 차이가 나는지 알아보기 위하여 성인 90명을 대상으로 조사하여 다음과 같은 결과를 얻었다. 스마트폰 사용시간이 성별과 무관한지 여부를 유의수준 5%로 검정하라.

1일 스마트폰 사용시간 \ 성별	남성	여성
4시간 이상	15	29
4시간 미만	27	19

9. 흡연이 혈압에 영향을 미치는지 알아보기 위하여 성인 180명을 대상으로 조사하여 다음과 같은 결과를 얻었다. 흡연 정도가 혈압과 서로 독립인지 유의수준 1%로 검정하라.

혈압 \ 흡연 정도	비흡연자	보통 흡연자	골초
고혈압	21	36	30
정상	48	26	19

10. 어느 대학병원에서는 세 종류의 천식치료제의 효과를 알아보기 위하여 50명의 천식환자에게 각각의 치료제를 투여한 다음 기침 완화 정도를 조사하여 아래 표와 같은 결과를 얻었다. 세 종류의 천식치료제의 효능은 동일한지 유의수준 5%로 검정하라.

기침 완화 정도 \ 치료제	치료제 A	치료제 B	치료제 C
전혀 없음	11	13	9
다소 완화	32	28	27
완전 완화	7	9	14

11. 다가오는 시장 선거에 두 명의 후보자가 출마하였는데 유권자들의 지지도를 알아보기 위하여 두 개의 구에서 각각 500명을 대상으로 조사하였다. 유권자들의 후보자 지지율이 구별로 동일하다는 가설을 유의수준 5%로 검정하라.

지지후보 \ 지역(구)	남구	북구
후보자 A	204	225
후보자 B	211	198
지지후보 없음	85	77

12. 고혈압은 여러 합병증을 일으키는 것으로 알려져 있다. 아버지의 혈압과 자식의 혈압 간에 연관성을 파악할 수 있다면 자식의 건강을 위해 도움이 되는 정보를 생성할 수 있을 것이다. 이를 위해 총 100명의 남성과 그들의 자식의 혈압을 측정하여 다음과 같은 결과를 얻었다. 아버지와 자식의 혈압 사이에 유의한 관계가 있는지 유의수준 5%로 검정하라.

아버지의 혈압 \ 자식의 혈압	높음	정상	낮음
높음	15	10	5
정상	10	13	12
낮음	7	12	16

13. 새로운 두통약의 효능을 알아보기 위해 총 200명의 두통 환자들을 100명씩 두 그룹으로 나눈 후, 한 그룹에는 신약을 주고 다른 그룹에는 아무런 효과가 없는 위약(placebo)을 주었다. 일정기간 후 약이 효과가 있었는지를 조사하여 다음과 같은 결과를 얻었다. 신약이 효과가 있다고 할 수 있는지 유의수준 5%로 검정하라.

효과 여부 / 두통약 구분	효과 있음	효과 없음	합계
신약	60	40	100
위약	45	55	100

14. 통계학 개론 교과목은 101, 102 두 분반으로 이루어지고 있다. 각 분반의 학업 성취도 수준에 있어 차이가 있는지를 알아보기 위해 각 과목 수강생 중 50명씩을 뽑아 학기말 과목 학점을 조사하여 다음과 같은 결과를 얻었다. 두 분반의 학점 분포에 따른 학업 성취도 수준에 차이가 있다고 할 수 있는지 유의수준 5%로 검정하라.

등급 / 과목	A	B	C	D	F
I	5	24	11	7	3
II	1	18	18	3	10

15. 어느 대도시를 A~D 4개 구역으로 나누어 4종류의 중범죄 유형(폭행, 강도, 절도, 살인)에 대한 발생 건수를 조사하였다. 유형별 범죄발생 건수가 구역과 무관한지를 유의수준 1%로 검정하라.

범죄 유형 / 구역	폭행	강도	절도	살인
A	162	118	451	18
B	310	196	996	25
C	258	193	458	10
D	280	175	390	19

APPENDIX

부록

A. R 프로그래밍

B. 분포표

통계학개론
Introduction to Statistics

부록 A R 프로그래밍

R 프로그래밍 언어(줄여서 R)는 통계적 계산과 그래픽을 위한 프로그래밍 언어이자 소프트웨어 환경으로서, 1990년대 발표되어 현재 통계 소프트웨어 개발과 자료분석에 널리 사용되고 있다. R은 공개용으로 무료로 사용할 수 있다는 점과 많은 연구자들에 의해 새롭게 만들어진 최신의 알고리즘과 로직들을 패키지(package) 형태로 제공하여 다양한 분야에 적용할 수 있다는 특성으로 인하여 그 적용범위가 계속 확장되고 있다. 본 부록에서는 본 책에서 다룬 내용을 R을 이용하여 해결하기 위해 필요한 최소한의 내용, 즉 R 프로그램의 설치절차, R 프로그래밍의 기본연산, 데이터 입력과 조작, 그리고 통계계산을 위해 자주 사용되는 함수 등 기본적인 R의 사용법을 다룬다.

1 R 설치절차

R 프로그래밍을 시작하기 위해서는 먼저 R 설치 파일을 다운로드하여 해당 컴퓨터에 설치해야 한다. R은 Linux, Mac OS, Windows 버전으로 다운받아 사용할 수 있으나, 여기서는 Windows용 R을 다운받는 방법을 설명한다. R을 설치하는 순서는 아래와 같다.

1. CRAN(Comprehensive R Archive Network) 웹사이트인 https://cran.r-project.org/에 접속한다. 아래의 화면이 뜨면 오른쪽 상단의 상자에서 Download R for Windows를 선택하여 클릭한다.

CRAN
Mirrors
What's new?
Search
CRAN Team

About R
R Homepage
The R Journal

Software
R Sources
R Binaries
Packages
Task Views
Other

Documentation
Manuals
FAQs
Contributed

The Comprehensive R Archive Network

Download and Install R

Precompiled binary distributions of the base system and contributed packages, **Windows and Mac** users most likely want one of these versions of R:

- Download R for Linux (Debian, Fedora/Redhat, Ubuntu)
- Download R for macOS
- Download R for Windows

R is part of many Linux distributions, you should check with your Linux package management system in addition to the link above.

Source Code for all Platforms

Windows and Mac users most likely want to download the precompiled binaries listed in the upper box, not the source code. The sources have to be compiled before you can use them. If you do not know what this means, you probably do not want to do it!

- The latest release (2022-10-31, Innocent and Trusting) R-4.2.2.tar.gz, read what's new in the latest version.
- Sources of R alpha and beta releases (daily snapshots, created only in time periods before a planned release).
- Daily snapshots of current patched and development versions are available here. Please read about new features and bug fixes before filing corresponding feature requests or bug reports.
- Source code of older versions of R is available here.
- Contributed extension packages

Questions About R

- If you have questions about R like how to download and install the software, or what the license terms are, please read our answers to frequently asked questions before you send an email.

2 아래의 화면이 나오면 base를 선택한다.

CRAN
Mirrors
What's new?
Search
CRAN Team

About R
R Homepage
The R Journal

Software
R Sources
R Binaries
Packages
Task Views
Other

R for Windows

Subdirectories:

base	Binaries for base distribution. This is what you want to **install R for the first time**.
contrib	Binaries of contributed CRAN packages (for R >= 3.4.x).
old contrib	Binaries of contributed CRAN packages for outdated versions of R (for R < 3.4.x).
Rtools	Tools to build R and R packages. This is what you want to build your own packages on Windows, or to build R itself.

Please do not submit binaries to CRAN. Package developers might want to contact Uwe Ligges directly in case of questions / suggestions related to Windows binaries.

You may also want to read the R FAQ and R for Windows FAQ.

Note: CRAN does some checks on these binaries for viruses, but cannot give guarantees. Use the normal precautions with downloaded executables.

3 Download R 4.2.2 for Windows를 선택하여 클릭한다(R은 수시로 버전이 갱신되고 있으므로 가장 최근의 버전을 선택하면 된다).

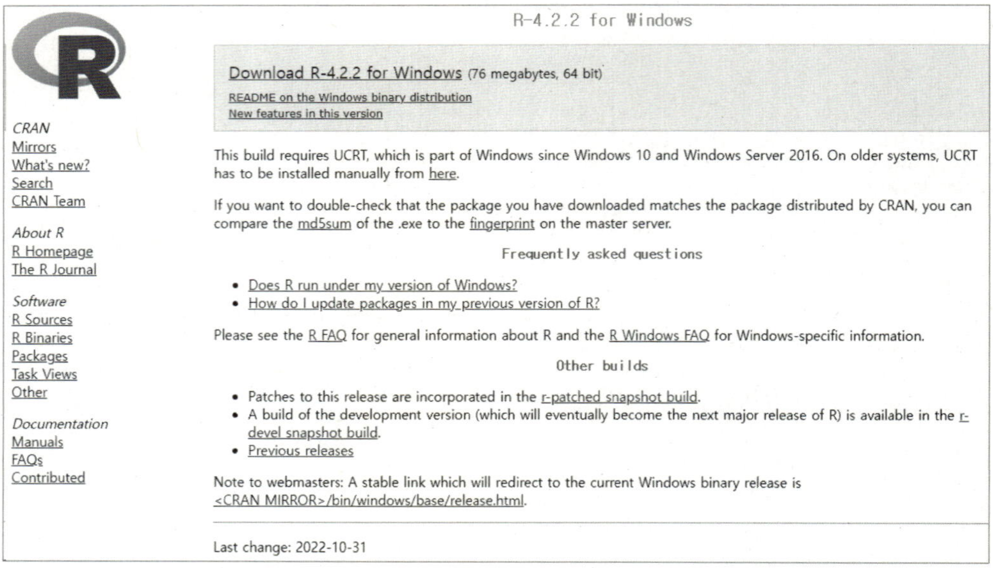

4 다음과 같이 다운로드가 완료되면 화살표 클릭 후, '열기(O)'를 클릭한다.

5 원하는 언어를 선택하고 '확인' 버튼을 클릭한다.

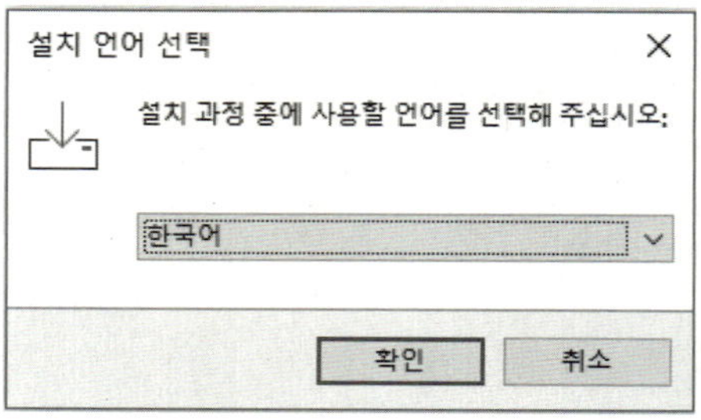

6 R을 설치하는 팝업창이 뜨면 '다음(N)'을 선택한다.

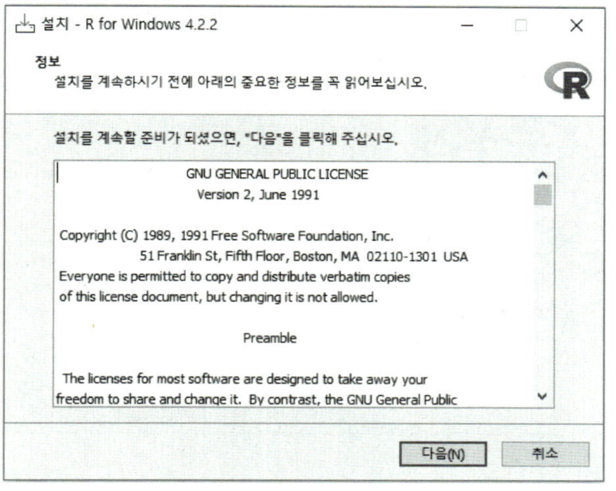

7 R을 설치할 경로를 지정하고(보통 Default로 둔다) '다음(N)'을 클릭한다.

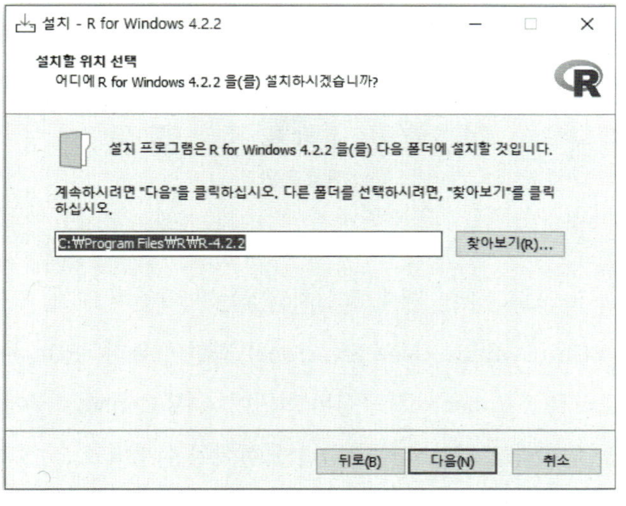

8 이후에 '구성요소 설치', '스타트업 옵션', '시작메뉴 폴더 선택', '추가 사항 적용'을 위한 팝업창이 뜨면 모두 default 선택값을 그대로 두고 '다음(N)'을 클릭한다.

9 R의 설치는 보통 수 분 이내로 완료된다. 설치가 완료되면 다음과 같은 창이 뜨고 여기서 '완료(F)'를 클릭하면 R 프로그램의 설치가 완료된다.

10 R 설치가 완료되면 아래와 같은 아이콘이 바탕화면에 보이며, 이를 더블클릭하면 R이 실행된다. 만약 아이콘이 보이지 않는다면 R을 설치했던 폴더(7번에서 지정된) 내 bin/x64 폴더로 들어간 후, Rgui.exe를 실행한다.

11 **R 설치 확인** : R 프로그램이 제대로 설치되었는지 확인해 보자. R을 실행하면 아래 그림과 같은 RGui(Graphic User Interface) 화면이 뜬다. RGui는 7개의 메뉴와 8개의 단추, 그리고 R Console로 구성된 화면이다. R Console 창에서 프롬프트('>') 뒤에 표현식을 입력하고 Enter 키를 치면 표현식이 실행되고 그 결과가 바로 다음 줄에 나타난다(아래 그림과 같이 '1+2'를 입력하여 확인해 보라).

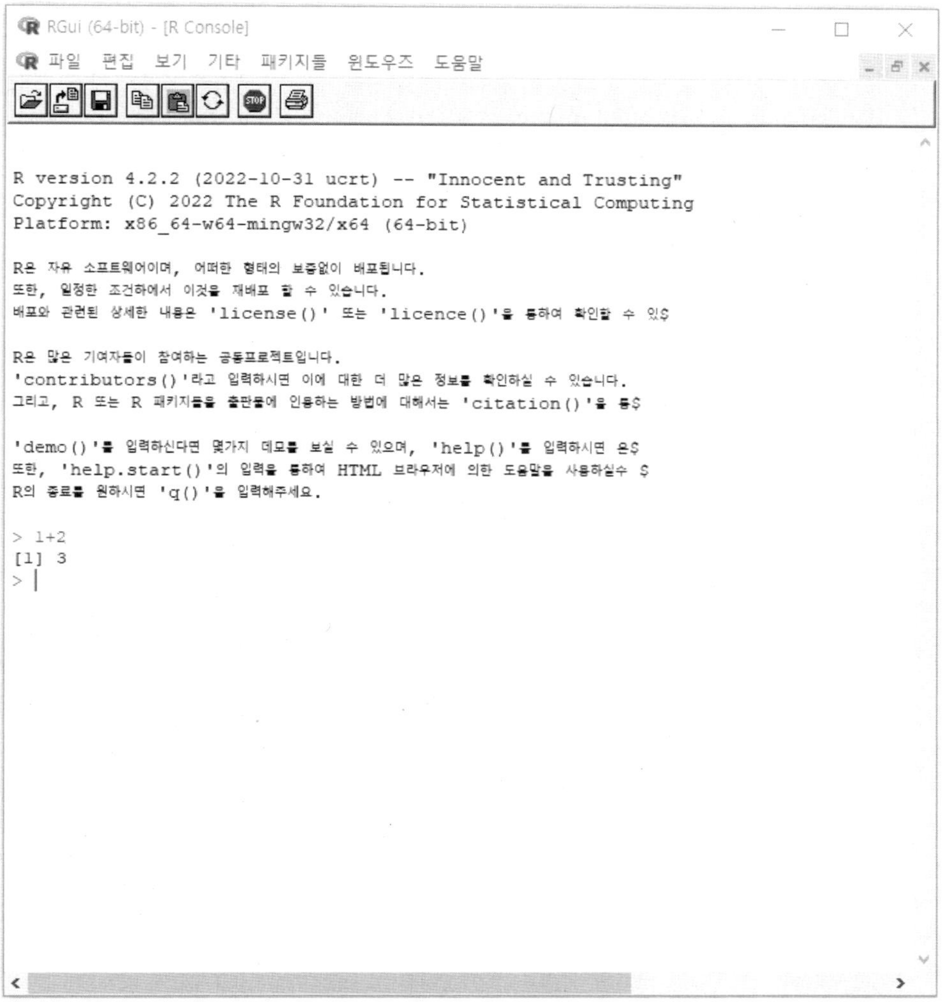

12 RStudio 설치 : R의 기본프로그램만 설치해도 R을 사용할 수 있지만 보다 편리하게 R 프로그램을 작성하여 실행하고 그 결과를 확인하려면 통합개발환경(Integrated Development Environment: IDE)인 RStudio 사용을 권장한다. RStudio는 R을 설치한 후에 https://posit.co/에서 다운로드받아 설치할 수 있다. RStudio를 설치하여 실행하면 아래와 같이 4개의 창으로 된 인터페이스가 보인다. 좌측 상단은 R 프로그램을 편집하고 관리하는 창이고, 좌측 하단은 R Console 창으로서 앞에서 설명한 RGui의 R Console과 동일하게 R 코드를 직접 입력하고 실행할 수 있는 영역이다. 우측 상단은 현재 사용 중인 변수나 명령어의 이력(history)을 보여주고, 좌측 하단은

저장된 파일, 그래프 출력, 설치된 패키지, 도움말 등의 내용을 보여준다. 좌측 상단에서 프로그램을 작성하고 **Run** 아이콘을 클릭하거나 Ctrl+Enter키를 입력하면 좌측 하단의 Console 창에서 해당 명령어가 실행된다. 프로그램 여러 라인을 마우스로 하이라이트하고 동일한 방법으로 실행시키면 하이라이트된 모든 코드들을 한꺼번에 실행시킬 수도 있다.

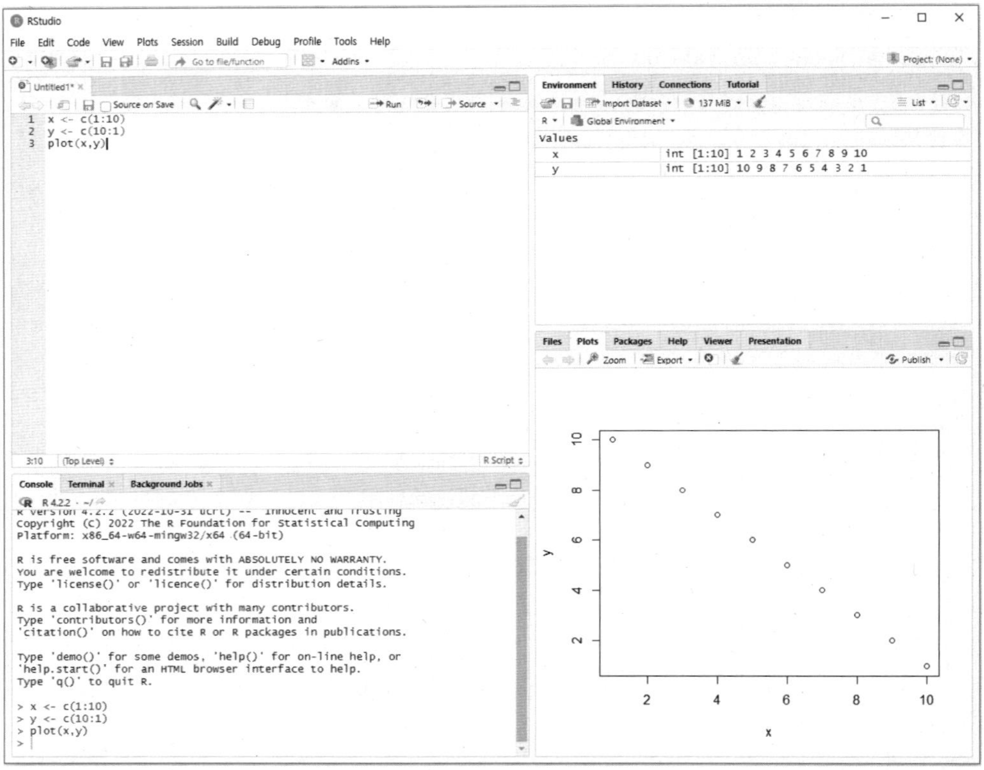

2 R 프로그래밍 기초 및 기본연산

2.1 R 첫걸음

(1) R 시작하기 및 종료하기

- **R 실행** : 바탕화면에서 R 아이콘 또는 RStudio를 더블클릭하면 R이 실행되어 R Console 창에서 명령어가 입력되기를 기다린다. R Console에서 프롬프트(>) 뒤에 명령어를 입력하고 엔터키를 누르면 실행된다. R Console의 설명부분이나 기존의 실행내용을 지우고 싶은 경우는 Ctrl+L이나 메뉴바에서 '편집>콘솔 지우기'를 선택하면 된다.
- **R 종료** : R을 종료하려면 R Console에서 '>q()'를 입력하고 엔터키를 치거나 콘솔 상단 오른쪽에 있는 '닫기(×)' 표시를 누르면 된다. 메뉴바에서 '파일>종료'를 선택해도 종료된다.
- **R 도움말** : 모르는 명령어(예, plot 함수)에 대하여 알고 싶으면 '>?plot' 또는 '>help(plot)'한 후 엔터를 치면 해당 명령어의 설명과 사용 예를 보여준다.

(2) 패키지

R에서 패키지(package)란 특정 작업을 수행하기 위해 작성된 코드 라이브러리를 말한다. R을 설치하면 'base' 패키지라고 하는 몇 가지 패키지들이 자동적으로 설치된다. R에서 활용할 수 있는 다양한 패키지가 개발되어 있으므로, 패키지를 내려 받아 다양한 기능 확장을 꾀할 수 있다. 현재(2022년 9월) 기준으로 18,619개의 패키지가 존재하며, 그 수는 매일 증가되고 있다. 패키지를 사용하기 위해서는 우선 해당 패키지 파일을 다운로드해야 하고 이를 사용하는 라이브러리에 등록해야 한다. 예를 들어, 데이터를 멋진 그래프로 시각화하기 위해서 'ggplot2' 패키지가 널리 사용되는데 이 패키지를 사용하려면 다음과 같이 파일 다운로드 및 라이브러리 등록절차가 우선되어야 한다. 일단 패키지를 한 번 다운로드하면 그 다음부터는 이를 사용하기 위해서는 라이브러리만 등록하면 된다.

```
> install.packages("ggplot2")      # 패키지 ggplot2 다운로드
> library(ggplot2)                 # 패키지 ggplot2 라이브러리 등록
```

현재 내 컴퓨터에 어떤 패키지들이 다운로드되어 있는지 알아보기 위해서는 library() 명령어로 확인할 수 있다.

(3) 현재 작업 디렉토리

R 프로그래밍을 수행하는 현재의 디렉토리를 작업 디렉토리(working directory)라 한다. R에서 파일을 읽어 들이거나 결과를 파일로서 저장할 때 기본적으로 이 작업 디렉토리를 참조한다. 현재 어느 디렉토리에서 작업하는지 확인하기 위해서는 getwd() 함수를 사용한다. 다른 디렉토리에서 작업하고 싶으면 setwd() 함수에 의해 작업 디렉토리를 변경하면 된다. 아래의 예에서 getwd()에 의해 현재의 작업 디렉토리는 “C:/Users/koo/Documents” 이라는 것을 알 수 있고, setwd()에 의해 현재 작업디렉토리 안에 “RDir”이라는 폴더로 작업 디렉토리가 새롭게 지정되었다는 것을 알 수 있다.

```
> getwd()
[1] "C:/Users/koo/Documents"
> setwd("C:/Users/koo/Documents/RDir")
> getwd()
[1] "C:/Users/koo/Documents/RDir
```

2.2 R 프로그래밍의 기초

R은 여러 종류의 계산, 데이터분석, 그래픽 등의 기능이 있으나 우선 간단한 연산기능을 배워보자. 다음의 명령어를 실행하여 R을 실행해 보자.

```
> 2+3
[1] 5
> 2+3*4
[1] 14
> 2^3; 3**3          # 거듭제곱
[1] 8
[1] 27
> 5%%3; 5%/%3       # 나머지 ; 정수형 나누기
[1] 2
[1] 1
```

R의 모든 명령어는 '>'로 시작하고, 주석은 '#'로 시작한다. 한 줄에 여러 명령어를 표현하고 싶으면 ';'로 명령어를 구분한다. R은 대화식 처리방식의 언어이므로 명령어를 실행하면 바로 결과를 보여준다. 위의 실행 예에서 '2+3'의 결과가 '[1] 5'로 나타나 있다. R에서 데이터의 기본단위는 벡터 형태를 가진다. 여기서는 한 가지 요소를 가진 벡터로 간주되고 따라서 [1]은 벡터의 첫 번째 요소라는 것을 뜻하는 색인번호이다. R에서 사용되는 기본산술 연산자는 아래와 같다.

연산자	설명
+	더하기
−	빼기
*	곱하기
/	나누기
^ 또는 **	지수 승
%%	나머지
%/%	정수형 나누기(나머지 값 버림)

| R Tip | R에서 전에 입력한 명령어를 동일하게 실행하려면 상향키(↑)를 누르면 히스토리 목록이 하나씩 나오고 실행하고자 하는 명령어에서 엔터키를 치면 동일하게 실행된다.

또한 R은 각종 수학 함수들이 아래와 같이 내장되어 있다.

```
> pi; 2*pi                    # 원주율 pi
[1] 3.141593
[1] 6.283185
> log(8); log2(8); log10(8)   # 로그함수
[1] 2.079442
[1] 3
[1] 0.90309
> exp(1); log(exp(1))         # 지수함수
[1] 2.718282
[1] 1
> sqrt(8)                     # 제곱근
[1] 2.828427
> abs(-2.4)                   # 절대값
[1] 2.4
> round(5.2); round(5.7)      # 반올림
[1] 5
[1] 6
> ceiling(5.2); ceiling(5.7) # 절상
[1] 6
[1] 6
> floor(5.2); floor(5.7)      # 절사
[1] 5
[1] 5
> sign(-5.2); sign(5.2)       # 부호
[1] -1
[1] 1
```

R에서는 객체(object)를 기본단위로 작업이 수행된다. 객체에는 데이터객체, 함수객체, 변수객체 등이 있다. 객체에 값을 할당하는 방법은 '<-'에 의해서 가능하다(할당하는 방법은 '='와 '->'도 사용 가능하나 일반적으로 '<-'가 선호된다). 아래는 변수객체에 값을 할당하고 활용하는 예를 보여준다. R은 변수에 대해 유연성을 제공하며 변수 형태를 선언할 필요가 없다. 함수 ls()는 현재 사용 중인 변수를 모두 보여주고, rm(list=ls())는 현재 사용되는 변수를 모두 지운다.

```
> x = 2 ; y <- 1+2; x*y -> z
> x; y; z
[1] 2
[1] 3
[1] 6
> ls()            # 현재 사용 중인 변수 리스트 보여줌
[1] "x" "y" "z"
> rm(list=ls())   # 현재 사용되는 변수를 모두 지움
> ls()
character(0)
```

R에는 여러 종류의 데이터 형태가 있다. 대표적인 데이터 형태로는 numeric(숫자), character(문자), logical(논리)을 들 수 있다. 문자는 따옴표 " "에 의해 표현된다. 논리 데이터는 TRUE와 FALSE로 데이터를 표현하며, TRUE는 1, FALSE는 0과 같다. mode(x) 명령어는 객체 x의 데이터 형태를 보여준다.

```
> x <- "hello"
> x
[1] "hello"
> y <- TRUE
> y
[1] TRUE
> z <- 5.3
> mode(x); mode(y); mode(z)
[1] "character"
[1] "logical"
[1] "numeric"
```

R에서는 처리하고자 하는 데이터가 파일로 저장되어 있어, 이를 읽어 와서 처리해야 하는 경우가 자주 발생한다. R에서는 여러 가지 형태의 파일을 읽어 들일 수 있으나 여기서는 대표적으로 사용되는 CSV 파일과 텍스트 파일을 읽는 법에 대해 알아본다. 여기서 CSV(comma-separated values)는 쉼표를 기준으로 항목을 구분하여 저장한 데이터를 말하고, 확장자는 .csv이다. 스프레드시트나 DB 소프트웨어에서 많이 쓰인다. 예를 들

어, MS Excel에서 데이터를 저장할 때 파일 형식을 'CSV(쉼표로 분리)(*.csv)'를 지정하여 저장하면 CSV 파일이 생성된다. 아래와 같이 CSV 파일을 읽어 들이기 위해서는 read.csv("csv_file") 함수를 사용한다. *.txt 확장자인 텍스트 파일을 읽어 들이기 위해서는 텍스트문서를 한 줄씩 읽어 들이는 readLines("file.txt") 함수를 사용한다.

```
> tst1 <- read.csv("test1.csv")     # *.csv 파일 읽어 들임
> tst1
  no name gend score
1  1  kim    M    82
2  2  lee    F    78
3  3 park    F    95
4  4 choi    M    60
5  5 jung    M    70
> tst2 <- readLines("txtfile.txt")  # 현재 디렉토리 내에 있는 txtfile.txt 파일을 읽어
                                      들임
> tst2                       # 주의: 텍스트 파일 저장 시 마지막 행은 빈칸으로 두어야 함
[1] "*.txt 확장자인 텍스트 파일을 읽어 들이기 위해서는"
[2] "텍스트문서를 한 줄씩 읽어 들이는 readLines("txtfile.txt") 함수를 사용한다."
```

2.3 R의 데이터 구조

R의 데이터 구조는 벡터, 행렬, 배열, 리스트, 데이터 프레임 등 여러 가지 형태를 취할 수 있다.

(1) 벡터

벡터(vector)는 R에서 가장 기본적으로 사용하는 데이터 구조로서 동일한 형태의 자료를 1차원 형태로 모아놓은 데이터 구조이다. 즉, 하나의 벡터에는 정수, 수치, 문자, 논리형 중에서 한 가지 형태의 항목만을 담을 수 있다. 벡터는 여러 가지 방법으로 만들 수 있으나 여기서는 c() 함수를 이용하여 만드는 방법을 알아본다. 여기서 c()는 개별 데이터를 세트 형태로 만드는 combine 또는 concatenate를 의미한다.

```
> x <- c(3,2,4,5,6,8); y <- c(1:6)
> x; y
[1] 3 2 4 5 6 8
[1] 1 2 3 4 5 6
> yy <- c(c(3,2,4,5,6,8),y,15,16)
> yy
 [1]  3  2  4  5  6  8  1  2  3  4  5  6 15 16
> z <- c("A","B","C","D","F")
> z
[1] "A" "B" "C" "D" "F"
```

벡터는 c() 함수 이외에도 seq(), rep(), sample()을 이용하여 생성할 수 있다.

```
> seq(1:10)
 [1]  1  2  3  4  5  6  7  8  9 10
> seq(1, 10, by=2)
[1] 1 3 5 7 9
> rep(3:5,2)
[1] 3 4 5 3 4 5
> sample(1:10,5,replace=T)   # 1-10 사이의 숫자를 복원 랜덤샘플링
[1] 2 1 7 2 10
> sample(1:10,5,replace=F)   # 1-10 사이의 숫자를 비복원(default) 랜덤샘플링
[1] 1 8 7 4 3
> c(sample(1:10,5),sample(11:20,5))
 [1]  8  5 10  2  9 13 19 15 20 16
```

벡터는 같은 형태의 항목만을 담을 수 있다고 하였지만, 다른 형태의 데이터를 하나의 벡터에 담으면 어떻게 될까? 아래의 예를 보자. 정수와 문자를 함께 하나의 벡터에 담으면 모든 항목이 문자로 변경되었음을 볼 수 있다. 이처럼 다른 형태의 항목을 하나의 벡터에 담으면 문자>실수>정수>논리와 같은 우선순위로 항목의 형태가 모두 동일하게 된다.

```
> x <- c(1:6, "A", "B")
> x
[1] "1" "2" "3" "4" "5" "6" "A" "B"
> y <- c(TRUE, 5)
> y
[1] 1 5
```

생성된 벡터를 대상으로 아래와 같이 수리적·통계적 함수를 적용할 수 있다.

```
> x <- c(3,1,4,5,6,8)
> length(x); sum(x)                # 벡터 길이, 합계
[1] 6
[1] 27
> mean(x); var(x); sd(x)           # 평균, 분산, 표준편차
[1] 4.5
[1] 5.9
[1] 2.428992
> range(x); max(x); min(x)         # 범위, 최댓값, 최솟값
[1] 1 8
[1] 8
[1] 1
> sqrt(x)                          # 제곱근
[1] 1.732051 1.000000 2.000000 2.236068 2.449490 2.828427
> sum((x-mean(x))^2)/(length(x)-1) # 분산 식
[1] 5.9
> sort(x); sort(x,decreasing=T)    # 오름차순(default), 내림차순 정렬
[1] 1 3 4 5 6 8
[1] 8 6 5 4 3 1
```

(2) 행렬과 배열

행렬(matrix)은 행(row)과 열(column)을 갖는 2차원 자료이고, 배열(array)은 행렬을 다차원으로 확장한 것이다. matrix() 함수는 행렬을 만든다. 다음 matrix() 함수를 보면 알 수 있듯이 matrix() 함수는 디폴트로 열의 수를 1로 하고 행을 우선 채운다. 여기서 행렬 표현 [a,b]는 a행, b열을 의미한다. 위에서 [,1]은 첫 열을 의미하고 [3,1]의 값은 5이다.

```
> matrix(3:8)
     [,1]
[1,]    3
[2,]    4
[3,]    5
[4,]    6
[5,]    7
[6,]    8
```

다음은 열의 수를 3(ncol=3)으로 하여 4×3의 행렬을 만든 예이다. 행렬 내에 특정한 값을 읽기 위해서는 [3,2]와 같이 행과 열 번호를 지정해 주면 되고, 한 열 또는 한 행을 모두 보기 위해서는 [3,] 또는 [,2]와 같이 해당 행/열의 값을 주고 다른 곳은 빈칸으로 두어 전체를 가져오게 한다. 특정 행 또는 열의 값을 제외시키고 싶은 경우는 [-2,] 또는 [,-2]와 같이 해당 행/열의 값에 '-'를 붙이면 된다.

```
> x <- matrix(3:14,ncol=3)
> x
     [,1] [,2] [,3]
[1,]    3    7   11
[2,]    4    8   12
[3,]    5    9   13
[4,]    6   10   14
> x[3,2]
[1] 9
> x[3,]
[1]  5  9 13
> x[,1]
[1] 3 4 5 6
> x[,2]
[1]  7  8  9 10
> x[-2,]
     [,1] [,2] [,3]
[1,]    3    7   11
[2,]    5    9   13
[3,]    6   10   14
```

행렬의 역행렬(inverse matrix)과 전치행렬(transpose matrix)은 solve()와 t() 함수로 각각 구할 수 있다.

```
> x <- matrix(1:4, ncol=2)
> x
     [,1] [,2]
[1,]    1    3
[2,]    2    4
> solve(x)             # 역행렬
     [,1] [,2]
[1,]   -2  1.5
[2,]    1 -0.5
> t(x)                 # 전치행렬
     [,1] [,2]
[1,]    1    2
[2,]    3    4
```

역행렬을 이용하여 아래와 같이 연립방정식을 풀 수 있다.

| R로 연립방정식 풀어보기 |

다음의 연립방정식을 R의 solve() 함수로 풀어보자.

$x_1 + 2x_2 = 8$

$2x_1 + x_2 = 7$

R 프로그래밍

```
> A <- matrix(c(1,2,2,1),ncol=2)
> A
     [,1] [,2]
[1,]    1    2
[2,]    2    1
> b <- c(8,7)
> solve(A,b)
[1] 2 3
```

R에 의해 $x_1 = 2$, $x_2=3$의 값이 구해졌다.

(3) 리스트와 데이터 프레임

벡터, 행렬, 배열은 동일한 데이터 형태로 구성된 자료 객체인 반면에, 리스트(list)와 데이터 프레임(data frame)은 임의의 데이터 형태를 혼합해서 저장이 가능하다. 데이터 프레임은 행렬과 같은 형태이나 자료가 서로 다른 형태로 구성되어 있다는 차이가 있다. 우리가 다루는 많은 데이터가 데이터 프레임 형태로 되어 있다. 데이터 프레임은 1차원 구조인 리스트를 2차원 구조로 재구성한 것이라고 볼 수 있다(배열이 1차원 구조의 벡터로 2차원 구조로 만든 것과 유사하다). 데이터 프레임은 data.frame() 함수에 의해 만들어진다. 아래의 예를 보고 이해하자. 데이터 프레임의 인덱싱도 행렬과 유사하다. 하나의 열을 모두 참조하고자 하는 경우에는 'data_frame$항목명'과 같이 $를 데이터 프레임과 해당 항목명 사이에 두어 참조할 수 있다. 데이터 프레임은 데이터베이스 또는 스프레드시트의 테이블과 유사하다는 것을 알 수 있다. 실제로 R을 이용한 데이터분석에서는 데이터 프레임 구조를 가장 많이 사용한다.

```
> name1 <- list(name="kim", gend="M",score=82) # 리스트
> name <- c("kim","lee","park","choi","jung")
> gend <- c("M","F","F","M","M")
> score <- c(82,78,95,60,70)
> df <- data.frame(name,gend,score)              # data frame 만들기
> df
  name gend score
1  kim    M    82
2  lee    F    78
3 park    F    95
4 choi    M    60
5 jung    M    70
> df[4,3]
[1] 60
> df[1,]
  name gend score
1  kim    M    82
> df[,3]
[1] 82 78 95 60 70
> df[-4,]
```

```
  name gend score
1  kim    M    82
2  lee    F    78
3 park    F    95
5 jung    M    70
> df$score
[1] 82 78 95 60 70
```

데이터 프레임을 가지고 있을 이 데이터에 대한 정보를 알아보기 위한 여러 R 함수가 존재한다. 대표적인 함수인 str(), names(), summary()를 예를 통해 이해하도록 하자.

```
> str(df)                   # 자료의 구조를 보여줌
'data.frame':   5 obs. of  3 variables:
 $ name : Factor w/ 5 levels "choi","jung",..: 3 4 5 1 2
 $ gend : Factor w/ 2 levels "F","M": 2 1 1 2 2
 $ score: num  82 78 95 60 70
> names(df)                 # 자료의 열 이름을 보여줌
[1] "name"  "gend"  "score"
> summary(df)               # 데이터 통계량 요약(항목별 수, 수치의 기본 통계치 등)
   name    gend       score
 choi:1    F:2   Min.   :60
 jung:1    M:3   1st Qu.:70
 kim :1          Median :78
 lee :1          Mean   :77
 park:1          3rd Qu.:82
                 Max.   :95
```

통계이야기 ∘ 범주형 변수와 팩터

R에서는 팩터(factor)라는 특수한 기능의 벡터를 제공하는데 주로 범주형 변수를 구분하는데 사용된다. 팩터는 벡터의 모든 값이 중복되지 않게 구성되는데 이 값들을 레벨(level)이라 한다. 아래의 예는 앞서 다룬 데이터 프레임 중에서 범주형 변수인 gend 항목을 보여주고 있다. 성별(gend)은 두 개의 level, 즉 M과 F로 구성되어 있다는 것을 보여준다. 이 객체에서 팩터가 어느 위치에 있는지를 알기 위해서는 str() 함수를 사용할 수 있다. str() 함수는 'F'와 'M'을 (알파벳의 순서에 따라서) 1과 2로 각각 표현함을 볼 수 있다. 즉, F는 1로

그리고 M은 2로 팩터가 배정된 것을 나타낸다.

```
> df$gend
[1] M F F M M
Levels: F M
> str(df$gend)
Factor w/ 2 levels "F","M": 2 1 1 2 2
```

3 R에서 자주 사용되는 통계 관련 함수

3.1 자주 사용되는 함수

Square root	sqrt(x)
$\lfloor x \rfloor$, $\lceil x \rceil$	floor(x), ceiling(x) (내림, 올림)
Natural logarithm	log(x)
e^x	exp(x)
Factorial	factorial(n)
균일분포[0,1]에서 n개의 난수	runif(n)
여러 분포로부터 n개의 난수	rnorm(n, mean, sd), rbinom(n, size, prob) rpois(n, lamda), rexp(n, size)
Rank, Sort	rank(x), sort(x)
분산, 공분산	var(x), cov(x,y)
표준편차, 상관계수	sd(x), cor(x,y)
범주형 변수의 분할표	table(x)
x까지의 모든 값 sampling	sample(x)
x까지 값 중 k개만 sampling	sample(x, size=k)
data set 리스트	data()

3.2 각종 분포의 확률 계산

■ 이항분포

> dbinom(x, n, p)	Pr[X=x]
> pbinom(x, n, p)	Pr[X≤x]
> pbinom(x, n, p, lower.tail=F)	Pr[X>x]

■ 포아송분포

> dpois(x, λ)	Pr[X=x]
> ppois(x, λ)	Pr[X≤x]
> ppois(x, λ, lower.tail=F)	Pr[X>x]

■ 초기하분포

> dhyper(x, M, N−M, n)	Pr[X=x]
> phyper(x, M, N−M, n)	Pr[X≤x]
> phyper(x, M, N−M, lower.tail=F)	Pr[X>x]

■ 연속 균등분포

> punif(x, a, b)	Pr[X≤x]
> punif(x, a, b, lower.tail=F)	Pr[X>x]

■ 정규분포

> pnorm(x, μ, σ)	Pr[X≤x]
> pnorm(x, μ, σ, lower.tail=F)	Pr[X>x]

■ 표준정규분포

> pnorm(x)	Pr[X≤x]
> pnorm(x, lower.tail=F)	Pr[X>x]

■ 지수분포

> pexp(x, λ)	Pr[X≤x] * E(X)=1/λ
> pexp(x, λ, lower.tail=F)	Pr[X>x]

- Function Suffix

Beta분포	: beta
Cauchy분포	: cauchy
Chi-square분포	: chisq
F분포	: f
Gamma분포	: gamma
Geometric분포	: geom
Logistic분포	: logis
Lognormal분포	: lnorm
Multinomial분포	: multinom
Negative binomial분포	: nbinom
Student's t분포	: t
Weibull분포	: weibull

3.3 각종 분포의 백분위수 계산

- 이항분포

> qbinom(α, n, p)	: 하위 100α% 분위수
> qbinom(α, n, p, lower.tail=F)	: 상위 100α% 분위수

- 포아송분포

> qpois(α, λ)	: 하위 100α% 분위수
> qpois(α, λ, lower.tail=F)	: 상위 100α% 분위수

- 초기하분포

> qhyper(α, M, N-M, n)	: 하위 100α% 분위수
> qhyper(α, M, N-M, n, lower.tail=F)	: 상위 100α% 분위수

- 연속 균등분포

> qunif(α, a, b)	: 하위 100α% 분위수
> qunif(α, a, b, lower.tail=F)	: 상위 100α% 분위수

■ 정규분포

> qnorm(α, μ, σ) : 하위 100α% 분위수

> qnorm(α, μ, σ, lower.tail=F) : 상위 100α% 분위수

■ 표준정규분포

> qnorm(α) : 하위 100α% 분위수

> qnorm(α, lower.tail=F) : 상위 100α% 분위수

■ 지수분포

> qexp(α, λ) : 하위 100α% 분위수

> qexp(α, λ, lower.tail=F) : 상위 100α% 분위수

3.4 가설검정 및 신뢰구간

■ 단일 모집단 평균: H_0 : $\mu=\mu_0$, 단일표본 t검정

> t.test(data, mu=mu0) : H_1 : $\mu \neq \mu_0$

> t.test(data, mu=mu0, alt="greater") : H_1 : $\mu > \mu_0$

> t.test(data, mu=mu0, alt="less") : H_1 : $\mu < \mu_0$

> t.test(data, mu=mu0, conf.level=0.99) : 99% 신뢰구간 표시

예 > t.test(c(3.3, 4.1, 3.4, 3.1, 3.7, 4.0), mu=4.0, alt="less")

> t.test(iris$Petal.Length,mu=4.0)

■ 두 모집단 평균: 독립표본 t검정, 대응표본 t검정

> t.test(data1, data2) : 독립표본 t검정, H_1 : $\mu_1 \neq \mu_2$

> t.test(data1, data2, alt="greater") : 독립표본 t검정, H_1 : $\mu_1 > \mu_2$

> t.test(data1, data2, paired=T) : 대응표본 t검정

■ 분산 비교: H_0 : $\sigma_1^2=\sigma_2^2$

> var.test(data1, data2) : 두 모집단 분산 비교

- 비율검정: $H_0 : P_1 = P_2$

> prop.test(c(success1,success2), c(n1, n2))

예 prop.test(c(50,100),c(125,260))

부록 B 분포표

1. 이항분포표

$$P\{X \le k\} = \sum_{x=0}^{k} \binom{n}{x} p^{x} (1-p)^{n-x}, k = 0, 1, \cdots, n-1$$

단, $p \ge 0.5$일 때는 $P(X \le k) = 1 - P(Y \le n-k-1)$의 관계를 이용, 여기서 $X \sim b(n, p)$, $Y \sim b(n, 1-p)$

n	k	p									
		0.05	0.1	0.15	0.2	0.25	0.3	0.35	0.4	0.45	0.5
2	0	0.9025	0.8100	0.7225	0.6400	0.5625	0.4900	0.4225	0.3600	0.3025	0.2500
	1	0.9975	0.9900	0.9775	0.9600	0.9375	0.9100	0.8775	0.8400	0.7925	0.7500
3	0	0.8574	0.7290	0.6141	0.5120	0.4219	0.3430	0.2746	0.2160	0.1664	0.1250
	1	0.9928	0.9720	0.9393	0.8960	0.8438	0.7840	0.7183	0.6480	0.5748	0.5000
	2	0.9999	0.9990	0.9966	0.9920	0.9844	0.9730	0.9571	0.9360	0.9089	0.8750
4	0	0.8145	0.6561	0.5220	0.4096	0.3164	0.2401	0.1785	0.1296	0.0915	0.0625
	1	0.9860	0.9477	0.8905	0.8192	0.7383	0.6517	0.5630	0.4752	0.3910	0.3125
	2	0.9995	0.9963	0.9880	0.9728	0.9492	0.9163	0.8735	0.8208	0.7585	0.6875
	3	1.0000	0.9999	0.9995	0.9984	0.9961	0.9919	0.9850	0.9744	0.9590	0.9375
5	0	0.7738	0.5905	0.4437	0.3277	0.2373	0.1681	0.1160	0.0778	0.0503	0.0313
	1	0.9774	0.9185	0.8532	0.7373	0.6328	0.5282	0.4284	0.3370	0.2562	0.1875
	2	0.9988	0.9914	0.9734	0.9421	0.8965	0.8369	0.7648	0.6826	0.5931	0.5000
	3	1.0000	0.9995	0.9978	0.9933	0.9844	0.9692	0.9460	0.9130	0.8688	0.8125
	4		1.0000	0.9999	0.9997	0.9990	0.9976	0.9947	0.9898	0.9815	0.9688
6	0	0.7351	0.5314	0.3771	0.2621	0.1780	0.1176	0.0754	0.0467	0.0277	0.0156
	1	0.9672	0.8857	0.7765	0.6554	0.5339	0.4202	0.3191	0.2333	0.1636	0.1094
	2	0.9978	0.9842	0.9527	0.9011	0.8306	0.7443	0.6471	0.5443	0.4415	0.3438
	3	0.9999	0.9987	0.9941	0.9830	0.9624	0.9295	0.8826	0.8208	0.7447	0.6563
	4	1.0000	0.9999	0.9996	0.9984	0.9954	0.9891	0.9777	0.9590	0.9308	0.8906
	5		1.0000	1.0000	0.9999	0.9998	0.9993	0.9982	0.9959	0.9917	0.9844
7	0	0.6983	0.4783	0.3206	0.2097	0.1335	0.0824	0.0490	0.0280	0.0152	0.0078
	1	0.9556	0.8503	0.7166	0.5767	0.4449	0.3294	0.2388	0.1586	0.1024	0.0625
	2	0.9962	0.9743	0.9262	0.8520	0.7564	0.6471	0.5323	0.4199	0.3164	0.2266
	3	0.9998	0.9973	0.9879	0.9967	0.9294	0.8740	0.8002	0.7102	0.6083	0.5000

	4	1.0000	0.9998	0.9988	0.9953	0.9871	0.9712	0.9444	0.9037	0.8471	0.7734
	5		1.0000	0.9999	0.9996	0.9987	0.9962	0.9910	0.9812	0.9643	0.9375
	6			1.0000	1.0000	0.9999	0.9998	0.9994	0.9984	0.9963	0.9922
8	0	0.6634	0.4305	0.2725	0.1678	0.1001	0.0576	0.0319	0.0168	0.0084	0.0039
	1	0.9428	0.8131	0.6572	0.5033	0.3671	0.2553	0.1691	0.1064	0.0632	0.0352
	2	0.9942	0.9619	0.8948	0.7969	0.6785	0.5518	0.4278	0.3154	0.2201	0.1445
	3	0.9996	0.9950	0.9786	0.9437	0.8862	0.8059	0.7064	0.5941	0.4770	0.3633
	4	1.0000	0.9996	0.9971	0.9896	0.9727	0.9420	0.8939	0.8263	0.7396	0.6367
	5		1.0000	0.9998	0.9988	0.9958	0.9887	0.9747	0.9502	0.9115	0.8555
	6			1.0000	0.9999	0.9996	0.9987	0.9964	0.9915	0.9819	0.9648
	7				1.0000	1.0000	0.9999	0.9998	0.9993	0.9983	0.9961
9	0	0.6302	0.3874	0.2316	0.1342	0.0751	0.0404	0.0207	0.0101	0.0046	0.0020
	1	0.9288	0.7748	0.5995	0.4362	0.3003	0.1960	0.1211	0.0705	0.0385	0.0195
	2	0.9916	0.9470	0.8591	0.7382	0.6007	0.4628	0.3373	0.2318	0.1495	0.0898
	3	0.9994	0.9917	0.9661	0.9144	0.8343	0.7297	0.6089	0.4826	0.3614	0.2539
	4	1.0000	0.9991	0.9944	0.9804	0.9511	0.9012	0.8283	0.7334	0.6214	0.5000
	5		0.9999	0.9944	0.9969	0.9900	0.9747	0.9464	0.9006	0.8342	0.7461
	6		1.0000	1.0000	0.9997	0.9987	0.9957	0.9888	0.9750	0.9505	0.9102
	7				1.0000	0.9999	0.9996	0.9986	0.9962	0.9909	0.9805
	8					1.0000	1.0000	0.9999	0.9997	0.9992	0.9980
10	0	0.5987	0.3487	0.1969	0.1074	0.0563	0.0282	0.0135	0.0060	0.0025	0.0010
	1	0.9139	0.7361	0.5443	0.3758	0.2440	0.1493	0.0860	0.0464	0.0233	0.0107
	2	0.9885	0.9298	0.8202	0.6778	0.5256	0.3828	0.2616	0.1673	0.0996	0.0547
	3	0.9990	0.9872	0.9500	0.8791	0.7759	0.6496	0.5138	0.3823	0.2660	0.1719
	4	0.9999	0.9984	0.9901	0.9672	0.9219	0.8497	0.7515	0.6331	0.5044	0.3770
	5	1.0000	0.9999	0.9986	0.9936	0.9803	0.9527	0.9051	0.8338	0.7384	0.6230
	6		1.0000	0.9999	0.9991	0.9965	0.9894	0.9740	0.9452	0.8980	0.8281
	7			1.0000	0.9999	0.9996	0.9984	0.9952	0.9877	0.9726	0.9453
	8				1.0000	1.0000	0.9999	0.9995	0.9983	0.9955	0.9893
	9						1.0000	1.0000	0.9999	0.9997	0.9990
11	0	0.5688	0.3138	0.1673	0.0859	0.0422	0.0198	0.0088	0.0036	0.0014	0.0005
	1	0.8991	0.6974	0.4922	0.3221	0.1971	0.1130	0.0606	0.0302	0.0139	0.0059
	2	0.9848	0.9104	0.7788	0.6174	0.4552	0.3127	0.2001	0.1189	0.0652	0.0327
	3	0.9984	0.9815	0.9306	0.8389	0.7133	0.5696	0.4256	0.2963	0.1911	0.1133
	4	0.9999	0.9972	0.9841	0.9496	0.8854	0.7897	0.6683	0.5328	0.3971	0.2744
	5	1.0000	0.9997	0.9973	0.9883	0.9657	0.9218	0.8513	0.7535	0.6331	0.5000
	6		1.0000	0.9997	0.9980	0.9924	0.9784	0.9499	0.9006	0.8262	0.7256
	7			1.0000	0.9998	0.9988	0.9957	0.9878	0.9707	0.9390	0.8867
	8				1.0000	0.9999	0.9994	0.9980	0.9941	0.9852	0.9673
	9					1.0000	1.0000	0.9998	0.9993	0.9978	0.9941
	10							1.0000	1.0000	0.9998	0.9995
12	0	0.5404	0.2824	0.1422	0.0687	0.0317	0.0138	0.0057	0.0022	0.0008	0.0002
	1	0.8816	0.6590	0.4435	0.2749	0.1584	0.0850	0.0424	0.0196	0.0083	0.0032
	2	0.9804	0.8891	0.7358	0.5583	0.3907	0.2528	0.1513	0.0834	0.0421	0.0193

	3	0.9978	0.9744	0.9078	0.7946	0.6488	0.4925	0.3467	0.2253	0.1345	0.0730
	4	0.9998	0.9957	0.9761	0.9274	0.8424	0.7237	0.5833	0.4382	0.3044	0.1938
	5	1.0000	0.9995	0.9954	0.9806	0.9456	0.8822	0.7873	0.6652	0.5269	0.3872
	6		0.9999	0.9993	0.9961	0.9857	0.9614	0.9154	0.8418	0.7393	0.6128
	7		1.0000	0.9999	0.9994	0.9972	0.9905	0.9745	0.9427	0.8883	0.8062
	8			1.0000	0.9999	0.9996	0.9983	0.9944	0.9847	0.9644	0.9270
	9				1.0000	1.0000	0.9998	0.9992	0.9972	0.9921	0.9807
	10						1.0000	0.9999	0.9997	0.9989	0.9968
	11							1.0000	1.0000	0.9999	0.9998
13	0	0.5133	0.2542	0.1209	0.0550	0.0238	0.0097	0.0037	0.0013	0.0004	0.0001
	1	0.8646	0.6213	0.3983	0.2336	0.1267	0.0637	0.0296	0.0126	0.0049	0.0017
	2	0.9755	0.8661	0.6920	0.5017	0.3326	0.2025	0.1132	0.0579	0.0269	0.0112
	3	0.9969	0.9658	0.8820	0.7473	0.5843	0.4206	0.2783	0.1686	0.0929	0.0461
	4	0.9997	0.9935	0.9658	0.9009	0.7940	0.6543	0.5005	0.3530	0.2279	0.1334
	5	1.0000	0.9991	0.9925	0.9700	0.9198	0.8346	0.7159	0.5744	0.4268	0.2905
	6		0.9999	0.9987	0.9930	0.9757	0.9376	0.8705	0.7712	0.6437	0.5000
	7		1.0000	0.9998	0.9988	0.9944	0.9818	0.9538	0.9023	0.8212	0.7095
	8			1.0000	0.9998	0.9990	0.9960	0.9874	0.9679	0.9302	0.8666
	9				1.0000	0.9999	0.9993	0.9975	0.9922	0.9797	0.9539
	10					1.0000	0.9999	0.9997	0.9987	0.9959	0.9888
	11						1.0000	1.0000	0.9999	0.9995	0.9983
	12								1.0000	1.0000	0.9999
14	0	0.4877	0.2288	0.1028	0.0440	0.0178	0.0068	0.0024	0.0008	0.0002	0.0001
	1	0.8470	0.5846	0.3567	0.1979	0.1010	0.0475	0.0205	0.0081	0.0029	0.0009
	2	0.9699	0.8416	0.6479	0.4481	0.2811	0.1608	0.0839	0.0398	0.0170	0.0065
	3	0.9958	0.9559	0.8535	0.6982	0.5213	0.3552	0.2205	0.1243	0.0632	0.0287
	4	0.9996	0.9908	0.9533	0.8702	0.7415	0.5842	0.4227	0.2793	0.1672	0.0898
	5	1.0000	0.9985	0.9885	0.9561	0.8883	0.7805	0.6405	0.4859	0.3373	0.2120
	6		0.9998	0.9978	0.9884	0.9617	0.9067	0.8164	0.6925	0.5461	0.3953
	7		1.0000	0.9997	0.9976	0.9897	0.9685	0.9247	0.8499	0.7414	0.6047
	8			1.0000	0.9996	0.9978	0.9917	0.9757	0.9417	0.8811	0.7880
	9				1.0000	0.9997	0.9983	0.9940	0.9825	0.9574	0.9102
	10					1.0000	0.9998	0.9989	0.9961	0.9886	0.9713
	11						1.0000	0.9999	0.9994	0.9978	0.9935
	12							1.0000	0.9999	0.9997	0.9991
	13								1.0000	1.0000	0.9999
15	0	0.4633	0.2059	0.0874	0.0352	0.0134	0.0047	0.0016	0.0005	0.0001	0.0000
	1	0.8290	0.5490	0.3186	0.1671	0.0802	0.0353	0.0142	0.0052	0.0017	0.0005
	2	0.9638	0.8159	0.6042	0.3980	0.2361	0.1268	0.0617	0.0271	0.0107	0.0037
	3	0.9945	0.9444	0.8227	0.6482	0.4613	0.2969	0.1727	0.0905	0.0424	0.0176
	4	0.9994	0.9873	0.9383	0.8358	0.6865	0.5155	0.3519	0.2173	0.1204	0.0592
	5	0.9999	0.9978	0.9382	0.9389	0.8516	0.7216	0.5643	0.4032	0.2608	0.1509
	6	1.0000	0.9997	0.9964	0.9819	0.9434	0.8689	0.7548	0.6098	0.4522	0.3036
	7		1.0000	0.9994	0.9958	0.9827	0.9500	0.8868	0.7869	0.6535	0.5000

	8			0.9999	0.9992	0.9958	0.9848	0.9578	0.9050	0.8182	0.6964
	9			1.0000	0.9999	0.9992	0.9963	0.9876	0.9662	0.9231	0.8491
	10				1.0000	0.9999	0.9993	0.9972	0.9907	0.9745	0.9408
	11					1.0000	0.9999	0.9995	0.9981	0.9937	0.9824
	12						1.0000	0.9999	0.9997	0.9989	0.9963
	13							1.0000	1.0000	0.9999	0.9995
	14									1.0000	1.0000
16	0	0.4401	0.1853	0.0743	0.0281	0.0100	0.0033	0.0010	0.0003	0.0001	0.0000
	1	0.8108	0.5147	0.2839	0.1407	0.0635	0.0261	0.0098	0.0033	0.0010	0.0003
	2	0.9571	0.7892	0.5614	0.3518	0.1971	0.0994	0.0451	0.0183	0.0066	0.0021
	3	0.9930	0.9316	0.7899	0.5981	0.4050	0.2459	0.1339	0.0651	0.0281	0.0106
	4	0.9991	0.9830	0.9209	0.7982	0.6302	0.4499	0.2892	0.1666	0.0853	0.0384
	5	0.9999	0.9967	0.9765	0.9183	0.8103	0.6598	0.4900	0.3288	0.1976	0.1051
	6	1.0000	0.9995	0.9944	0.9733	0.9204	0.8247	0.6881	0.5272	0.3660	0.2272
	7		0.9999	0.9989	0.9930	0.9729	0.9256	0.8406	0.7161	0.5629	0.4018
	8		1.0000	0.9998	0.9985	0.9925	0.9743	0.9329	0.8577	0.7441	0.5982
	9			1.0000	0.9998	0.9984	0.9929	0.9771	0.9417	0.8759	0.7728
	10				1.0000	0.9997	0.9984	0.9938	0.9809	0.9514	0.8949
	11					1.0000	0.9997	0.9987	0.9951	0.9851	0.9616
	12						1.0000	0.9998	0.9991	0.9965	0.9894
	13							1.0000	0.9999	0.9994	0.9979
	14								1.0000	0.9999	0.9997
	15									1.0000	1.0000
17	0	0.4181	0.1668	0.0631	0.0225	0.0075	0.0023	0.0007	0.0002	0.0000	0.0000
	1	0.7922	0.4818	0.2525	0.1182	0.0501	0.0193	0.0067	0.0021	0.0006	0.0001
	2	0.9497	0.7618	0.5198	0.3096	0.1637	0.0774	0.0327	0.0123	0.0041	0.0012
	3	0.9912	0.9174	0.7556	0.5489	0.3530	0.2019	0.1028	0.0464	0.0184	0.0064
	4	0.9988	0.9779	0.9013	0.7582	0.5739	0.3887	0.2348	0.1260	0.0596	0.0245
	5	0.9999	0.9953	0.9681	0.8943	0.7653	0.5968	0.4197	0.2639	0.1471	0.0717
	6	1.0000	0.9992	0.9917	0.9623	0.8929	0.7752	0.6188	0.4478	0.2902	0.1662
	7		0.9999	0.9983	0.9891	0.9598	0.8954	0.7872	0.6405	0.4743	0.3145
	8		1.0000	0.9997	0.9974	0.9876	0.9597	0.9006	0.8011	0.6626	0.5000
	9			1.0000	0.9995	0.9969	0.9873	0.9617	0.9081	0.8166	0.6855
	10				0.9999	0.9994	0.9968	0.9880	0.9652	0.9174	0.8338
	11				1.0000	0.9999	0.9993	0.9970	0.9894	0.9699	0.9283
	12					1.0000	0.9999	0.9994	0.9975	0.9914	0.9755
	13						1.0000	0.9999	0.9995	0.9981	0.9936
	14							1.0000	0.9999	0.9997	0.9988
	15								1.0000	1.0000	0.9999
	16										1.0000
18	0	0.3972	0.1501	0.0536	0.0180	0.0056	0.0016	0.0004	0.0001	0.0000	0.0000
	1	0.7735	0.4503	0.2241	0.0991	0.0395	0.0142	0.0046	0.0013	0.0003	0.0001
	2	0.9419	0.7338	0.4797	0.2713	0.1353	0.0600	0.0236	0.0082	0.0025	0.0007
	3	0.9891	0.9018	0.7202	0.5010	0.3057	0.1646	0.0783	0.0328	0.0120	0.0038

	4	0.9985	0.9718	0.8794	0.7164	0.5187	0.3327	0.1886	0.0942	0.0411	0.0154
	5	0.9998	0.9936	0.9581	0.8671	0.7175	0.5344	0.3550	0.2088	0.1077	0.0481
	6	1.0000	0.9988	0.9882	0.9487	0.8610	0.7217	0.5491	0.3743	0.2258	0.1189
	7		0.9998	0.9973	0.9837	0.9431	0.8593	0.7283	0.5634	0.3915	0.2403
	8		1.0000	0.9995	0.9957	0.9807	0.9404	0.8609	0.7368	0.5778	0.4073
	9			1.0000	0.9991	0.9946	0.9790	0.9403	0.8653	0.7473	0.5927
	10				0.9998	0.9988	0.9939	0.9788	0.9424	0.8720	0.7597
	11				1.0000	0.9998	0.9986	0.9938	0.9797	0.9463	0.8811
	12					1.0000	0.9997	0.9986	0.9942	0.9817	0.9519
	13						1.0000	0.9997	0.9987	0.9951	0.9846
	14							1.0000	0.9998	0.9990	0.9962
	15								1.0000	0.9999	0.9993
	16									1.0000	0.9999
	17										1.0000
20	0	0.3585	0.1216	0.0388	0.0115	0.0032	0.0008	0.0002	0.0000	0.0000	0.0000
	1	0.7358	0.3917	0.1756	0.0692	0.0243	0.0076	0.0021	0.0005	0.0001	0.0000
	2	0.9245	0.6769	0.4049	0.2061	0.0913	0.0355	0.0121	0.0036	0.0009	0.0002
	3	0.9841	0.8670	0.6477	0.4114	0.2252	0.1071	0.0444	0.0160	0.0049	0.0013
	4	0.9974	0.9568	0.8298	0.6296	0.4148	0.2375	0.1182	0.0510	0.0189	0.0059
	5	0.9997	0.9887	0.9327	0.8042	0.6172	0.4164	0.2454	0.1256	0.0553	0.0207
	6	1.0000	0.9976	0.9781	0.9133	0.7858	0.6080	0.4166	0.2500	0.1299	0.0577
	7		0.9996	0.9941	0.9679	0.8982	0.7723	0.6010	0.4159	0.2520	0.1316
	8		0.9999	0.9987	0.9900	0.9591	0.8867	0.7624	0.5956	0.4143	0.2517
	9		1.0000	0.9987	0.9974	0.9861	0.9520	0.8782	0.7553	0.5914	0.4119
	10			0.9998	0.9994	0.9961	0.9829	0.9468	0.8725	0.7507	0.5881
	11			1.0000	0.9999	0.9991	0.9949	0.9804	0.9435	0.8692	0.7483
	12				1.0000	0.9998	0.9987	0.9940	0.9790	0.9420	0.8684
	13					1.0000	0.9997	0.9985	0.9935	0.9786	0.9423
	14						1.0000	0.9997	0.9984	0.9936	0.9793
	15							1.0000	0.9997	0.9985	0.9941
	16								1.0000	0.9997	0.9987
	17									1.0000	0.9998
	18										1.0000

2. 포아송분포표

$$P\{X \le k\} = \sum_{x=0}^{k} \frac{e^{-\lambda}\lambda^x}{x!}$$

λ \ k	0	1	2	3	4	5	6	7	8	9
0.02	0.980	1.000								
0.04	0.961	0.999	1.000							
0.06	0.942	0.998	1.000							
0.08	0.923	0.997	1.000							
0.1	0.905	0.995	1.000							
0.15	0.861	0.990	0.999	1.000						
0.2	0.819	0.982	0.999	1.000						
0.25	0.779	0.974	0.998	1.000						
0.3	0.741	0.963	0.996	1.000						
0.35	0.705	0.951	0.994	1.000						
0.4	0.670	0.938	0.992	0.999	1.000					
0.45	0.638	0.925	0.989	0.999	1.000					
0.5	0.607	0.910	0.986	0.998	1.000					
0.55	0.577	0.894	0.982	0.998	1.000					
0.6	0.549	0.878	0.977	0.997	1.000					
0.65	0.522	0.861	0.972	0.996	0.999	1.000				
0.7	0.497	0.844	0.966	0.994	0.999	1.000				
0.75	0.472	0.827	0.959	0.993	0.999	1.000				
0.8	0.449	0.809	0.953	0.991	0.999	1.000				
0.85	0.427	0.791	0.945	0.989	0.998	1.000				
0.9	0.407	0.772	0.937	0.987	0.998	1.000				
0.95	0.387	0.754	0.929	0.984	0.997	1.000				
1	0.368	0.736	0.920	0.981	0.996	0.999	1.000			
1.1	0.333	0.699	0.900	0.974	0.995	0.999	1.000			
1.2	0.301	0.663	0.879	0.966	0.992	0.998	1.000			
1.3	0.273	0.627	0.857	0.957	0.989	0.998	1.000			
1.4	0.247	0.592	0.833	0.946	0.986	0.997	0.999	1.000		
1.5	0.223	0.558	0.809	0.934	0.981	0.996	0.999	1.000		
1.6	0.202	0.525	0.783	0.921	0.976	0.994	0.999	1.000		
1.7	0.183	0.493	0.757	0.907	0.970	0.992	0.998	1.000		
1.8	0.165	0.463	0.731	0.891	0.964	0.990	0.997	0.999	1.000	
1.9	0.150	0.434	0.704	0.875	0.956	0.987	0.997	0.999	1.000	

2	0.135	0.406	0.677	0.857	0.947	0.983	0.995	0.999	1.000	
2.2	0.111	0.355	0.623	0.819	0.928	0.975	0.993	0.998	1.000	
2.4	0.091	0.308	0.570	0.779	0.904	0.964	0.988	0.997	0.999	1.000
2.6	0.074	0.267	0.518	0.736	0.877	0.951	0.983	0.995	0.999	1.000
2.8	0.061	0.231	0.469	0.692	0.848	0.935	0.976	0.992	0.998	0.999
3	0.050	0.199	0.423	0.647	0.815	0.916	0.966	0.988	0.996	0.999
3.2	0.041	0.171	0.380	0.603	0.781	0.895	0.955	0.983	0.994	0.998
3.4	0.033	0.147	0.340	0.558	0.744	0.871	0.942	0.977	0.992	0.997
3.6	0.027	0.126	0.303	0.515	0.706	0.844	0.927	0.969	0.988	0.996
3.8	0.022	0.107	0.269	0.473	0.668	0.816	0.909	0.960	0.984	0.994
4	0.018	0.092	0.238	0.433	0.629	0.785	0.889	0.949	0.979	0.992
4.2	0.015	0.078	0.210	0.395	0.590	0.753	0.867	0.936	0.972	0.989
4.4	0.012	0.066	0.185	0.359	0.551	0.720	0.844	0.921	0.964	0.985
4.6	0.010	0.056	0.163	0.326	0.513	0.686	0.818	0.905	0.955	0.980
4.8	0.008	0.048	0.143	0.294	0.476	0.651	0.791	0.887	0.944	0.975
5	0.007	0.040	0.125	0.265	0.440	0.616	0.762	0.867	0.932	0.968
5.2	0.006	0.034	0.109	0.238	0.406	0.581	0.732	0.845	0.918	0.960
5.4	0.005	0.029	0.095	0.213	0.373	0.546	0.702	0.822	0.903	0.951
5.6	0.004	0.024	0.082	0.191	0.342	0.512	0.670	0.797	0.886	0.941
5.8	0.003	0.021	0.072	0.170	0.313	0.478	0.638	0.771	0.867	0.929
6	0.002	0.017	0.062	0.151	0.285	0.446	0.606	0.744	0.847	0.916

λ \ k	10	11	12	13	14	15	16
2.8	1.000						
3	1.000						
3.2	1.000						
3.4	0.999	1.000					
3.6	0.999	1.000					
3.8	0.998	0.999	1.000				
4	0.997	0.999	1.000				
4.2	0.996	0.999	1.000				
4.4	0.994	0.998	0.999	1.000			
4.6	0.992	0.997	0.999	1.000			
4.8	0.990	0.996	0.999	1.000			
5	0.986	0.995	0.998	0.999	1.000		
5.2	0.982	0.993	0.997	0.999	1.000		
5.4	0.977	0.990	0.996	0.999	1.000		

5.6	0.972	0.988	0.995	0.998	0.999	1.000	
5.8	0.965	0.984	0.993	0.997	0.999	1.000	
6	0.957	0.980	0.991	0.996	0.999	0.999	1.000

λ \ k	0	1	2	3	4	5	6	7	8	9
6.2	0.002	0.015	0.054	0.134	0.259	0.414	0.574	0.716	0.826	0.902
6.4	0.002	0.012	0.046	0.119	0.235	0.384	0.542	0.687	0.803	0.886
6.6	0.001	0.010	0.040	0.105	0.213	0.355	0.511	0.658	0.780	0.869
6.8	0.001	0.009	0.034	0.093	0.192	0.327	0.480	0.628	0.755	0.850
7	0.001	0.007	0.030	0.082	0.173	0.301	0.450	0.599	0.729	0.830
7.2	0.001	0.006	0.025	0.072	0.156	0.276	0.420	0.569	0.703	0.810
7.4	0.001	0.005	0.022	0.063	0.140	0.253	0.392	0.539	0.676	0.788
7.6	0.001	0.004	0.019	0.055	0.125	0.231	0.365	0.510	0.648	0.765
7.8	0.000	0.004	0.016	0.048	0.112	0.210	0.338	0.481	0.620	0.741
8	0.000	0.003	0.014	0.042	0.100	0.191	0.313	0.453	0.593	0.717
8.5	0.000	0.002	0.009	0.030	0.074	0.150	0.256	0.386	0.523	0.653
9	0.000	0.001	0.006	0.021	0.055	0.116	0.207	0.324	0.456	0.587
9.5	0.000	0.001	0.004	0.015	0.040	0.089	0.165	0.269	0.392	0.522
10	0.000	0.000	0.003	0.010	0.029	0.067	0.130	0.220	0.333	0.458

λ \ k	10	11	12	13	14	15	16	17	18	19
6.2	0.949	0.975	0.989	0.995	0.998	0.999	1.000			
6.4	0.939	0.969	0.986	0.994	0.997	0.999	1.000			
6.6	0.927	0.963	0.982	0.992	0.997	0.999	0.999	1.000		
6.8	0.915	0.955	0.978	0.990	0.996	0.998	0.999	1.000		
7	0.901	0.947	0.973	0.987	0.994	0.998	0.999	1.000		
7.2	0.887	0.937	0.967	0.984	0.993	0.997	0.999	1.000	1.000	
7.4	0.871	0.926	0.961	0.980	0.991	0.996	0.998	0.999	1.000	
7.6	0.854	0.915	0.954	0.976	0.989	0.995	0.998	0.999	1.000	
7.8	0.835	0.902	0.945	0.971	0.986	0.993	0.997	0.999	1.000	
8	0.816	0.888	0.936	0.966	0.983	0.992	0.996	0.998	0.999	1.000
8.5	0.763	0.849	0.909	0.949	0.973	0.986	0.993	0.997	0.999	0.999
9	0.706	0.803	0.876	0.926	0.959	0.978	0.989	0.995	0.998	0.999
9.5	0.645	0.752	0.836	0.898	0.940	0.967	0.982	0.991	0.996	0.998
10	0.583	0.697	0.792	0.864	0.917	0.951	0.973	0.986	0.993	0.997

λ \ k	20	21	22
8.5	1.000		
9	1.000		
9.5	0.999	1.000	
10	0.998	0.999	1.000

λ \ k	0	1	2	3	4	5	6	7	8	9
10.5	0.000	0.000	0.002	0.007	0.021	0.050	0.102	0.179	0.279	0.397
11	0.000	0.000	0.001	0.005	0.015	0.038	0.079	0.143	0.232	0.341
11.5	0.000	0.000	0.001	0.003	0.011	0.028	0.060	0.114	0.191	0.289
12	0.000	0.000	0.001	0.002	0.008	0.020	0.046	0.090	0.155	0.242
12.5	0.000	0.000	0.000	0.002	0.005	0.015	0.035	0.070	0.125	0.201
13	0.000	0.000	0.000	0.001	0.004	0.011	0.026	0.054	0.100	0.166
13.5	0.000	0.000	0.000	0.001	0.003	0.008	0.019	0.041	0.079	0.135
14	0.000	0.000	0.000	0.000	0.002	0.006	0.014	0.032	0.062	0.109
14.5	0.000	0.000	0.000	0.000	0.001	0.004	0.010	0.024	0.048	0.088
15	0.000	0.000	0.000	0.000	0.001	0.003	0.008	0.018	0.037	0.070

λ \ k	10	11	12	13	14	15	16	17	18	19
10.5	0.521	0.639	0.742	0.825	0.888	0.932	0.960	0.978	0.988	0.994
11	0.460	0.579	0.689	0.781	0.854	0.907	0.944	0.968	0.982	0.991
11.5	0.402	0.520	0.633	0.733	0.815	0.878	0.924	0.954	0.974	0.986
12	0.347	0.462	0.576	0.682	0.772	0.844	0.899	0.937	0.963	0.979
12.5	0.297	0.406	0.519	0.628	0.725	0.806	0.869	0.916	0.948	0.969
13	0.252	0.353	0.463	0.573	0.675	0.764	0.835	0.890	0.930	0.957
13.5	0.211	0.304	0.409	0.518	0.623	0.718	0.798	0.861	0.908	0.942
14	0.176	0.260	0.358	0.464	0.570	0.669	0.756	0.827	0.883	0.923
14.5	0.145	0.220	0.311	0.413	0.518	0.619	0.711	0.790	0.853	0.901
15	0.118	0.185	0.268	0.363	0.466	0.568	0.664	0.749	0.819	0.875

λ \ k	20	21	22	23	24	25	26	27	28	29
10.5	0.997	0.999	0.999	1.000						
11	0.995	0.998	0.999	1.000						
11.5	0.992	0.996	0.998	0.999	1.000					

12	0.988	0.994	0.997	0.999	0.999	1.000				
12.5	0.983	0.991	0.995	0.998	0.999	0.999	1.000			
13	0.975	0.986	0.992	0.996	0.998	0.999	1.000			
13.5	0.965	0.980	0.989	0.994	0.997	0.998	0.999	1.000		
14	0.952	0.971	0.983	0.991	0.995	0.997	0.999	0.999	1.000	1.000
14.5	0.936	0.960	0.976	0.986	0.992	0.996	0.998	0.999	0.999	1.000
15	0.917	0.947	0.967	0.981	0.989	0.994	0.997	0.998	0.999	1.000

λ \ k	4	5	6	7	8	9	10	11	12	13
16	0.000	0.001	0.004	0.010	0.022	0.043	0.077	0.127	0.193	0.275
17	0.000	0.001	0.002	0.005	0.013	0.026	0.049	0.085	0.135	0.201
18	0.000	0.000	0.001	0.003	0.007	0.015	0.030	0.055	0.092	0.143
19	0.000	0.000	0.001	0.002	0.004	0.009	0.018	0.035	0.061	0.098
20	0.000	0.000	0.000	0.001	0.002	0.005	0.011	0.021	0.039	0.066

λ \ k	14	15	16	17	18	19	20	21	22	23
16	0.368	0.467	0.566	0.659	0.742	0.812	0.868	0.911	0.942	0.963
17	0.281	0.371	0.468	0.564	0.655	0.736	0.805	0.861	0.905	0.937
18	0.208	0.287	0.375	0.469	0.562	0.651	0.731	0.799	0.855	0.899
19	0.150	0.215	0.292	0.378	0.469	0.561	0.647	0.725	0.793	0.849
20	0.105	0.157	0.221	0.297	0.381	0.470	0.559	0.644	0.721	0.787

λ \ k	24	25	26	27	28	29	30	31	32	33
16	0.978	0.987	0.993	0.996	0.998	0.999	0.999	1.000		
17	0.959	0.975	0.985	0.991	0.995	0.997	0.999	0.999	1.000	
18	0.932	0.955	0.972	0.983	0.990	0.994	0.997	0.998	0.999	1.000
19	0.893	0.927	0.951	0.969	0.980	0.988	0.993	0.996	0.998	0.999
20	0.843	0.888	0.922	0.948	0.966	0.978	0.987	0.992	0.995	0.997

λ \ k	34	35	36
19	0.999	1.000	
20	0.999	0.999	1.000

3. 표준정규분포표

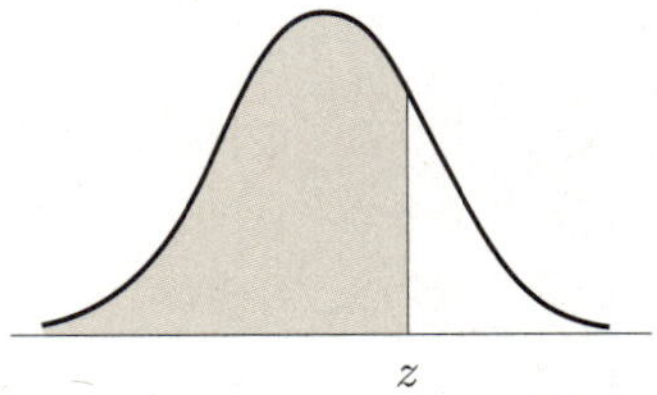

$$P\{Z \leq z\} = \int_{-\infty}^{z} \frac{1}{\sqrt{2\pi}} e^{-x^2/2} dx$$

z	0.00	0.01	0.02	0.03	0.04	0.05	0.06	0.07	0.08	0.09
0.0	0.5000	0.5040	0.5080	0.5120	0.5160	0.5199	0.5239	0.5279	0.5319	0.5359
0.1	0.5398	0.5438	0.5478	0.5517	0.5557	0.5596	0.5636	0.5675	0.5714	0.5753
0.2	0.5793	0.5832	0.5871	0.5910	0.5948	0.5987	0.6026	0.6064	0.6103	0.6141
0.3	0.6179	0.6217	0.6255	0.6293	0.6331	0.6368	0.6406	0.6443	0.6480	0.6517
0.4	0.6554	0.6591	0.6628	0.6664	0.6700	0.6736	0.6772	0.6808	0.6844	0.6879
0.5	0.6915	0.6950	0.6985	0.7019	0.7054	0.7088	0.7123	0.7157	0.7190	0.7224
0.6	0.7257	0.7291	0.7324	0.7357	0.7389	0.7422	0.7454	0.7486	0.7517	0.7549
0.7	0.7580	0.7611	0.7642	0.7673	0.7704	0.7734	0.7764	0.7794	0.7823	0.7852
0.8	0.7881	0.7910	0.7939	0.7967	0.7995	0.8023	0.8051	0.8078	0.8106	0.8133
0.9	0.8159	0.8186	0.8212	0.8238	0.8264	0.8289	0.8315	0.9340	0.8365	0.8389
1.0	0.8413	0.8438	0.8461	0.8485	0.8508	0.8531	0.8554	0.8577	0.8599	0.8621
1.1	0.8643	0.8665	0.8686	0.8708	0.8729	0.8749	0.8770	0.8790	0.8810	0.8830
1.2	0.8849	0.8869	0.8888	0.8907	0.8925	0.8944	0.8962	0.8980	0.8997	0.9015
1.3	0.9032	0.9049	0.9066	0.9082	0.9099	0.9115	0.9131	0.9147	0.9162	0.9177
1.4	0.9192	0.9207	0.9222	0.9236	0.9251	0.9265	0.9279	0.9292	0.9306	0.9319
1.5	0.9332	0.9345	0.9357	0.9370	0.9382	0.9394	0.9406	0.9418	0.9429	0.9441
1.6	0.9452	0.9463	0.9474	0.9484	0.9495	0.9505	0.9515	0.9525	0.9535	0.9545
1.7	0.9554	0.9564	0.9573	0.9582	0.9591	0.9599	0.9608	0.9616	0.9625	0.9633
1.8	0.9641	0.9649	0.9656	0.9664	0.9671	0.9678	0.9686	0.9693	0.9699	0.9706
1.9	0.9713	0.9719	0.9726	0.9732	0.9738	0.9744	0.9750	0.9756	0.9761	0.9767
2.0	0.9772	0.9778	0.9783	0.9788	0.9793	0.9798	0.9803	0.9808	0.9812	0.9817
2.1	0.9821	0.9826	0.9830	0.9834	0.9838	0.9842	0.9846	0.9850	0.9854	0.9857
2.2	0.9861	0.9864	0.9868	0.9871	0.9875	0.9878	0.9881	0.9884	0.9887	0.9890
2.3	0.9893	0.9896	0.9898	0.9901	0.9904	0.9906	0.9909	0.9911	0.9913	0.9916
2.4	0.9918	0.9920	0.9922	0.9925	0.9927	0.9929	0.9931	0.9932	0.9934	0.9936
2.5	0.9938	0.9940	0.9941	0.9943	0.9945	0.9946	0.9948	0.9949	0.9951	0.9952
2.6	0.9953	0.9955	0.9956	0.9957	0.9959	0.9960	0.9961	0.9962	0.9963	0.9964
2.7	0.9965	0.9966	0.9967	0.9968	0.9969	0.9970	0.9971	0.9972	0.9973	0.9974
2.8	0.9974	0.9975	0.9976	0.9977	0.9977	0.9978	0.9979	0.9979	0.9980	0.9981
2.9	0.9981	0.9982	0.9982	0.9983	0.9984	0.9984	0.9985	0.9985	0.9986	0.9986
3.0	0.99865									
3.5	0.999 767									
4.0	0.999 968 3									
4.5	0.999 996 30									
5.0	0.999 999 713									

z_α	1.282	1.646	1.960	2.326	2.576	3.090	3.291
α	0.10	0.05	0.025	0.01	0.005	0.001	0.0005

4. χ^2분포표

$P\{\chi^2 \geq \chi^2_\alpha\} = \alpha$

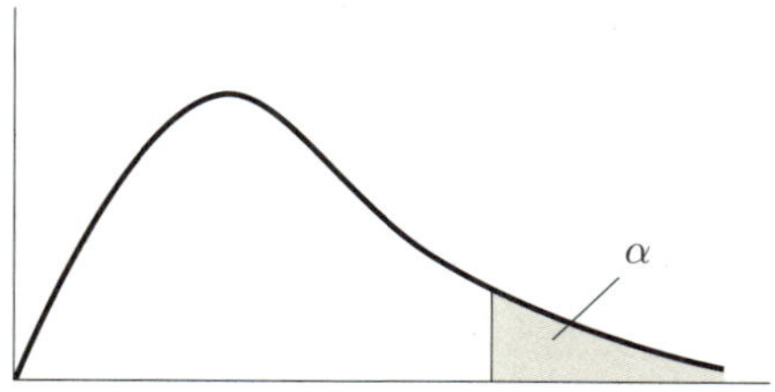

자유도	$\chi^2_{0.995}$	$\chi^2_{0.990}$	$\chi^2_{0.975}$	$\chi^2_{0.950}$	$\chi^2_{0.900}$	$\chi^2_{0.800}$	$\chi^2_{0.500}$	$\chi^2_{0.200}$	$\chi^2_{0.100}$	$\chi^2_{0.050}$	$\chi^2_{0.025}$	$\chi^2_{0.010}$	$\chi^2_{0.005}$
1	.0000393	.0001571	.000982	.00393	.0158	.0642	.4549	1.642	2.706	3.841	5.024	6.635	7.879
2	.0100	.0201	.0506	.103	.211	.4463	1.386	3.219	4.605	5.991	7.378	9.210	12.597
3	.0717	.115	.216	.352	.584	1.005	2.366	4.642	6.251	7.815	9.348	11.345	12.838
4	.207	.297	.484	.711	1.064	1.649	3.357	5.989	7.779	9.488	11.143	13.277	14.860
5	.412	.554	.831	1.145	1.610	2.343	4.351	7.289	9.236	11.070	12.832	15.086	16.750
6	.676	.872	1.237	1.635	2.204	3.070	5.348	8.558	10.645	12.592	14.449	16.812	18.548
7	.989	1.239	1.690	2.167	2.833	3.822	6.346	9.803	12.017	14.067	16.013	18.475	20.278
8	1.344	1.646	2.180	2.733	3.490	4.594	7.344	11.030	13.362	15.507	17.535	20.090	21.955
9	1.735	2.088	2.700	3.325	4.168	5.380	8.343	12.242	14.684	16.919	19.023	21.666	23.589
10	2.156	2.558	3.247	3.940	4.865	6.179	9.342	13.442	15.987	18.307	20.483	23.209	25.188
11	2.603	3.053	3.816	4.575	5.578	6.989	10.341	14.631	17.275	19.675	21.920	24.725	26.757
12	3.074	3.571	4.404	5.226	6.304	7.807	11.340	15.812	18.549	21.026	23.337	26.217	28.300
13	3.565	4.107	5.009	5.892	7.042	8.634	12.340	16.985	19.812	22.362	24.736	27.688	29.819
14	4.075	4.660	5.629	6.571	7.790	9.467	13.339	18.151	21.064	23.685	26.119	29.141	31.319
15	4.601	5.229	6.262	7.261	8.547	10.307	14.339	13.311	22.307	24.996	27.488	30.578	32.801
16	5.142	5.812	6.908	7.962	9.312	11.152	15.338	20.465	23.542	26.296	28.845	32.000	34.267
17	5.697	6.408	7.564	8.672	10.085	12.002	16.338	21.615	24.669	27.587	30.191	33.409	35.718
18	6.265	7.015	8.231	9.390	10.865	12.857	17.338	22.760	25.989	28.869	31.526	34.805	37.156
19	6.844	7.633	8.907	10.117	11.651	13.716	18.338	23.900	27.204	30.144	32.852	36.191	38.582
20	7.434	8.260	9.591	10.851	12.443	14.578	19.337	25.038	28.412	31.410	34.170	37.566	39.997
21	8.034	8.897	10.283	11.591	13.240	15.445	20.337	26.171	29.615	32.671	35.479	38.932	41.401
22	8.643	9.542	10.982	12.338	14.041	16.314	21.337	27.301	30.813	33.924	36.781	40.289	42.796
23	9.260	10.196	11.689	13.091	14.848	17.187	22.337	28.429	32.007	35.172	38.076	41.638	44.181
24	9.886	10.856	12.401	13.848	15.659	18.062	23.337	29.553	33.196	36.415	39.364	42.980	45.558
25	10.520	11.524	13.120	14.611	16.473	18.940	24.337	30.675	34.382	37.652	40.646	44.314	46.928
26	11.160	12.198	13.844	15.379	17.292	19.820	25.336	31.795	35.563	38.885	41.923	45.642	48.290
27	11.808	12.879	14.573	16.151	18.114	20.703	26.336	32.912	36.741	40.113	43.194	46.963	49.645
28	12.461	13.565	15.308	16.928	18.939	21.588	27.336	34.027	37.916	41.337	44.461	48.278	50.993
29	13.121	14.256	16.047	17.708	19.768	22.475	28.336	35.139	39.087	42.557	45.722	49.588	52.336
30	13.787	14.953	16.791	18.493	20.599	23.364	29.336	36.250	40.256	43.773	46.979	50.892	53.672

5. t분포표

$P\{T > t_\alpha\} = \alpha$

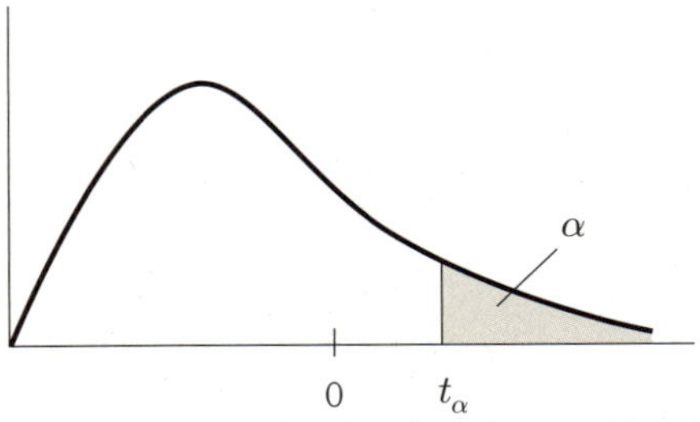

자유도	$t_{0.100}$	$t_{0.050}$	$t_{0.025}$	$t_{0.010}$	$t_{0.005}$
1	3.078	6.314	12.706	31.821	63.657
2	1.886	2.920	4.303	6.965	9.925
3	1.638	2.353	3.182	4.541	5.841
4	1.533	2.132	2.776	3.747	4.604
5	1.476	2.015	2.571	3.365	4.032
6	1.440	1.943	2.447	3.143	3.707
7	1.415	1.895	2.365	2.998	3.499
8	1.397	1.860	2.306	2.896	3.355
9	1.383	1.833	2.262	2.821	3.250
10	1.372	1.812	2.228	2.764	3.169
11	1.363	1.796	2.201	2.718	3.106
12	1.356	1.782	2.179	2.681	3.055
13	1.350	1.771	2.160	2.650	3.012
14	1.345	1.761	2.145	2.624	2.977
15	1.341	1.753	2.131	2.602	2.947
16	1.337	1.746	2.120	2.583	2.921
17	1.333	1.740	2.110	2.567	2.898
18	1.330	1.734	2.101	2.552	2.878
19	1.328	1.729	2.093	2.539	2.861
20	1.325	1.725	2.086	2.528	2.845
21	1.323	1.721	2.080	2.518	2.831
22	1.321	1.717	2.074	2.508	2.819
23	1.319	1.714	2.069	2.500	2.807
24	1.318	1.711	2.064	2.492	2.797
25	1.316	1.708	2.060	2.485	2.787
26	1.315	1.706	2.056	2.479	2.779
27	1.314	1.703	2.052	2.473	2.771
28	1.313	1.701	2.048	2.467	2.763
29	1.311	1.699	2.045	2.464	2.756
30	1.310	1.697	2.042	2.457	2.750
40	1.303	1.684	2.021	2.423	2.704
60	1.296	1.671	2.000	2.390	2.660
120	1.289	1.658	1.980	2.358	2.617
∞	1.282	1.645	1.960	2.326	2.576

6. F분포표

$P\{F \geq F_{\alpha}\} = \alpha$

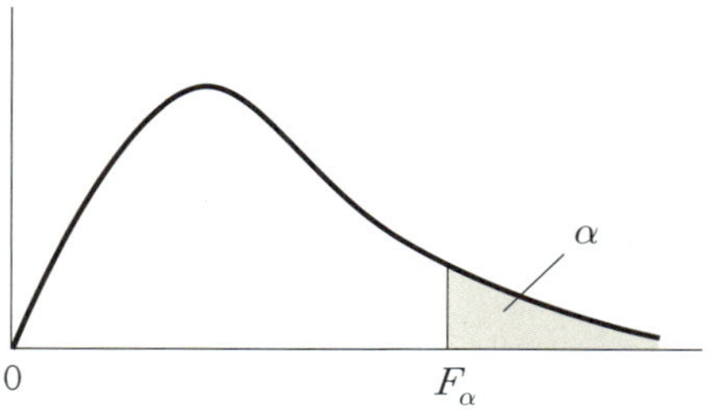

분모의 자유도	분자의 자유도									
	α	1	2	3	4	5	6	7	8	9
1	.100	39.86	49.50	53.59	55.83	57.24	58.20	58.91	59.44	59.86
	.050	161.4	199.5	215.7	224.6	230.2	234.0	236.8	238.9	240.5
	.025	647.8	799.5	864.2	899.6	921.8	937.1	948.2	956.6	963.3
	.010	4052	4999.5	5403	5625	5764	5859	5928	5982	6022
	.005	16211	20000	21615	22500	23056	23437	23715	23925	24091
2	.100	8.53	9.00	9.16	9.24	9.29	9.33	9.35	9.37	9.38
	.050	18.51	19.00	19.16	19.25	19.30	19.33	19.35	19.37	19.38
	.025	38.51	39.00	39.17	39.25	39.30	39.33	39.36	39.37	39.39
	.010	98.50	99.00	99.16	99.25	99.30	99.33	99.36	99.37	99.39
	.005	198.5	199.0	199.2	199.2	199.3	199.3	199.4	199.4	199.4
3	.100	5.54	5.46	5.39	5.34	5.31	5.28	5.27	5.25	5.24
	.050	10.13	9.55	9.28	9.12	9.01	8.94	8.89	8.85	8.81
	.025	17.44	16.04	15.44	15.10	14.88	14.73	14.62	14.54	14.47
	.010	34.12	30.82	29.46	28.71	28.24	27.91	27.67	27.49	27.35
	.005	55.55	49.80	47.47	46.19	45.39	44.84	44.43	44.13	43.88
4	.100	4.54	4.32	4.19	4.11	4.05	4.01	3.98	3.95	3.94
	.050	7.71	6.94	6.59	6.39	6.26	6.16	6.09	6.04	6.00
	.025	12.22	10.65	9.98	9.60	9.36	9.20	9.07	8.98	8.90
	.010	21.20	18.00	16.69	15.98	15.52	15.21	14.98	14.80	14.66
	.005	31.33	26.28	24.26	23.15	22.46	21.97	21.62	21.35	21.14
5	.100	4.06	3.78	3.62	3.52	3.45	3.40	3.37	3.34	3.32
	.050	6.61	5.79	5.41	5.19	5.05	4.95	4.88	4.82	4.77
	.025	10.01	8.43	7.76	7.39	7.15	6.98	6.85	6.76	6.68
	.010	16.26	13.27	12.06	11.39	10.97	10.67	10.46	10.29	10.16
	.005	22.78	18.31	16.53	15.56	14.94	14.51	14.20	13.96	13.77
6	.100	3.78	3.46	3.29	3.18	3.11	3.05	3.01	2.98	2.96
	.050	5.99	5.14	4.76	4.53	4.39	4.28	4.21	4.15	4.10
	.025	8.81	7.26	6.60	6.23	5.99	5.82	5.70	5.60	5.52
	.010	13.75	10.92	9.78	9.15	8.75	8.47	8.26	8.10	7.98
	.005	18.63	14.54	12.92	12.03	11.46	11.07	10.79	10.57	10.39
7	.100	3.59	3.26	3.07	2.96	2.88	2.83	2.78	2.75	2.72
	.050	5.59	4.74	4.35	4.12	3.97	3.87	3.79	3.73	3.68

	.025	8.07	6.54	5.89	5.52	5.29	5.12	4.99	4.90	4.82
	.010	12.25	9.55	8.45	7.85	7.46	7.19	6.99	6.84	6.72
	.005	16.24	12.40	10.88	10.05	9.52	9.16	8.89	8.68	8.51
8	.100	3.46	3.11	2.92	2.81	2.73	2.67	2.62	2.59	2.56
	.050	5.32	4.46	4.07	3.84	3.69	3.58	3.50	3.44	3.39
	.025	7.57	6.06	5.42	5.05	4.82	4.65	4.53	4.43	4.36
	.010	11.26	8.65	7.59	7.01	6.63	6.37	6.18	6.03	5.91
	.005	14.69	11.04	9.60	8.81	8.30	7.95	7.69	7.50	7.34
9	.100	3.36	3.01	2.81	2.69	2.61	2.55	2.51	2.47	2.44
	.050	5.12	4.26	3.86	3.63	3.48	3.37	3.29	3.23	3.18
	.025	7.21	5.71	5.08	4.72	4.48	4.32	4.20	4.10	4.03
	.010	10.56	8.02	6.99	6.42	6.06	5.80	5.61	5.47	5.35
	.005	13.61	10.11	8.72	7.96	7.47	7.13	6.88	6.69	6.54
10	.100	3.29	2.92	2.73	2.61	2.52	2.46	2.41	2.38	2.35
	.050	4.96	4.10	3.71	3.48	3.33	3.22	3.14	3.07	3.02
	.025	6.94	5.46	4.83	4.47	4.24	4.07	3.95	3.85	3.78
	.010	10.04	7.56	6.55	5.99	5.64	5.39	5.20	5.06	4.94
	.005	12.83	9.43	8.08	7.34	6.87	6.54	6.30	6.12	5.97
11	.100	3.23	2.86	2.66	2.54	2.45	2.39	2.34	2.30	2.27
	.050	4.84	3.98	3.59	3.36	3.20	3.09	3.01	2.95	2.90
	.025	6.72	5.26	4.63	4.28	4.04	3.88	3.76	3.66	3.59
	.010	9.65	7.21	6.22	5.67	5.32	5.07	4.89	4.74	4.63
	.005	12.23	8.91	7.60	6.88	6.42	6.10	5.86	5.68	5.54

참고문헌

곽기영, R 기초와 활용, 도서출판 청람, 제2판, 2022.

김재희, R을 이용한 통계 프로그래밍 기초, 개정판, 자유아카데미, 2012.

노경섭, 제대로 시작하는 기초 통계학, 한빛아카데미, 2016.

박철민, 사례분석을 이용한 경영통계, 탑북스, 2015.

배도선 · 이낙영 · 권혁무 · 장중순 · 차명수 · 윤원영 · 김명수 · 이민구, 통계학 이론과 응용, 청문각, 2011.

안기수, 엑셀로 풀어보는 생활 속의 통계학, 생능출판, 2014.

안승철, 이공계생을 위한 확률과 통계, 한빛아카데미, 2014.

유성모, Minitab을 이용한 데이터분석 실습, 이레테크, 2002.

유충현 · 이상호, R을 이용한 통계학의 이해, 자유아카데미, 2013.

이승훈, Minitab을 이용한 공학통계 자료분석, 이레테크, 2008.

임태진, R-확률통계, 생능출판, 2016.

전치혁 · 정민근 · 이혜선, 공학응용통계, 홍릉과학출판사, 개정증보판, 2012.

Albright, S. C., Winston, W., and Zappe, C., *Data Analysis and Decision Making*, Cengage Learning, 2010.

Crawley, M. J., *Statistics: An Introduction Using R*, 2nd ed., John Wiley & Sons, 2015.

Davenport, T. H. and Patil, D. J., "Data Scientist: The Sexiest Job of the 21st Century", *Harvard Business Review*, 90(10), Oct. 2012.

Good, P. I. and Hardin, J. W., *Common Errors in Statistics (and How to Avoid Them)*, John Wiley & Sons, 2003.

Grolemund, G., *Hands-on Programming with R*, O'Reilly, 2014.

Hildebrand, D. K., Ott, R. L., and Gray, J. B., *Basic statistical Ideas for Managers*, 2nd ed., Thomson Brooks/Cole, 2005.

Keller, G. and Warrack, B., *Statistics for Management and Economics*, 6th ed., Thomson Brooks/Cole, 2004.

Rizzo, M. L., *Statistical Computing with R*, Chapman & Hall/CRC, 2008.

Ross, R. M., *Introduction to Probability Models*, 5th ed., Academic Press, 1993.

Stowell, S., *Using R for Statistics*, Apress, 2014.

찾아보기

가설검정 ········ 10
가중평균 ········ 21
검정력(power of the test) ········ 189
검정력 곡선 ········ 189
검정력 함수(power function) ········ 189
검정통계량(test statistic) ········ 187
결정계수(coefficient of determination) ········ 235
결합확률밀도함수(joint probability density function) ········ 91
결합확률함수(joint probability function) ········ 89
계급(class) ········ 29
계급값 ········ 29
곱셈법칙 ········ 53
공분산(covariance) ········ 96
구간추정(interval estimation) ········ 150
귀무가설(null hypothesis) ········ 183
균일분포 ········ 128
기각역(critical region) ········ 187
기각치(critical value) ········ 185
기댓값(expected value) ········ 84
기술통계학 ········ 4
기하분포(geometric distribution) ········ 120
기하평균 ········ 23

누적분포함수(cumulative distribution function) ········ 78

다변량 확률변수(multivariate random variable) ········ 89
다중선형회귀모형(multiple linear regression model) ········ 219
단순산술평균 ········ 18
단순선형회귀모형(simple linear regression model) ········ 217
대립가설(alternative hypothesis) ········ 183
대응표본(paired sample) ········ 169
덧셈법칙 ········ 52
도수(frequency) ········ 29
도수분포표 ········ 29
독립(independent) ········ 61
독립변수(independent variable) ········ 217
독립성검정(test for independence) ········ 255
동일성검정(test of homogeneity) ········ 259

막대그래프(bar chart) ········ 33
명목형(nominal) 데이터 ········ 16
모분산 ········ 149
모수(parameter) ········ 7, 149
모집단(population) ········ 6, 148
모평균 ········ 149
무기억성(memoryless property) ········ 121, 140
무한모집단 ········ 6

반응변수(response variable) ········ 217
범주형(categorical) 데이터 ········ 16
범주형 자료(categorical 또는 enumerative 또는 count data) ········ 248
베르누이분포(Bernoulli distribution) ········ 109
베르누이시행(Bernoulli trial) ········ 109
베르누이실험(Bernoulli experiment) ········ 108
베이즈정리(Bayes' theorem) ········ 65
벤다이어그램(Venn diagram) ········ 48

변동계수(coefficient of variation) ··· 27
변수(variable) ··· 7
분산(variance) ··· 25, 87
분포곡선 ··· 32
분포함수(distribution function) ··· 77
분할(partition) ··· 52
분할표(contingency table) ··· 256
불편성(unbiasedness) ··· 151
불편추정량(unbiased estimator) ··· 152
비표본오차 ··· 9

사상(event) ··· 47
산점도(scatter plot) ··· 38
산포 ··· 24
상관계수(correlation coefficient) ··· 235
상대도수 ··· 30
상자그림 ··· 36
상자-수염그림(box and whisker plot) ··· 36
상호배반(mutually exclusive) ··· 49
샘플링(sampling) ··· 6
설명변수(explanatory variable) ··· 217
수치형(numerical) 데이터 ··· 16
순열(permutation) ··· 54
순위형(ordinal) 데이터 ··· 16
시계열그래프(time series graph) ··· 41
신뢰구간(confidence interval) ··· 154
신뢰수준(confidence level) ··· 154
실험(experiment) ··· 12

양적(quantitative) 데이터 ··· 16
양적변수(quantitative variable) ··· 8
여사상(complement) ··· 47
연속변수(continuous variable) ··· 8
연속성 보정(continuity correction) ··· 135
연속형 균일분포(continuous uniform distribution) ··· 128
연속형(continuous) 데이터 ··· 16
연속형 2변량 확률변수 ··· 89
연속형 확률변수(continuous random variable) ··· 76
오차(error) ··· 8
오차제곱합(sum of squares for error : SSE) · 226
우연오차 ··· 9
원그래프 ··· 34
위치모수(location parameter) ··· 130
유의수준(significance level) ··· 187
유의확률(significance probability) ··· 187
유한모집단 ··· 6
유한수정계수(finite population correction) ·· 115
2변량 확률변수(bivariate random variable) ··· 89
이산변수(discrete variable) ··· 8
이산형 균일분포(discrete uniform distribution) ··· 106
이산형(discrete) 데이터 ··· 16
이산형 2변량 확률변수 ··· 89
이산형 확률변수(discrete random variable) ··· 76
이상치 ··· 36
이항분포(binomial distribution) ··· 110

자유도(degree of freedom) ··· 227
잔차(residual) ··· 226
잔차도(residual plot) ··· 231
적합도검정(goodness-of-fit test) ··· 251
전확률의 법칙(law of total probability) ··· 63
점추정(point estimation) ··· 150
정규방정식(normal equations) ··· 222
정규분포(normal distribution) ··· 130
정규확률도(normal probability plot) ··· 231
정보(information) ··· 17
제1종 오류(type Ⅰ error) ··· 184
제2종 오류(type Ⅱ error) ··· 184
조건부확률(conditional probability) ··· 60
조건부확률밀도함수(conditional probability density function) ··· 95
조건부확률함수(conditional probability function) ··· 93

조사(survey) ··· 12
조합(combination) ··· 55
조화평균 ··· 22
종속변수(dependent variable) ··· 217
주변확률밀도함수(marginal probability density function) ··· 91, 92
주변확률함수(marginal probability function) · 90
중복순열 ··· 56
중심극한정리(central limit theorem) ··· 161
중앙값(median) ··· 17, 19
중위수 ··· 19
지수분포(exponential distribution) ··· 139
질적변수(qualitative variable) ··· 7

척도모수(scale parameter) ··· 130
초기하분포(hypergeometric distribution) ··· 113
총제곱합(total sum of squares : SST) ··· 236
최빈값(mode) ··· 17, 20
최소제곱추정법(least squares estimation) ··· 220, 222
추론통계학 ··· 4, 5
추정 ··· 10
추정량(estimator) ··· 151
추정치(estimate) ··· 151
측정오차 ··· 9

콜모고로프(Kolmogorov)의 확률 공리 ··· 50

통계량(statistic) ··· 7, 149
통계적 가설검정 ··· 150
통계적 추론 ··· 10
통계적 추정 ··· 150
통계치 ··· 149
통계학(statistics) ··· 2

파레토그래프(pareto graph) ··· 35
편의 ··· 9
편차(deviation) ··· 25
평균(mean) ··· 17, 85
평균제곱오차(mean squared error : MSE) ··· 226
포아송과정(Poisson process) ··· 138
포아송분포(Poisson distribution) ··· 116
표본(sample) ··· 6, 148
표본공간(sample space) ··· 46
표본분산(sample variance) ··· 227
표본분포(sampling distribution) ··· 150
표본오차 ··· 9
표본점(sample point) ··· 46
표본추출 ··· 6
표준오차(standard error) ··· 155, 158
표준정규분포(standard normal distribution) · 132
표준편차(standard deviation) ··· 26, 87
p값(p-value) ··· 187

확률 ··· 5
확률론(probability theory) ··· 5
확률밀도함수(probability density function) ··· 82
확률변수(random variable) ··· 74
확률적(probabilistic) 관계 ··· 218
확률적 오차(random error) ··· 217
확률질량함수(probability mass function) ··· 79
확률함수(probability function) ··· 79
확정적(deterministic) 관계 ··· 218
회귀계수(regression coefficient) ··· 219
회귀분석(regression analysis) ··· 217
회귀제곱합(regression sum of squares : SSR) ··· 236
효율성(efficiency) ··· 151
히스토그램 ··· 31

| 저자약력 |

권혁무 서울대학교 경영대학 경영학과(경영학사)
한국과학기술원 산업공학과(공학석사 · 박사)
(현) 부경대학교 시스템경영 · 안전공학부 명예교수

구평회 한양대학교 공과대학 산업공학과(공학사)
Purdue University 산업공학과(공학석사 · 박사)
(현) 부경대학교 시스템경영 · 안전공학부 교수

김영진 한국과학기술원 경영과학과(경영학사 · 석사)
Clemson University 산업공학과(공학박사)
(현) 부경대학교 시스템경영 · 안전공학부 교수

서원철 POSTECH 산업경영공학과(공학사)
POSTECH 산업경영공학과(공학박사)
(현) 부경대학교 시스템경영 · 안전공학부 교수

유태선 한국과학기술원 공과대학 산업및시스템공학과(공학사)
한국과학기술원 공과대학 산업및시스템공학과(공학박사)
(현) 부경대학교 시스템경영 · 안전공학부 조교수

이운식 고려대학교 공과대학 산업공학과(공학사)
한국과학기술원 산업공학과(공학석사 · 박사)
(현) 부경대학교 시스템경영 · 안전공학부 교수

이유신 한국과학기술원 공과대학 기계공학과(공학사)
서울대학교 공과대학 산업공학과(공학박사)
(현) 부경대학교 시스템경영 · 안전공학부 조교수

이지환 서울대학교 공과대학 산업공학과(공학사)
서울대학교 공과대학 산업공학과(공학박사)
(현) 부경대학교 시스템경영 · 안전공학부 부교수

통계학개론(제2판)

2017년 8월 25일 1판 1쇄 발행
2023년 2월 25일 2판 1쇄 발행

저 자 | 권혁무 · 구평회 · 김영진 · 서원철 · 유태선 · 이운식
이유신 · 이지환
발 행 인 | 이수영
발 행 처 | 도서출판 청람
서울시 마포구 독막로 288(대흥동, 세양상가 109호)
전 화 | 02) 3272-2601~2
팩 스 | 02) 3272-2603
홈페이지 | http://www.crbooks.co.kr
이 메 일 | crbooks@daum.net
등 록 | 2000년 8월 26일 제6-0509호

ISBN 978-89-5972-918-0 93310 [정가 25,000원]